本书由国家自然科学基金青年基金（61801511）、江苏省自然科学基金青年基金（BK20180580）支持

RESEARCH ON SOME EFFICIENT LAGUERRE-BASED FDTD METHODS

拉盖尔基分区及高效 FDTD 算法研究

张 波 著

镇 江

图书在版编目(CIP)数据

拉盖尔基分区及高效FDTD算法研究 / 张波著. — 镇江 : 江苏大学出版社, 2019.8
ISBN 978-7-5684-1095-3

Ⅰ. ①拉… Ⅱ. ①张… Ⅲ. ①电磁计算一研究 Ⅳ. ①TM15

中国版本图书馆CIP数据核字(2019)第060522号

拉盖尔基分区及高效FDTD算法研究

Lagaier Ji Fenqu Ji Gaoxiao FDTD Suanfa Yanjiu

著　　者/张　波
责任编辑/吴蒙蒙
出版发行/江苏大学出版社
地　　址/江苏省镇江市梦溪园巷30号(邮编: 212003)
电　　话/0511-84446464(传真)
网　　址/http://press.ujs.edu.cn
排　　版/镇江市江东印刷有限责任公司
印　　刷/虎彩印艺股份有限公司
开　　本/710 mm×1 000 mm　1/16
印　　张/11
字　　数/181千字
版　　次/2019年8月第1版　2019年8月第1次印刷
书　　号/ISBN 978-7-5684-1095-3
定　　价/48.00元

如有印装质量问题请与本社营销部联系(电话:0511-84440882)

前　言

时域有限差分法(Finite Difference Time Domain,FDTD)是目前应用最为广泛,且最为直观方便的电磁场数值计算方法之一,但数值色散问题、稳定性条件等制约了传统FDTD算法的发展。拉盖尔基FDTD算法是一种基于加权拉盖尔多项式的无条件稳定算法,它消除了空间步长对时间步长选取的限制,特别适用于带有精细结构的电磁场问题的计算。但标准拉盖尔基FDTD算法不可避免地需要求解一个大型稀疏矩阵方程,这占用了大量的计算机内存,降低了计算效率。近年来提出的拉盖尔基分区FDTD算法、拉盖尔基高效FDTD算法,旨在降低拉盖尔基FDTD算法对内存的消耗,提高计算效率。

本书进一步研究和拓展了现有的拉盖尔基FDTD算法,同时提出了一种组合拉盖尔基高效FDTD算法,主要工作如下:

1. 改进了拉盖尔基分区FDTD算法。一是修正了现有拉盖尔基分区FDTD算法的计算公式,使之适用于非均匀网格和PML吸收边界条件的计算,并进行了数值验证。二是提出了新的二维多场量分区算法,该算法不再局限于单个场量的分区模式,可以将由多个场量构成的复杂稀疏矩阵排列成满足舒尔补定理的分块矩阵形式,从而实现分区计算。这为拉盖尔基分区FDTD算法向三维情形的拓展打下基础。

2. 提出了一种基于新高阶项和Gauss-Seidel迭代思想的三维拉盖尔

基高效 FDTD 算法及其 PML 吸收边界条件。利用傅立叶变换和 Plancherel 关系式将原拉盖尔基高效 FDTD 算法的高阶项变换到频域，分析表明该高阶项引入的误差随着电磁场频率的增高而迅速增大。在此基础上，本书引入了一个新的高阶项，其产生的误差随着频率的增高趋于一个常数。为了进一步减小误差、提高收敛速度，本书将 Gauss-Seidel 迭代思想引入拉盖尔基高效 FDTD 算法的迭代算法。数值结果表明结合了新高阶项和 Gauss-Seidel 迭代思想的三维拉盖尔基高效 FDTD 算法在占用内存不变的情况下，计算时间缩短了一半以上，且具有更高的精度。为了提高吸收边界条件的效能，本书还提出了适用于新高效算法的 PML 和 CPML 吸收边界条件，并研究了该 PML 边界条件的吸收性能与其本构参数之间的关系。

3. 提出了组合拉盖尔基函数，并在此基础上提出了二维组合拉盖尔基高效 FDTD 算法。由于数值模拟中只能计算有限阶数的拉盖尔基展开系数，根据拉盖尔基的性质，计算结果在时域零点附近存在无法消除的误差，这一点在高效算法中更加明显。为了消除零点误差，本书提出了一个新的时域基，该时域基由三个相邻阶数的加权拉盖尔多项式组合而成，本书将其称为组合基。类似于拉盖尔基，组合基 FDTD 算法中仍可以将时间项和空间项分离，不受稳定性条件的限制。随后，本书提出了二维组合基高效 FDTD 算法及其迭代算法，数值结果表明在使用相同迭代次数的条件下，组合基高效 FDTD 算法不仅消除了零点误差，而且整体计算精度略高于拉盖尔基高效 FDTD 算法。

4. 提出了三维组合基高效 FDTD 算法及其迭代算法，并推导了相应的三维组合基高效 PML 吸收边界条件。采用与二维情形相同的高阶项，推导了三维组合拉盖尔基高效 FDTD 算法并给出了差分公式。推导了三维组合拉盖尔基高效 FDTD 算法的迭代算法，通过迭代提高了计算精度。数值结果表明与三维拉盖尔基高效 FDTD 算法相比，三维组合基高效 FDTD 算法不仅消除了零点误差，而且整体精度略高。最后为了提高吸收边界的性能，推导了三维组合基高效 PML 吸收边界条件，其吸收性能远高于原算法使用的 Mur 一阶吸收边界条件。

5. 提出了基于新高阶项和 Gauss-Seidel 迭代思想的三维组合基高效

FDTD算法。利用拉盖尔基展开的唯一性，构建了拉盖尔基展开系数与组合基展开系数之间的关系，并依此推导出了组合基下的新高阶项，提出了基于新高阶项和Gauss-Seidel迭代思想的组合基高效FDTD算法。数值结果表明，新的三维组合基高效算法在计算效率和精度上都有较大的提高。

除此之外，关于拉盖尔基分区和高效FDTD算法还有一些工作需要进一步深入研究：

1. 本书并未具体推导拉盖尔基分区FDTD算法的三维表达式，今后将进一步完成这个工作。

2. 相比而言，分区算法的计算没有引入高阶项误差，精度较高，但效率较低。而高效算法虽然引入了高阶项误差，需要迭代，但效率更高。可以尝试将两种拉盖尔基FDTD算法相结合，如果能同时发挥出各自的优点，克服各自的不足，可能会成为一种更好的选择。

目　　录

第1章 绪 论

1.1 研究背景

电磁技术是雷达、通信、电磁兼容和防护等众多国防和军事领域建设的基础，对现代战争形势的变化有着重要影响。如在飞机、鱼雷、坦克等军事目标和武器的表面涂抹上物理吸波材料[1]，可以减小雷达的散射截面(RCS)，从而有效降低敌方的监测效果，达到隐形的目的。又如通过高功率电磁脉冲源等形式产生的高功率电磁波，可以通过隙缝[2-6]、电缆[7-9]等方式耦合进计算机、汽车等电子设备，产生瞬时高电压或高电流[10,11]，破坏电子元器件的稳定工作状态，有些甚至会造成永久失效，可以达到破坏敌方通信系统的目的。因此，研究电磁场的散射和耦合问题具有重要的军事意义。

随着计算机技术的迅猛发展，计算电磁学作为一种研究电磁辐射的有效手段越来越受到人们的重视。目前，电磁场计算方法大致可以分为频域方法和时域方法两种。在频域方法中，主要有有限元法[12]、矩量法[13]、高频分析方法[14]等。在时域方法中，主要有时域有限元法[15]、积分方程法[16,17]、传输线法[18]、时域有限差分法(Finite Difference Time Domain, FDTD)[19-23]等。这些方法在处理宽频瞬态电磁场问题时具有天然的优势。时域有限差分法由于其直观高效、简单灵活、易于开展并行计算等特点，成为众多学者研究的热点之一。

然而，传统FDTD算法受到数值色散[24-25]的影响，当空间步长超过阈值时，色散误差会显著增大。另一方面，由于受到稳定性条件Courant-Friedrich-Lewy(CFL)的限制[26]，时间步长的选取受到了空间步长的约束。对于带有精细结构，如孔、缝等的电磁场问题，空间步长需要取得很小，这导致时间步长也必须取得很小，大大增加了计算时间。基于加权拉盖尔多项式（Weighted Laguerre Polynomials，WLP）的 FDTD 算法[27]是一种无条件稳定算法，不仅消除了稳定性条件的限制，而且有效减小了数值色散误差。然而这种标准拉盖尔基 FDTD 算法总是会产生一个大型的稀疏矩阵方程[28-30]，直接求解这个方程需要花费大量的计算机内存和时间，有些时候甚至会因为超出内存而导致无法计算。为了减小内存消耗、提高计算效率，G. Q. He 等[31]提出了一种拉盖尔基分区 FDTD 算法，将整个计算区域分解成若干个相互独立的子区域进行并行计算。与此同时，解放军理工大学的 Y. T. Duan 等[32-34]提出了一种拉盖尔基高效 FDTD 算法，通过引入高阶项将大型稀疏矩阵方程分解成 6 个三对角矩阵方程进行求解。这种算法尽管效率很高，但在场分布变化剧烈的地方存在较大的计算误差。为了提高精度，南京邮电大学的 Z. Chen 等[35-37]提出了一种新的拉盖尔基高效 FDTD 算法，利用新的分裂方法和迭代算法减小了计算误差。

以上两类拉盖尔基分区及高效 FDTD 算法降低了算法实现对计算机内存的需求，提高了计算效率，但还存在以下几个方面的问题。一是目前的拉盖尔基分区 FDTD 算法只能处理单个场分量的分区问题，难以推广到三维情形。二是 Z. Chen 的拉盖尔基高效 FDTD 算法引入的高阶项误差仍较大，需要经过多次迭代以后才能收敛，降低了计算效率。三是在真实仿真中只能计算有限多项拉盖尔基展开系数，根据拉盖尔基的性质，计算结果在时域波形的零点附近存在无法消除的计算误差，而这一点在高效算法中尤为明显。本书将着重对以上问题展开研究并提出一些解决方案。

1.2 FDTD 算法研究现状

自 1966 年 K. S. Yee [38]提出 FDTD 算法以来，该算法已经被应用于多个研究领域，如电磁兼容技术[39-41]、天线特性计算[42,43]、电磁散射分析[44,45]、顺变电磁场问题研究[46]、微波和集成电路分析[47,48]、生物学的电磁关键技术研究[49-51]等。相应的 FDTD 技术也在不断发展更新，主要包括如下几个方面：

1. 吸收边界条件的发展

由于数值计算只能模拟有限大的空间，因此在计算空间的边界处需采用吸收边界条件进行截断，相当于在微波暗室四周设置吸波材料，尽量减小来自边界处的反射误差。K. S. Yee 提出 FDTD 算法时使用的是原始边界条件。后来经过发展，人们提出了多种吸收边界条件，包括超吸收边界条件[52]、廖氏吸收边界条件[53]等，其中应用较为普遍的有低阶 Mur 近似吸收边界条件[54]和分裂场完全匹配层(Perfectly Metched Layer，PML)吸收边界条件[55]。1981 年，G. Mur 从波的传导公式出发，提出了 Mur 一阶和二阶边界条件，这种吸收边界条件便于应用，但反射误差较大。1994 年，J. P. Berenger 从吸波材料的角度出发，提出了分裂场 PML 边界条件，较 Mur 吸收边界有更好的吸收效果。其后，为了改善对凋落波的吸收作用，B. Chen 和 D. G. Fang 等[56]提出了修正型 MPML 吸收边界条件；Gedney 等[57]提出了各向异性介质 PML 吸收边界条件；J. Fang 等[58]提出了有耗媒质中的 GPML 吸收边界条件；Roden 等[59]提出了基于卷积的 CPML 吸收边界条件。其中 CPML 吸收边界条件适用面最广，可以用于有耗、色散等多种特性的材料的 FDTD 计算。

2. ADI-FDTD 算法

CFL 稳定性条件对传统 FDTD 算法时间步长和空间步长的选取提出了一定的要求。当空间步长较小时，选用的时间步长就会很小，因此传统 FDTD 算法在处理一些带有精细结构的问题时通常会遇到困难。1955 年，Peaceman 等[60]提出了变向差分方法(Alternating-Direction Implicit Method，ADI)，至今被应用到多个领域，这种方法的优势在于它的解是无条件稳定的。1999 年，Namiki[61]将变向差分方法的思想应用到 FDTD 算法中，提出了二维 ADI-FDTD 算法，这种算法也是无条件稳定的，突破了空间步长的尺寸对时间步长选取的限制，在处理具有细微结构的电磁场问题时效率更高。之后，F. H. Zheng 等[62]将 ADI-FDTD 算法推广到三维情形，并对该算法的数值色散问题进行了研究[63]；A. P. Zhao 等[64]研究了非均匀网格对 ADI－FDTD 算法数值色散误差的减弱作用，这一点与文献[65－70]的结论相一致。

3. 标准拉盖尔基 FDTD 算法

2003 年，T. K. Sarkar 等[27]提出了标准拉盖尔基 FDTD 算法。该算法将电磁场分量在拉盖尔基上展开，利用加权拉盖尔多项式的正交性，通过 Galerkin 法消去了麦克斯韦方程组中的时间项，在空间域上单独求解各阶电磁场分量的展开系数，最后再利用拉盖尔级数返回到时域波形，整个过程与时间完全分离，是一种无条件稳定算法。同时，标准拉盖尔基 FDTD 算法还避免了 ADI-FDTD 算法中数值色散较大的问题，计算精度较高。之后，Y. Yi 等[71]提出了适用于标准拉盖尔基 FDTD 算法的 PML 吸收边界条件和总场/散射场连接边界条件；K. Srinivasan 等[28-29]提出了该算法中的分段计算技术；P. P. Ding 等[30]提出了相应的 UPML 吸收边界条件。同时，人们还提出了各种周边算法，如拉盖尔基 S-MRTD 法[72]、旋转对称体拉盖尔基 FDTD 法[73]、周期结构拉盖尔基 FDTD 法[74-75]等。

4. 拉盖尔基分区 FDTD 算法

标准拉盖尔基 FDTD 算法的求解过程中会产生一个大型稀疏矩阵方程，直接求解这个方程需要占用很多计算资源。1997 年，Y. J. Lu 等[76]提出了一种分区有限差分法（Domain Decomposition Finite Difference，DDFD）用于电磁场问题的并行计算。B. Z. Wang 等[77]将 DDFD 方法与特征基函数法结合，用于降低静电场稀疏矩阵方程的维度。2014 年，G. Q. He[31]等采用 DDFD 法的思想，提出了适用于二维 TM_z 波的拉盖尔基分区 FDTD 算法，将整个计算区域划分为若干个子区域，通过特殊的排布方式，将标准拉盖尔基 FDTD 算法中条带状的大型稀疏矩阵排列成满足舒尔补定理[78]的分块矩阵形式；再利用舒尔补系统，率先解出子区域边界上电磁场分量的拉盖尔基展开系数。这样一来，每个子区域就变成了相互独立的已知边界条件定解问题，可以进行并行计算。但是，目前这种拉盖尔基分区 FDTD 算法还只能处理单个电磁场分量的分区问题。对于三维电磁场问题，每个方程均包括多个场量，稀疏矩阵的形式将更加复杂，现有的分区算法难以将这些复杂的元素排列成满足舒尔补定理的形式。另外，现有的分区算法计算公式未考虑不均匀网格的不对称性和 PML 材料的各向异性，不适用于非均匀网格和 PML 吸收边界条件的计算。

5. 拉盖尔基高效 FDTD 算法

为了进一步减小标准拉盖尔基 FDTD 算法对计算机内存的需求、提高计算效率，Y. T. Duan 等[32-34]提出了一种拉盖尔基高效 FDTD 算法，通过在标准拉盖尔基 FDTD 算法的矩阵方程中引入高阶项，并应用 Factorization-Splitting 法[79-81]将其分裂成两步算法，最终只需要求解 6 个三对角矩阵方程，大大减小了内存消耗，提高了计算效率。然而，这种算法在场分布变化剧烈的地方存在较大的分裂误差。为了解决这个问题，Z. Chen 等[35-37]提出了一种新的拉盖尔基高效 FDTD 算法，采用了新的分裂方法和迭代算法减小计算误差，并对拉盖尔基高效算法的稳定性做了进一步的证明。但是，Z. Chen 的拉盖尔基高效 FDTD 算法需要经过多次迭代后才能得到精确解，降低了计算效率。分析表明，该高效算法引入的高阶项误差随着电磁场频率的增高而迅速增大，降低了解的收敛速度。另外，由于在数值模拟中只能计算有限阶数的拉盖尔基展开系数，而根据拉盖尔基的性质，计算结果在时域波形的零点位置存在无法消除的误差，而这一点在拉盖尔基高效 FDTD 算法中显得更加突出。

1.3 本书的主要工作

拉盖尔基 FDTD 算法突破了稳定性条件的限制，同时避免了 ADI-FDTD 算法中色散误差随时间步长增大而迅速增大的问题，在具有精细结构的电磁场问题的数值仿真中具有独特的优势。本书在当前算法的基础上，对拉盖尔基分区 FDTD 算法和拉盖尔基高效 FDTD 算法做了一定的改进，同时提出了二维和三维组合基高效 FDTD 算法，消除了拉盖尔基 FDTD 算法中存在的零点误差问题，提高了计算精度。主要有以下几个方面的进展：

(1) 根据非均匀网格的不对称性和 PML 吸收边界条件的各向异性，修正了拉盖尔基分区 FDTD 算法的计算公式，使之适用于非均匀网格和 PML 吸收边界条件的计算。

(2) 提出了新的二维多场量情况下的分区算法，通过该算法可以将包含多个场量的复杂稀疏矩阵排列成满足舒尔补定理的分块矩阵形式，从而可以运用舒尔补系统实现分区计算。数值结果表明新的分区算法计算效率高于标准拉盖尔基 FDTD 算法，且具有较高的计算精度。

(3) 提出了新三维拉盖尔基高效 FDTD 算法及其 PML 吸收边界条件，该算法使用了新的高阶项，并在迭代算法中引入了 Gauss-Seidel 迭代思想。数值结果表明在占用内存不变的情况下，结合了新高阶项和 Gauss-Seidel 迭代法的高效算法计算效率有较大的提高，且具有更高的精度。目前，该新高效算法已被引用到周期结构和旋转对称体的计算中，均取得良好的效果。

(4) 为了提高吸收边界条件的吸收性能，提出了适用于新拉盖尔基高效 FDTD 算法的 PML 和 CPML 吸收边界条件，并研究了该 PML 边界条件的吸收性能与其本构参数之间的关系。

(5) 提出了组合拉盖尔基函数，并在此基础上提出了二维组合基高效 FDTD 算法。类似于拉盖尔基，基于组合基的 FDTD 算法仍然可以将时间项和空间项分离，是无条件稳定算法，且在靠近零点处基本没有计算误差。数值结果表明在使用相同迭代次数的条件下，二维组合基高效 FDTD 算法不仅消除了零点误差，而且整体计算精度略高于拉盖尔基高效 FDTD 算法。

(6) 采用与二维情形相同的高阶项，推导了三维组合基高效 FDTD 算法及其迭代算法，并给出了基本差分方程。数值结果表明三维组合基高效 FDTD 算法不仅消除了拉盖尔基高效算法中的零点误差，而且提高了计算效率和精度。

(7) 为了提高吸收边界条件的吸收性能，提出了适用于三维组合基高效 FDTD 算法的 Berenger 分裂场 PML 吸收边界条件，并运用自由空间的边界反射误差验证了该 PML 吸收边界条件的高效性。

(8) 提出了基于新高阶项和 Gauss-Seidel 迭代法的新三维组合基高效 FDTD 算法。数值结果表明新的组合基高效算法在计算效率和精度上都有所提高。

参考文献

[1] 阮颖铮.雷达散射截面与隐身技术[M].北京:国防工业出版社,1998.

[2] 刘顺坤,傅君眉,周辉,等.电磁脉冲对目标腔体的孔缝耦合效应数值研究[J].电波科学学报,1999,14(2):202—206.

[3] 刘顺坤,傅君眉,陈雨生,等.快上升前沿电磁脉冲的孔缝耦合效应数值研究[J].微波学报,2000,16(2):182—186.

[4] 周金山,刘国治,彭鹏,等.不同形状孔缝微波耦合的实验研究[J].强激光与粒子束,2004,16(1):88—91.

[5] 周金山,刘国治,王建国.矩形孔缝耦合特性实验研究[J].强激光与粒子束,2003,15(12):1228—1232.

[6] 王建国,屈华民,范如玉,等.孔洞厚度对高功率微波脉冲耦合的影响[J].强激光与粒子束,1994,6(2):282—286.

[7] Greetsai. V N. Response of long lines to nuclear high-altitude EM pulse [J]. IEEE Transactions on Electromagnetic Compatibility, 1998, 40(3):348—354.

[8] Tesche. F M. Comparison of the transmission line and scattering models for computing the NEMP response of overhead cables [J]. IEEE Transactions on Electromagnetic Compatibility, 1992, 34(2):93—99.

[9] Tkatchenko S, Rachidi F, Ianoz M. Electromagnetic field coupling to a line of finite length: theory and fast iterative solutions in frequency and time domains [J]. IEEE Transactions on Electromagnetic Compatibility, 1995,37(4):509—518.

[10] Nitsch D, Camp M, Sabath F, et al. Susceptibility of some electronic equipment to HPEM threats [J]. IEEE Transactions on Electromagnetic Compatibility, 2004, 46(3):380—389.

[11] Camp M, Gerth H, Garbe H. Predicting the breakdown behavior of microcontrollers under EMP/UWB impact using a statistical analysis

[J]. IEEE Transactions on Electromagnetic Compatibility, 2004, 46(3): 368—379.

[12] Martin H C, Carey G F. Introduction to finite element analysis: theory and application [M]. New York: McGraw-hill, 1973.

[13] Harrington R F. Field computation by moment method [M]. New York: IEEE Press, 1993.

[14] Johansen P M. Time-domain version of the physical theory of diffraction[J]. IEEE Transactions on Antennas and Propagation, 1999, 47(2): 261—270.

[15] Lee J F. A finite-element time-domain approach for solving Maxwell's equations [J]. IEEE Microwave and Guided wave letters, 1993, 4(1): 1680—1683.

[16] Rao S M, Sarker T K. Numerical solution of time domain integral equations for arbitrarily shaped conductor/dielectric composite bodies [J]. IEEE Transactions on Antennas and Propagation, 2002, 50(4): 1831—1837.

[17] Liu Qinghuo. The PSTD algorithm: a time-domain method requiring only two cells per wavelength[J]. Microwave and Optical Technology Letters, 1997, 15(18): 158—165.

[18] Chen Zhizhang, Xu Jian. The generalized TLM-based FDTD-summary of recent progress[J]. IEEE Microwave and Guided Wave letters, 1997, 7(11): 12—14.

[19] Taflove A, Hagness S C. Computational Electrodynamics: the Finite-Difference Time-domain Method. Boston [M]. MA: Artech House, 2000.

[20] 王秉中.计算电磁学[M].北京:科学出版社,2002.

[21] 王长清,祝西里.电磁场计算中的时域有限差分法[M].北京:北京大学出版社,1994.

[22] 高本庆.时域有限差分法:FDTD Method[M].北京:国防工业出版社,1995.

[23] 葛德彪,闫玉波.电磁场时域有限差分法[M].西安:西安电子科技大学出版社,2005.

[24] Zygiridis T T, Tsiboukis T D. Low-dispersion algorithm based on the higher order (2, 4) FDTD method [J]. IEEE Transactions on Microwave Theory and Techniques, 2004, 52(4): 1321—1327.

[25] Zygiridis T T, Tsiboukis T D. A dispersion-reduction scheme for the higher order (2, 4) FDTD method [J]. IEEE Transactions on Magnetics, 2004, 40(2): 1464—1467.

[26] Hadi M F, Piket-May M. A modified FDTD (2, 4) scheme for modeling electrically large structures with high-phase accuracy[J]. IEEE Transactions on Antennas and Propagation, 1997, 45(2): 254—264.

[27] Chung Y S, Sarkar T K, Jung B H, et al. An unconditionally stable scheme for the finite-difference time-domain method[J]. IEEE Transactions on Microwave Theory and Techniques, 2003, 51(3): 697—704.

[28] Srinivasan K, Swaminathan M, Engin E. Overcoming limitation of Laguerre-FDTD for fast time-domain EM simulation[C]// IEEE MTT-S International Microwave Symposium, Jun. 2007: 891—894.

[29] Srinivasan K, Yadav P, Engin E, et al. Choosing the right number of basis functions in multiscale transient simulation using Laguerre polynomials[C]// IEEE MTT-S International Microwave Symposium, Jun. , 2007: 291—294.

[30] Ding Pingping, Wang Gaofeng, Lin Hai, et al. Unconditionally stable FDTD formulation with UPML-ABC[J]. IEEE Microwave and Wireless Components Letters, 2006, 16(4): 161—163.

[31] He Guoqiang, Shao Wei, Wang Xiaohua, et al. An efficient domain decomposition Laguerre-FDTD method for two-dimensional scattering problem[J]. Transactions on Antennas and Propagation, 2013, 61(5): 2639—2645.

[32] Duan Yantao, Chen Bin, Yi Yun. Efficient Implementation for the

Unconditionally Stable 2-D WLP-FDTD Method [J]. IEEE Microwave and Wireless Components Letters, 2009, 19(11): 677—678.

[33] Duan Yantao, Chen Bin, Chen Hailin, et al. Anisotropic-medium PML for efficient Laguerre-based FDTD method[J]. Electronics Letters, 2010, 45(5): 318—319.

[34] Duan Yantao, Chen Bin, Fang Dagang, et al. Efficient implementation for 3-D Laguerre-based finite-difference time-domain method[J]. IEEE Transactions on Microwave Theory and Techniques, 2011, 59(1): 56—64.

[35] Chen Zheng, Duan Yantao, Zhang Yerong, et al. A New Efficient Algorithm for the Unconditionally Stable 2-D WLP-FDTD Method [J]. IEEE Transactions on Antennas and Propagation, 2013, 61(7): 3712—3720.

[36] Chen Zheng, Duan Yantao, Zhang Yerong, et al. PML Implementation for a New and Efficient 2-D Laguerre-Based FDTD Method[J]. IEEE Antennas and Wireless Propagation Letters, 2013, 12: 1339—1342.

[37] Chen Zheng, Duan Yantao, Zhang Yerong, et al. A New Efficient Algorithm for 3-D Laguerre-Based Finite-Difference Time-Domain Method[J]. IEEE Transactions on Antennas & Propagation, 2014, 62(4):2158—2164.

[38] Yee K S. Numerical solution of initial boundary value problems involving Maxwell's equation in isotropic media[J]. IEEE Transactions on Antennas and Propagation, 1966, 14(5): 302—307.

[39] Luebbers R, Kumagai K, Adachi S, et al. FDTD calculation through a nonlinear magnetic sheet[J]. IEEE Transactions on Electromagnetic Compatibility, 1993, 35(1): 90—94.

[40] Ma Kuangping, Li Min, Grewniak J L, et al. Comparison of FDTD algorithms for subcellular modeling of slots in shielding enclosures [J]. IEEE Transactions on Electromagnetic Compatibility, 1997, 39

(2): 147—155.

[41] Georgakopoulos S V, Birtcher C R, Balanis C A. Coupling modeling and reduction techniques of cavity-backed slot antennas: FDTD versus measurements[J]. IEEE Transactions on Electromagnetic Compatibility, 2001, 43(3): 261—271.

[42] Wang C Q, Gandhi O P. Numerical simulation of annular phased arrays for anatomically based models using the FDTD method[J]. IEEE Transactions on Microwave Theory and Techniques, 1989, 37(1): 118—126.

[43] Reineix A, Jecko B. Analysis of microstrip patch antennas using finite difference time domain method[J]. IEEE Transactions on Antennas and Propagation, 1989, 37(11): 1361—1369.

[44] Dogaru T, Carin L. Application of haar-wavelet-based multiresolution time-domain schemes to electromagnetic scattering problems [J]. IEEE Transactions on Antennas and Propagation,2002,50(6):774—784.

[45] Thomas V A, Ling K M, Jons M E, et al. FDTD analysis of active antenna[J]. IEEE Microwave and Guided Wave Letters, 1994, 4(9): 296—298.

[46] Teixeira F L, Chew W C. Finite-difference simulation of transient electromagnetic fields for cylindrical geometries in complex media[J]. IEEE Transactions on Geoscience and Remote Sensing, 2000, 38(7): 1530—1543.

[47] Amore M D, Sarto M S. Theoretic and experimental characterization of the EMP-interaction with composite-metallic enclosures [J]. IEEE Transactions on Electromagnetic Compatibility, 2000, 42(2): 152—163.

[48] Zimmerman W R. Demonstration of a time-domain integrated electromagnetic-field circuit analysis program[J]. IEEE Transactions on Electromagnetic Compatibility, 1984, 26(4): 201—206.

[49] Lau R W M, Sheppard R J. The modelling of biological systems in three dimensions using the time domain finite difference method: I. the implementation of the model[J]. Physics in Medicine and Biology, 1986, 31(11): 1247—1256.

[50] Lau R W M , Sheppard R J , Howard G , et al. The modeling of biological systems in three dimensions using the time domain finite difference method: II. the application and experimental evaluation of the method in hypothermia applicator design[J]. Physics in Medicine and Biology, 1986, 31(11): 1257—1266.

[51] Sullivan D M, Broup D T, Gandhi O P. Use of the finite-difference time-domain method in calculating EM absorption in human tissues [J]. IEEE Transactions on Biomedical Engineering, 1987, 34(2): 148—157.

[52] Fang J, Mei K. A super-absorbing boundary algorithm for numerical solving electromagnetic problems by finite-difference time-domain method [C]// IEEE AP-S International Symposium, Syracuse, NY, USA, June,1988, 6—10: 427—475.

[53] Liao Zhenpeng, Huang Kongliang, Yang Baipo, et al. A transmitting boundary for transient wave analysis [J]. Science in China, Series A, 1984, 27(10): 1063—1076.

[54] Mur G. Absorbing boundary conditions for the finite-difference approximation of the time-domain electromagnetic field equations[J]. IEEE Transactions on Electromagnetic Compatibility, 1981, 23(4): 377—382.

[55] Berenger J P. A perfectly matched layer for the absorption of electromagnetic waves[J]. Journal of Computational Physics, 1994, 114 (2): 185—200.

[56] Chen Bin, Fang Dagang, Zhou Bihua. Modified Berenger PML absorbing boundary condition for FDTD meshes[J]. IEEE Microwave and Guided Wave Letters, 1995, 5(11): 399—401.

[57] Gedney S D. An anisotropic perfectly matched layer-absorbing medium for the truncation of FDTD lattices [J]. Transactions on Antennas and Propagation, 1996, 44(12): 1630—1639.

[58] Fang Jiayuan, Wu Zhonghua. Generalized perfectly matched layer-an extension of Berenger's perfectly matched layer boundary condition [J]. IEEE Microwave and Guided Wave Letters, 1995, 5(12): 451—453.

[59] Roden J A, Gedney S D. Convolutional PML(CPML): an efficient FDTD implementation of the CFS-PML for arbitrary media[J]. Microwave and Optical Technology Letters, 2000, 27(5): 334—339.

[60] Peaceman D W, Rachford H H. The numerical solution of parabolic and elliptic differential equations[J]. Journal of the Society for Industrial & Applied Mathematics, 1955, 42(3): 28—41.

[61] Namiki T. A new FDTD algorithm based on alternating-direction implicit method [J]. IEEE Transactions on Microwave Theory and Techniques, 1999, 47(10): 2003—2007.

[62] Zheng Fenghua, Chen Zhizhang, Zhang Jiazong. Toward the development of a three-dimensional unconditionally stable finite-difference time-domain method[J]. IEEE Transactions on Microwave Theory and Techniques, 2000, 48(9): 1550—1558.

[63] Zheng Fenghua, Chen Zhizhang. Numerical dispersion analysis of the unconditionally stable 3-D ADI-FDTD method[J]. IEEE Transactions on Microwave Theory and Techniques, 2001, 49(5): 1006—1009.

[64] Zhao Anping. Analysis of the numerical dispersion of the 2-D alternating-direction implicit FDTD method[J]. IEEE Transactions on Microwave Theory and Techniques, 2002, 50(4): 1156—1164.

[65] Zhao Anping. The influence of the time step on the numerical dispersion error of an unconditionally stable 3-D ADI-FDTD method: A simple and unified approach to determine the maximum allowable time

step required by a desired numerical dispersion accuracy[J]. Microwave & Optical Technology Letters, 2002, 35(1): 60—65.

[66] Namiki T, Ito K. Investigation of numerical errors of the two-dimensional ADI-FDTD method[J]. IEEE Transactions on Microwave Theory and Techniques, 2000, 48(11): 1950—1956.

[67] Zhao Anping. Two special notes on the implementation of the unconditionally stable ADI-FDTD method[J]. Microwave & Optical Technology Letters, 2002, 33(4): 273—277.

[68] Darms M, Schuhmann R, Spachmann H, et al. Dispersion and asymmetry effects of ADI-FDTD[J]. IEEE Microwave and Wireless Components Letters, 2002, 12(12): 491—493.

[69] Sun Guilin, Trueman C W. Analysis and numerical experiments on the numerical dispersion of two-dimensional ADI-FDTD [J]. IEEE Antennas & Wireless Propagation Letters, 2003, 2(1): 78—81.

[70] Sun Guilin, Trueman C W. Some fundamental characteristics of the one-dimensional alternate-direction-implicit finite-difference time-domain method[J]. IEEE Transactions on Microwave Theory and Techniques, 2004, 52(1): 46—52.

[71] Yi Yun, Chen Bin, Chen Hailin, et al. TF/SF boundary and PML-ABC for an unconditionally stable FDTD method [J]. IEEE Microwave and Wireless Components Letters, 2007, 17(2): 91—93.

[72] Alighanbari A, Sarris C D. An unconditionally stable Laguerre-based S-MRTD time-domain scheme [J]. IEEE Antennas Wireless Propagation Letters, 2006, 5(1): 69—72.

[73] Shao Wei, Wang Bingzhong, Wang Xiaohua, et al. Efficient compact 2-D time-domain method with weighted Laguerre polynomials [J]. IEEE Transactions on Electromagnetic Compatibility, 2006, 48(3): 442—448.

[74] Cai Zhaoyang, Chen Bin, Yin Qin, et al. The WLP-FDTD method

for periodic structures with oblique incident wave [J]. IEEE Transactions on Antennas and Propagation, 2011, 59(10): 3780—3785.

[75] Cai Zhaoyang, Chen Bin, Liu Kai, et al. The CFS-PML for periodic Laguerre-based FDTD method[J]. IEEE Microwave and Wireless Components Letters, 2012, 22(4): 164—166.

[76] Lu Yijun, Shen C Y. A domain decomposition finite-difference method for parallel numerical implementation of time-dependent Maxwell's equations[J]. IEEE Transactions on Antennas and Propagation, 1997, 45(3): 556—562.

[77] Wang Bingzhong, Mittra R, Shao Wei. A domain decomposition finite-difference utilizing characteristic basis functions for solving electrostatic problems[J]. IEEE Transactions on Electromagnetic Compatibility,2008, 50(4): 946—952.

[78] Phillips T N. Preconditioned iterative methods for elliptic problems on decomposed domains[J]. International Journal of Computer Mathematics, 1992, 44(1—4): 5—18.

[79] Sun G, Trueman C W. Unconditionally stable Crank-Nicolson scheme for solving the two-dimensional Maxwell's equations[J]. Electronics Letters, 2003, 39(7):595—597.

[80] Sun G, Trueman C W. Approximate Crank-Nicolson schemes for the 2-D finite-difference time-domain method for waves[J]. IEEE Transactions on Antennas & Propagation, 2004, 52(11):2963—2972.

[81] Sun G, Trueman C W. Efficient implementations of the Crank-Nicolson scheme for the finite-difference time-domain method[J]. IEEE Transactions on Microwave Theory and Techniques, 2006, 54(5): 2275—2284.

第 2 章　拉盖尔基 FDTD 算法原理

自从 2003 年 Y. S. Chung 等人[1]提出了基于拉盖尔多项式的 FDTD 算法以来，该算法取得了很大的进展。拉盖尔基 FDTD 算法突破了传统 FDTD 算法的 CFL 稳定性条件的限制，时间步长的选择不再受到空间分辨率的严格约束，特别适合于具有精细结构的电磁场问题的仿真。然而，这种步进算法总是需要求解一个大型的稀疏矩阵方程[2-4]，造成大量的 CPU 时间和计算机内存的消耗，不利于处理三维实际问题，限制了拉盖尔基 FDTD 算法的应用。

为了解决这个问题，G. Q. He 等[5]提出了拉盖尔基分区 FDTD 算法。分区算法应用舒尔补定理[6]将整个稀疏矩阵方程分解成多个相互独立的子方程，降低了稀疏矩阵的维度，提高了计算效率。另一方面，Y. T. Duan 等[7-9]提出了一种拉盖尔基高效 FDTD 算法，这种高效算法在矩阵形式的麦克斯韦方程中引入一个高阶项，并运用 Factorization-Splitting 法[10-12]将原稀疏矩阵方程分解成 6 个三对角形式的矩阵方程，可以运用追赶法高效求解。然而这种高效算法引入的高阶项误差在场分布剧烈变化的地方会迅速增大，降低了计算精度。为了解决这个问题，Z. Chen 等[13-15]提出了一种新的高效算法，使用新的分裂方法并运用迭代算法提高了计算精度，但这种算法需要经过多次迭代才能收敛，降低了计算效率。

2.1　标准拉盖尔基 FDTD 计算方法基本理论

以二维情况为例，在均匀、无耗、各向同性的普通介质中，TE_z 波的麦氏方程组为

$$\frac{\partial E_y}{\partial t}=\frac{1}{\varepsilon}\left(-\frac{\partial H_z}{\partial x}-J_y\right) \tag{2.1}$$

$$\frac{\partial E_x}{\partial t}=\frac{1}{\varepsilon}\left(\frac{\partial H_z}{\partial y}-J_x\right) \tag{2.2}$$

$$\frac{\partial H_z}{\partial t}=\frac{1}{\mu}\left(\frac{\partial E_x}{\partial y}-\frac{\partial E_y}{\partial x}\right) \tag{2.3}$$

式中：ε 为介电常数；μ 为磁导率；E_y、E_x、H_z 为电磁场分量；J_x、J_y 为场源分量。

拉盖尔多项式为

$$L_p(t)=\frac{\mathrm{e}^t}{p\,!}\frac{\mathrm{d}^p}{\mathrm{d}t^p}(t^p\mathrm{e}^{-t}),p\geqslant 0 \tag{2.4}$$

式中：p 为拉盖尔多项式的阶数。

这些多项式按阶数满足如下方程：

$$\begin{gathered}L_0(t)=1\\ L_1(t)=1-t\\ pL_p(t)=(2p-1-t)L_{p-1}(t)-(p-1)L_{p-2}(t),p\geqslant 2\end{gathered} \tag{2.5}$$

且满足如下关系：

$$\int_0^{\infty}\mathrm{e}^{-t}L_p(t)L_q(t)\mathrm{d}t=\delta_{pq} \tag{2.6}$$

即关于加权函数 e^{-t} 正交。若令

$$\varphi_p(\bar{t})=\mathrm{e}^{-s\cdot t/2}L_p(s\cdot t) \tag{2.7}$$

式中：$s>0$ 是时间标度因子，$\bar{t}=s\cdot t$ 为标度时间。显然由式(2.6)可知，$\{\varphi_0,\varphi_1,\varphi_2,\cdots\}$构成一组正交基函数，即

$$\int_0^{\infty}\varphi_p(\bar{t})\varphi_q(\bar{t})\mathrm{d}\bar{t}=\delta_{pq} \tag{2.8}$$

用拉盖尔基函数展开式(2.1)～式(2.3)中的电磁场分量可得

$$E_y(r,t)=\sum_{p=0}^{\infty}E_y^p(r)\varphi_p(\bar{t}) \tag{2.9}$$

$$E_x(r,t)=\sum_{p=0}^{\infty}E_x^p(r)\varphi_p(\bar{t}) \tag{2.10}$$

$$H_z(r,t)=\sum_{p=0}^{\infty}H_z^p(r)\varphi_p(\bar{t}) \tag{2.11}$$

式中：$E_y^p(r)$、$E_x^p(r)$、$H_z^p(r)$分别为 E_y、E_x、H_z分量的 p 阶展开系数。

设 $U(r,t)$ 是式(2.9)～式(2.11)中的任一电磁场分量，根据拉盖尔多项式的性质可知[16]

$$\frac{\partial U(r,t)}{\partial t}=s\sum_{p=0}^{\infty}\left(0.5U_p(r)+\sum_{k=0,p>0}^{p-1}U_k(r)\right)\varphi_p(\bar{t}) \tag{2.12}$$

将式(2.9)～式(2.12)分别代入式(2.1)～式(2.3)，并采用 Galerkin 法，即在方程两边同时乘以基函数 $\varphi_q(\bar{t})$，然后在 $\bar{t}=[0,\infty)$ 上积分，得

$$s(0.5E_y^q(r)+\sum_{k=0,q>0}^{q-1}E_y^k(r))=-\frac{1}{\varepsilon(r)}\frac{\partial}{\partial x}H_z^q(r)-\frac{J_y^q(r)}{\varepsilon(r)} \tag{2.13}$$

$$s(0.5E_x^q(r)+\sum_{k=0,q>0}^{q-1}E_x^k(r))=\frac{1}{\varepsilon(r)}\frac{\partial}{\partial y}H_z^q(r)-\frac{J_x^q(r)}{\varepsilon(r)} \tag{2.14}$$

$$s(0.5H_z^q(r)+\sum_{k=0,q>0}^{q-1}H_z^k(r))=\frac{1}{\mu(r)}\left(\frac{\partial}{\partial y}E_x^q(r)-\frac{\partial}{\partial x}E_y^q(r)\right) \tag{2.15}$$

式中：

$$J_y^q(r)=\int_0^{T_f}J_y(r,t)\varphi_q(\bar{t})\mathrm{d}\bar{t} \tag{2.16}$$

$$J_x^q(r)=\int_0^{T_f}J_x(r,t)\varphi_q(\bar{t})\mathrm{d}\bar{t} \tag{2.17}$$

用中心差分展开式(2.13)～式(2.15)中的空间微分项，得到其空间差分方程：

$$E_y^q\big|_{i,j}=-\overline{C}_x^E\big|_{i,j}(H_z^q\big|_{i,j}-H_z^q\big|_{i-1,j})-\frac{2}{s\varepsilon}J_y^q\big|_{i,j}-2\sum_{k=0}^{q-1}E_y^k\big|_{i,j} \tag{2.18}$$

$$E_x^q\big|_{i,j}=\overline{C}_y^E\big|_{i,j}(H_z^q\big|_{i,j}-H_z^q\big|_{i,j-1})-\frac{2}{s\varepsilon}J_x^q\big|_{i,j}-2\sum_{k=0}^{q-1}E_x^k\big|_{i,j} \tag{2.19}$$

$$\begin{aligned}H_z^q\big|_{i,j}=&-\overline{C}_x^H\big|_{i,j}(E_y^q\big|_{i+1,j}-E_y^q\big|_{i,j})+\\&\overline{C}_y^H\big|_{i,j}(E_x^q\big|_{i,j+1}-E_x^q\big|_{i,j})-2\sum_{k=0}^{q-1}H_z^k\big|_{i,j}\end{aligned} \tag{2.20}$$

式中：

$$\overline{C}_y^E\big|_{i,j}=\frac{2}{s\varepsilon_{i,j}\,\Delta\bar{y}_j} \tag{2.21}$$

$$\overline{C}_x^E\big|_{i,j}=\frac{2}{s\varepsilon_{i,j}\,\Delta\bar{x}_i} \tag{2.22}$$

$$\bar{C}_y^H\Big|_{i,j}=\frac{2}{s\mu_{i,j}\ \Delta y_j} \tag{2.23}$$

$$\bar{C}_x^H\Big|_{i,j}=\frac{2}{s\mu_{i,j}\ \Delta x_i} \tag{2.24}$$

将式(2.20)代入式(2.18)和式(2.19)，得到二维 TE_z 波标准拉盖尔基 FDTD 算法的基本差分方程：

$$\begin{aligned}
&-\bar{C}_x^H\Big|_{i-1,j}E_y^q\Big|_{i-1,j}+\left(\frac{1}{\bar{C}_x^E\Big|_{i,j}}+\bar{C}_x^H\Big|_{i,j}+\bar{C}_x^H\Big|_{i-1,j}\right)E_y^q\Big|_{i,j}-\bar{C}_x^H\Big|_{i,j}E_y^q\Big|_{i+1,j}+\\
&\bar{C}_y^H\Big|_{i,j}E_x^q\Big|_{i,j+1}-\bar{C}_y^H\Big|_{i-1,j}E_x^q\Big|_{i-1,j+1}-\bar{C}_y^H\Big|_{i,j}E_x^q\Big|_{i,j}+\bar{C}_y^H\Big|_{i-1,j}E_x^q\Big|_{i-1,j}\\
&=-\Delta x_i J_y^q\Big|_{i,j}-\frac{2}{\bar{C}_x^E\Big|_{i,j}}\sum_{k=0}^{q-1}E_y^k\Big|_{i,j}+2\sum_{k=0}^{q-1}\left(H_z^k\Big|_{i,j}-H_z^k\Big|_{i-1,j}\right)
\end{aligned} \tag{2.25}$$

$$\begin{aligned}
&-\bar{C}_y^H\Big|_{i,j-1}E_x^q\Big|_{i,j-1}+\left(\frac{1}{\bar{C}_y^E\Big|_{i,j}}+\bar{C}_y^H\Big|_{i,j}+\bar{C}_y^H\Big|_{i,j-1}\right)E_x^q\Big|_{i,j}-\bar{C}_y^H\Big|_{i,j}E_x^q\Big|_{i,j+1}-\\
&\bar{C}_x^H\Big|_{i,j-1}E_y^q\Big|_{i+1,j-1}+\bar{C}_x^H\Big|_{i,j-1}E_y^q\Big|_{i,j-1}-\bar{C}_x^H\Big|_{i,j}E_y^q\Big|_{i,j}+\bar{C}_x^H\Big|_{i,j}E_y^q\Big|_{i+1,j}\\
&=-\Delta y_j J_x^q\Big|_{i,j}-\frac{2}{\bar{C}_y^E\Big|_{i,j}}\sum_{k=0}^{q-1}E_x^k\Big|_{i,j}-2\sum_{k=0}^{q-1}\left(H_z^k\Big|_{i,j}-H_z^k\Big|_{i,j-1}\right)
\end{aligned} \tag{2.26}$$

观察式(2.25)和式(2.26)可知，这两个方程的左边分别含有 7 个 q 阶的场分量，这些都是待求的未知量。方程的右边包含源项和 0～$(q-1)$的场分量，这些都是已知量。式(2.25)左边的 7 个未知场量的位置关系如图 2.1a 所示，其中电场分量 $E_y^q\big|_{i,j}$位于所示单元格的中心位置，而其余 6 个电场分量围绕 $E_y^q\big|_{i,j}$形成一个系统。为了便于叙述，将该单元格定义为 $E_y^q\big|_{i,j}$对应的单元格。式(2.26)左边的 7 个未知场量的位置关系如图 2.1b 所示，同理将该单元格定义为 $E_x^q\big|_{i,j}$对应的单元格。

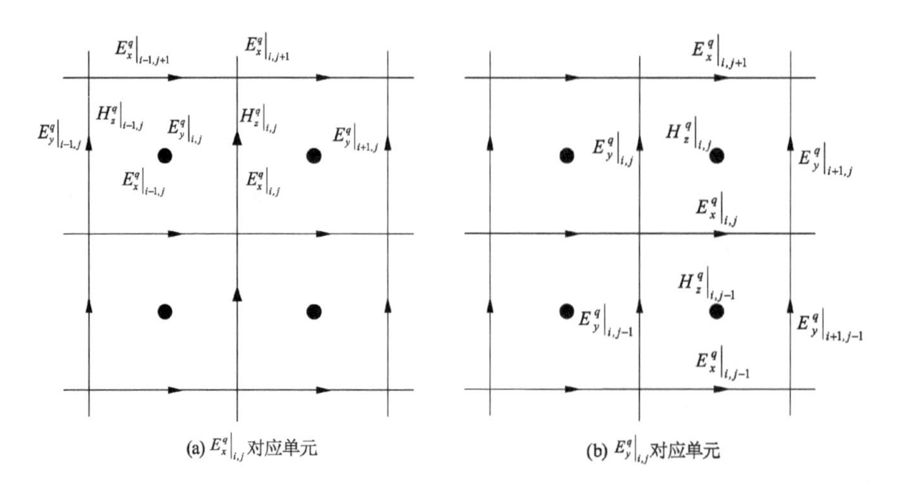

(a) $E_x^q|_{i,j}$ 对应单元　　(b) $E_y^q|_{i,j}$ 对应单元

图 2.1　q 阶电场分量方程中各个未知量的空间位置

将式(2.25)和式(2.26)描述的系统写成矩阵方程的形式，可得

$$\boldsymbol{A}\boldsymbol{E}^q=\boldsymbol{J}^q+\boldsymbol{\beta}^{q-1}\quad (q=0,1,2,\cdots) \tag{2.27}$$

上式中矩阵 $\boldsymbol{A}$ 是一个大型稀疏矩阵，每一行都有 7 个非零元素，矩阵的维度等于计算区域中所有未知 q 阶电场分量 E_y^q 和 E_x^q 个数的总和。由于矩阵 $\boldsymbol{A}$ 是非奇异矩阵，方程(2.27)存在唯一解，将求得的电场分量代入式(2.20)可以求出 q 阶磁场分量，再根据步进方法可以求得 $q+1$ 阶的电磁场分量，最后根据式(2.9)～式(2.11)可以还原出时域波形。在实际数值模拟中，由于矩阵 $\boldsymbol{A}$ 的维度太大，非零元素太多，直接求解方程(2.27)需要花费大量的内存和时间。这还仅仅是二维问题，对于三维实际问题，矩阵 $\boldsymbol{A}$ 的维度成几何倍数增加，且每行的非零元素个数也更多，这在很大程度上限制了拉盖尔基 FDTD 算法的应用。

2.2　拉盖尔基分区 FDTD 算法基本原理

为了解决大型稀疏矩阵求解困难的问题，G. Q. He 等[5]提出了二维拉盖尔基分区 FDTD 算法。文献[5]以 TM_z 波为例进行说明，这里将该分区算法应用到 TE_z 波的情形。为便于说明，将上节简单无耗介质中二维 TE_z 波的基本方程重写为

$$E_y^q\big|_{i,j}=-\overline{C}_x^E\big|_{i,j}(H_z^q\big|_{i,j}-H_z^q\big|_{i-1,j})-\frac{2}{s\varepsilon}J_y^q\big|_{i,j}-2\sum_{k=0}^{q-1}E_y^k\big|_{i,j}\tag{2.28}$$

$$E_x^q\big|_{i,j}=\overline{C}_y^E\big|_{i,j}(H_z^q\big|_{i,j}-H_z^q\big|_{i,j-1})-\frac{2}{s\varepsilon}J_x^q\big|_{i,j}-2\sum_{k=0}^{q-1}E_x^k\big|_{i,j}\tag{2.29}$$

$$\begin{aligned}H_z^q\big|_{i,j}=&-\overline{C}_x^H\big|_{i,j}(E_y^q\big|_{i+1,j}-E_y^q\big|_{i,j})+\\&\overline{C}_y^H\big|_{i,j}(E_x^q\big|_{i,j+1}-E_x^q\big|_{i,j})-2\sum_{k=0}^{q-1}H_z^k\big|_{i,j}\end{aligned}\tag{2.30}$$

标准拉盖尔基FDTD算法将磁场方程式(2.30)代入电场方程中得到，分区算法将电场方程式(2.28)和式(2.29)代入磁场方程，得到只含单一未知场量 H_z^q 的方程：

$$\begin{aligned}&-\overline{C}_y^H\big|_{i,j}\overline{C}_y^E\big|_{i,j}H_z^q\big|_{i,j-1}-\overline{C}_x^H\big|_{i,j}\overline{C}_x^E\big|_{i,j}H_z^q\big|_{i-1,j}+\\&(1+\overline{C}_x^H\big|_{i,j}\overline{C}_x^E\big|_{i+1,j}+\overline{C}_y^H\big|_{i,j}\overline{C}_y^E\big|_{i,j+1}+\overline{C}_y^H\big|_{i,j}\overline{C}_y^E\big|_{i,j}+\overline{C}_x^H\big|_{i,j}\overline{C}_x^E\big|_{i,j})H_z^q\big|_{i,j}-\\&\overline{C}_x^H\big|_{i,j}\overline{C}_x^E\big|_{i+1,j}H_z^q\big|_{i+1,j}-\overline{C}_y^H\big|_{i,j}\overline{C}_y^E\big|_{i,j+1}H_z^q\big|_{i,j+1}\\=&\overline{C}_x^H\big|_{i,j}\frac{2}{s\varepsilon}(J_y^q\big|_{i+1,j}-J_y^q\big|_{i,j})-\overline{C}_y^H\big|_{i,j}\frac{2}{s\varepsilon}(J_x^q\big|_{i,j+1}-J_x^q\big|_{i,j})-2\sum_{k=0}^{q-1}H_z^k\big|_{i,j}+\\&2\overline{C}_x^H\big|_{i,j}\sum_{k=0}^{q-1}(E_y^k\big|_{i+1,j}-E_y^k\big|_{i,j})-2\overline{C}_y^H\big|_{i,j}\sum_{k=0}^{q-1}(E_x^k\big|_{i,j+1}-E_x^k\big|_{i,j})\end{aligned}\tag{2.31}$$

式(2.31)左边包含 5 个 q 阶未知量，均为磁场分量 H_z^q；右边包含源项和 0～(q－1)阶电磁场分量等已知量。其中磁场分量 H_z^q的相对位置关系如图 2.2 所示。

结合 Mur 近似吸收边界条件[17]和总场/散射场(TF/SF)边界条件[3]，式(2.31)可以写成如下矩阵方程的形式

$$\mathbf{A}\boldsymbol{H}_z^q=\boldsymbol{J}^q+\boldsymbol{\beta}^{q-1}\quad q=0,1,2,\cdots\tag{2.32}$$

式中矩阵 **A** 仍是一个大型稀疏矩阵，但不同的是其每行非零元素有 5 个，未知量为单一场量 H_z^q，而不含 E_x^q和 E_y^q。

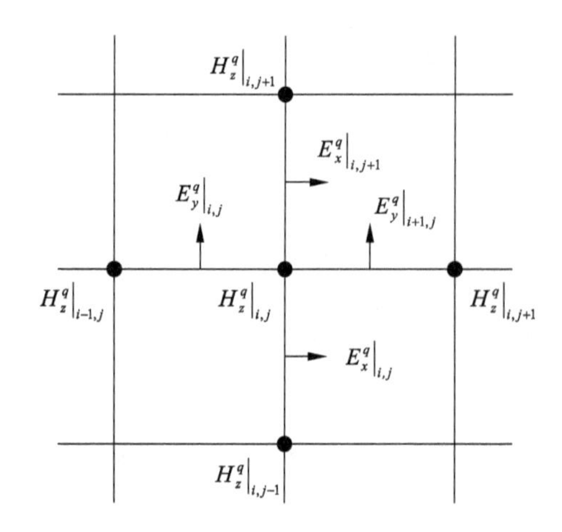

图 2.2　q 阶磁场分量的相对位置关系

分区算法对一个完整的计算区域进行划分。不失一般性地，这里以 4 个子区域为例，如图 2.3 所示，计算区域 D 被划分为子区域 D_1、D_2、D_3 和 D_4，它们之间的分界线分别为 Γ_{1_2}、Γ_{2_3}、Γ_{3_4} 和 Γ_{1_4}。

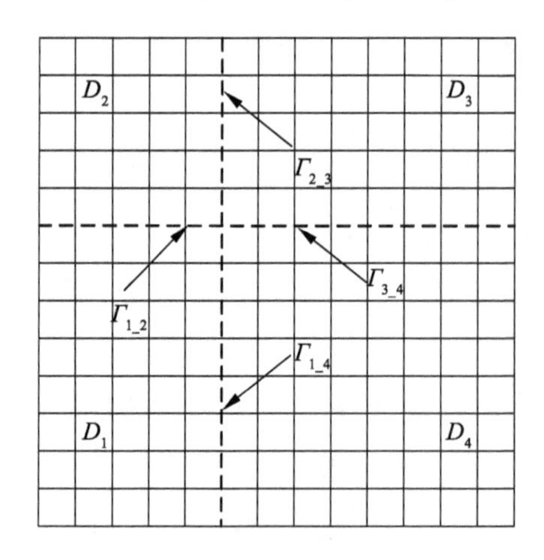

图 2.3　将完整的计算区域划分为四个相邻的子区域

下一步按如下方式组织未知向量 $\boldsymbol{H}_z^q$：首先填入子区域 D_1 中的所有磁场分量，接着分别填入子区域 D_2、D_3 和 D_4 中的磁场分量，最后再填入分界线 Γ 上的磁场分量，则可以得到如下形式的矩阵方程：

$$\begin{bmatrix} \boldsymbol{A}_{11} & & & & \boldsymbol{A}_1 \\ & \boldsymbol{A}_{22} & & & \boldsymbol{A}_2 \\ & & \boldsymbol{A}_{33} & & \boldsymbol{A}_3 \\ & & & \boldsymbol{A}_{44} & \boldsymbol{A}_4 \\ \boldsymbol{A}_1^{\mathrm{T}} & \boldsymbol{A}_2^{\mathrm{T}} & \boldsymbol{A}_3^{\mathrm{T}} & \boldsymbol{A}_4^{\mathrm{T}} & \boldsymbol{A}_\Gamma \end{bmatrix} \begin{bmatrix} \boldsymbol{x}_1 \\ \boldsymbol{x}_2 \\ \boldsymbol{x}_3 \\ \boldsymbol{x}_4 \\ \boldsymbol{x}_\Gamma \end{bmatrix} = \begin{bmatrix} \boldsymbol{f}_1 \\ \boldsymbol{f}_2 \\ \boldsymbol{f}_3 \\ \boldsymbol{f}_4 \\ \boldsymbol{f}_\Gamma \end{bmatrix} \tag{2.33}$$

式中：$\Gamma=\Gamma_{1\_2}\cup\Gamma_{2\_3}\cup\Gamma_{3\_4}\cup\Gamma_{1\_4}$，$x_i$ 由子区域 D_i 中的磁场分量构成。式(2.33)相当于是对式(2.32)作矩阵的行列变换得到的，不同的是式(2.32)中的系数矩阵是条带状的，而式(2.33)中的系数矩阵是分块矩阵。其中块矩阵 $\boldsymbol{A}_{ii}$ 表示的是子区域 D_i 内部的场量相互之间的关系，块矩阵 $\boldsymbol{A}_i$ 表示的是子区域 D_i 内的场量与分界线 Γ 上的场量之间的关系，而块矩阵 $\boldsymbol{A}_\Gamma$ 表示的是分界线 Γ 上的场量相互之间的关系。

对于形如式(2.33)的分块矩阵方程，可以运用舒尔补定理[6]，得到其对应的舒尔补系统：

$$\boldsymbol{C}\boldsymbol{x}_\Gamma=\boldsymbol{g} \tag{2.34}$$

式中：

$$\boldsymbol{C}=\boldsymbol{A}_\Gamma-\sum_{i=1}^{N}\boldsymbol{A}_i^{\mathrm{T}}\boldsymbol{A}_{ii}^{-1}\boldsymbol{A}_i \tag{2.35}$$

且

$$\boldsymbol{g}=\boldsymbol{f}_\Gamma-\sum_{i=1}^{N}\boldsymbol{A}_i^{\mathrm{T}}\boldsymbol{A}_{ii}^{-1}\boldsymbol{f}_i \tag{2.36}$$

只要率先解出 $\boldsymbol{x}_\Gamma$，式(2.33)就可以被分解为如下子系统：

$$\boldsymbol{A}_{ii}\boldsymbol{x}_i=\boldsymbol{g}_i \tag{2.37}$$

式中：

$$\boldsymbol{g}_i=\boldsymbol{f}_i-\boldsymbol{A}_i\boldsymbol{x}_\Gamma \tag{2.38}$$

式(2.37)中的子系统是相互独立的，可以进行并行计算，提高了计算效率。

2.3　Duan 的拉盖尔基高效 FDTD 算法

2009 年，Y. T. Duan 等[7-9]首次提出了拉盖尔基高效 FDTD 算法。

该算法极大地提高了计算效率，减小了内存消耗。本节分别在二维和三维情形下介绍 Y. T. Duan 等提出的高效算法的基本原理。

2.3.1 Duan 的二维拉盖尔基高效 FDTD 算法

以 2.2 节的 TE_z 波为例，若用 D_x 和 D_y 分别表示 x 和 y 方向上的一阶微分算子，则式(2.13)～式(2.15)可以写成

$$s\left(0.5E_x^q(\boldsymbol{r})+\sum_{k=0,q>0}^{q-1}E_x^k(\boldsymbol{r})\right)=\frac{1}{\varepsilon}D_yH_z^q(\boldsymbol{r})-\frac{J_x^q(\boldsymbol{r})}{\varepsilon} \tag{2.39}$$

$$s\left(0.5E_y^q(\boldsymbol{r})+\sum_{k=0,q>0}^{q-1}E_y^k(\boldsymbol{r})\right)=-\frac{1}{\varepsilon}D_xH_z^q(\boldsymbol{r})-\frac{J_y^q(\boldsymbol{r})}{\varepsilon} \tag{2.40}$$

$$s\left(0.5H_z^q(\boldsymbol{r})+\sum_{k=0,q>0}^{q-1}H_z^k(\boldsymbol{r})\right)=\frac{1}{\mu}\left(D_yE_x^q(\boldsymbol{r})-D_xE_y^q(\boldsymbol{r})\right) \tag{2.41}$$

令

$$a=\frac{2}{s\varepsilon},b=\frac{2}{s\mu} \tag{2.42}$$

$$\boldsymbol{W}_E^q=\left(E_x^q(\boldsymbol{r})\quad E_y^q(\boldsymbol{r})\right)^{\mathrm{T}},\boldsymbol{W}_H^q=\left(H_z^q(\boldsymbol{r})\right) \tag{2.43}$$

$$\boldsymbol{D}_H=\left(aD_y\quad -aD_x\right)^{\mathrm{T}},\boldsymbol{D}_E=\left(bD_y\quad -bD_x\right) \tag{2.44}$$

$$\boldsymbol{V}_H^{q-1}=\left(-2\sum_{k=0,q>0}^{q-1}H_z^k(\boldsymbol{r})\right),$$

$$\boldsymbol{V}_E^{q-1}=\left(-2\sum_{k=0,q>0}^{q-1}E_x^k(\boldsymbol{r})\quad -2\sum_{k=0,q>0}^{q-1}E_y^k(\boldsymbol{r})\right)^{\mathrm{T}} \tag{2.45}$$

$$\boldsymbol{J}_E^q=\left(-aJ_x^q(\boldsymbol{r})\quad -aJ_y^q(\boldsymbol{r})\right) \tag{2.46}$$

则式(2.39)～式(2.41)可以写成如下矩阵方程：

$$\boldsymbol{W}_E^q=\boldsymbol{D}_H\boldsymbol{W}_H^q+\boldsymbol{V}_E^{q-1}+\boldsymbol{J}_E^q \tag{2.47}$$

$$\boldsymbol{W}_H^q=\boldsymbol{D}_E\boldsymbol{W}_E^q+\boldsymbol{V}_H^{q-1} \tag{2.48}$$

将式(2.48)代入(2.47)可得

$$(\boldsymbol{I}-\boldsymbol{D}_H\boldsymbol{D}_E)\boldsymbol{W}_E^q=\boldsymbol{D}_H\boldsymbol{V}_H^{q-1}+\boldsymbol{V}_E^{q-1}+\boldsymbol{J}_E^q \tag{2.49}$$

式中：

$$\boldsymbol{D}_H\boldsymbol{D}_E=\begin{pmatrix} abD_y^2 & -abD_yD_x \\ -abD_xD_y & abD_x^2 \end{pmatrix} \tag{2.50}$$

令 $\boldsymbol{D}_H\boldsymbol{D}_E=\boldsymbol{A}+\boldsymbol{B}$，矩阵 $\boldsymbol{A}$ 和 $\boldsymbol{B}$ 的构造方法有多种，文献[7]中选择

$$\boldsymbol{A}=\begin{pmatrix} abD_y^2 & 0 \\ -abD_xD_y & 0 \end{pmatrix},\boldsymbol{B}=\begin{pmatrix} 0 & -abD_yD_x \\ 0 & abD_x^2 \end{pmatrix} \tag{2.51}$$

则式(2.49)可以写为

$$(\boldsymbol{I}-\boldsymbol{A}-\boldsymbol{B})\boldsymbol{W}_E^q=\boldsymbol{D}_H\boldsymbol{V}_H^{q-1}+\boldsymbol{V}_E^{q-1}+\boldsymbol{J}_E^q \tag{2.52}$$

在式(2.52)中引入高阶项 $\boldsymbol{AB}(\boldsymbol{W}_E^q-\boldsymbol{V}_E^{q-1})$，得

$$(\boldsymbol{I}-\boldsymbol{A})(\boldsymbol{I}-\boldsymbol{B})\boldsymbol{W}_E^q=(\boldsymbol{I}+\boldsymbol{AB})\boldsymbol{V}_E^{q-1}+\boldsymbol{D}_H\boldsymbol{V}_H^{q-1}+\boldsymbol{J}_E^q \tag{2.53}$$

应用 Factorization-Splitting 法将式(2.53)分解成两步算法：

$$(\boldsymbol{I}-\boldsymbol{A})\boldsymbol{W}^*=(\boldsymbol{I}+\boldsymbol{B})\boldsymbol{V}_E^{q-1}+\boldsymbol{D}_H\boldsymbol{V}_H^{q-1}+\boldsymbol{J}_E^q \tag{2.54}$$

$$(\boldsymbol{I}-\boldsymbol{B})\boldsymbol{W}_E^q=\boldsymbol{W}^*-\boldsymbol{B}\boldsymbol{V}_E^{q-1} \tag{2.55}$$

式中：$\boldsymbol{W}^*=(E_x^{*q}\quad E_y^{*q})^{\mathrm{T}}$ 为非物理中间变量。

将式(2.54)～式(2.55)展开得

$$(1-abD_x^2)E_x^{*q}=-2\sum_{k=0,q>0}^{q-1}E_x^k(\boldsymbol{r})+2abD_yD_x\sum_{k=0,q>0}^{q-1}E_y^k(\boldsymbol{r})-2a\sum_{k=0,q>0}^{q-1}D_yH_z^k(\boldsymbol{r})-aJ_x^q(\boldsymbol{r}) \tag{2.56}$$

$$(1-abD_y^2)E_y^q(\boldsymbol{r})=-abD_xD_yE_x^{*q}-2\sum_{k=0,q>0}^{q-1}E_y^k(\boldsymbol{r})+2a\sum_{k=0,q>0}^{q-1}D_xH_z^k(\boldsymbol{r})-aJ_y^q(\boldsymbol{r}) \tag{2.57}$$

$$E_x^q(\boldsymbol{r})=-abD_yD_xE_y^q(\boldsymbol{r})+E_x^{*q}-2abD_yD_x\sum_{k=0,q>0}^{q-1}E_y^k(\boldsymbol{r}) \tag{2.58}$$

用中心差分法离散式(2.56)和式(2.57)，可以得到两个三对角矩阵方程，利用追赶法可以进行高效求解。

2.3.2　Duan 的三维拉盖尔基高效 FDTD 算法

在无耗、均匀、各向同性的普通介质中，三维时域麦氏方程组为

$$\varepsilon\frac{\partial E_x}{\partial t}=(D_yH_z-D_zH_y)-J_x \tag{2.59}$$

$$\varepsilon\frac{\partial E_y}{\partial t}=(D_z H_x-D_x H_z)-J_y \tag{2.60}$$

$$\varepsilon\frac{\partial E_z}{\partial t}=(D_x H_y-D_y H_x)-J_z \tag{2.61}$$

$$\mu\frac{\partial H_x}{\partial t}=D_z E_y-D_y E_z \tag{2.62}$$

$$\mu\frac{\partial H_y}{\partial t}=D_x E_z-D_z E_x \tag{2.63}$$

$$\mu\frac{\partial H_z}{\partial t}=D_y E_x-D_x E_y \tag{2.64}$$

式中:D_x、D_y和D_z分别为x、y和z方向上的一阶微分算子。

式(2.59)～式(2.64)中的电磁场分量可以用拉盖尔基函数展开为

$$E_x(\boldsymbol{r},t)=\sum_{p=0}^{\infty}E_x^p(\boldsymbol{r})\varphi_p(st) \tag{2.65}$$

$$E_y(\boldsymbol{r},t)=\sum_{p=0}^{\infty}E_y^p(\boldsymbol{r})\varphi_p(st) \tag{2.66}$$

$$E_z(\boldsymbol{r},t)=\sum_{p=0}^{\infty}E_z^p(\boldsymbol{r})\varphi_p(st) \tag{2.67}$$

$$H_x(\boldsymbol{r},t)=\sum_{p=0}^{\infty}H_x^p(\boldsymbol{r})\varphi_p(st) \tag{2.68}$$

$$H_y(\boldsymbol{r},t)=\sum_{p=0}^{\infty}H_y^p(\boldsymbol{r})\varphi_p(st) \tag{2.69}$$

$$H_z(\boldsymbol{r},t)=\sum_{p=0}^{\infty}H_z^p(\boldsymbol{r})\varphi_p(st) \tag{2.70}$$

将式(2.65)～式(2.70)代入式(2.59)～式(2.64)，并利用 Galerkin 法消去时间函数，得

$$s\Big(0.5E_x^q(\boldsymbol{r})+\sum_{k=0,q>0}^{q-1}E_x^k(\boldsymbol{r})\Big)=\frac{1}{\varepsilon}D_y H_z^q(\boldsymbol{r})-\frac{1}{\varepsilon}D_z H_y^q(\boldsymbol{r})-\frac{J_x^q(\boldsymbol{r})}{\varepsilon} \tag{2.71}$$

$$s\Big(0.5E_y^q(\boldsymbol{r})+\sum_{k=0,q>0}^{q-1}E_y^k(\boldsymbol{r})\Big)=\frac{1}{\varepsilon}D_z H_x^q(\boldsymbol{r})-\frac{1}{\varepsilon}D_x H_z^q(\boldsymbol{r})-\frac{J_y^q(\boldsymbol{r})}{\varepsilon} \tag{2.72}$$

$$s\left(0.5E_z^q(\boldsymbol{r})+\sum_{k=0,q>0}^{q-1}E_z^k(\boldsymbol{r})\right)=\frac{1}{\varepsilon}D_xH_y^q(\boldsymbol{r})-\frac{1}{\varepsilon}D_yH_x^q(\boldsymbol{r})-\frac{J_z^q(\boldsymbol{r})}{\varepsilon} \tag{2.73}$$

$$s\left(0.5H_x^q(\boldsymbol{r})+\sum_{k=0,q>0}^{q-1}H_x^k(\boldsymbol{r})\right)=\frac{1}{\mu}D_zE_y^q(\boldsymbol{r})-\frac{1}{\mu}D_yE_z^q(\boldsymbol{r}) \tag{2.74}$$

$$s\left(0.5H_y^q(\boldsymbol{r})+\sum_{k=0,q>0}^{q-1}H_y^k(\boldsymbol{r})\right)=\frac{1}{\mu}D_xE_z^q(\boldsymbol{r})-\frac{1}{\mu}D_zE_x^q(\boldsymbol{r}) \tag{2.75}$$

$$s\left(0.5H_z^q(\boldsymbol{r})+\sum_{k=0,q>0}^{q-1}H_z^k(\boldsymbol{r})\right)=\frac{1}{\mu}D_yE_x^q(\boldsymbol{r})-\frac{1}{\mu}D_xE_y^q(\boldsymbol{r}) \tag{2.76}$$

式中：

$$J_x^q(\boldsymbol{r})=\int_0^{T_f}J_x(\boldsymbol{r},t)\varphi_q(st)\mathrm{d}(st) \tag{2.77}$$

$$J_y^q(\boldsymbol{r})=\int_0^{T_f}J_y(\boldsymbol{r},t)\varphi_q(st)\mathrm{d}(st) \tag{2.78}$$

$$J_z^q(\boldsymbol{r})=\int_0^{T_f}J_z(\boldsymbol{r},t)\varphi_q(st)\mathrm{d}(st) \tag{2.79}$$

令

$$a=\frac{2}{s\varepsilon},b=\frac{2}{s\mu} \tag{2.80}$$

$$\boldsymbol{W}_{\mathrm{E}}^q=(E_x^q(\boldsymbol{r})\quad E_y^q(\boldsymbol{r})\quad E_z^q(\boldsymbol{r}))^{\mathrm{T}} \tag{2.81}$$

$$\boldsymbol{W}_H^q=(H_x^q(\boldsymbol{r})\quad H_y^q(\boldsymbol{r})\quad H_z^q(\boldsymbol{r}))^{\mathrm{T}} \tag{2.82}$$

$$\boldsymbol{D}_H=(\boldsymbol{D}_{\mathrm{E}})^{\mathrm{T}}=\begin{pmatrix}0 & -D_z & D_y\\ D_z & 0 & -D_x\\ -D_y & D_x & 0\end{pmatrix} \tag{2.83}$$

$$\boldsymbol{V}_{\mathrm{E}}^{q-1}=\left(-2\sum_{k=0,q>0}^{q-1}E_x^k(\boldsymbol{r})\quad -2\sum_{k=0,q>0}^{q-1}E_y^k(\boldsymbol{r})\quad -2\sum_{k=0,q>0}^{q-1}E_z^k(\boldsymbol{r})\right)^{\mathrm{T}} \tag{2.84}$$

$$\boldsymbol{V}_H^{q-1}=\left(-2\sum_{k=0,q>0}^{q-1}H_x^k(\boldsymbol{r})\quad -2\sum_{k=0,q>0}^{q-1}H_y^k(\boldsymbol{r})\quad -2\sum_{k=0,q>0}^{q-1}H_z^k(\boldsymbol{r})\right)^{\mathrm{T}} \tag{2.85}$$

$$\boldsymbol{J}_E^q = (-J_x^q(\boldsymbol{r}) \quad -J_y^q(\boldsymbol{r}) \quad -J_z^q(\boldsymbol{r}))^{\mathrm{T}} \tag{2.86}$$

则式(2.71)～式(2.76)可以写成如下矩阵方程：

$$\boldsymbol{W}_E^q = a\boldsymbol{D}_H\boldsymbol{W}_H^q + \boldsymbol{V}_E^{q-1} + a\boldsymbol{J}_E^q \tag{2.87}$$

$$\boldsymbol{W}_H^q = b\boldsymbol{D}_E\boldsymbol{W}_E^q + \boldsymbol{V}_H^{q-1} \tag{2.88}$$

将式(2.88)代入式(2.87)可得

$$(\boldsymbol{I} - a\boldsymbol{D}_H b\boldsymbol{D}_E)\boldsymbol{W}_E^q = a\boldsymbol{D}_H\boldsymbol{V}_H^{q-1} + \boldsymbol{V}_E^{q-1} + a\boldsymbol{J}_E^q \tag{2.89}$$

式中：

$$a\boldsymbol{D}_H b\boldsymbol{D}_E = \begin{pmatrix} abD_{2z} + abD_{2y} & -aD_y bD_x & -aD_z bD_x \\ -aD_x bD_y & abD_{2z} + abD_{2x} & -aD_z bD_y \\ -aD_x bD_z & -aD_y bD_z & abD_{2y} + abD_{2x} \end{pmatrix} \tag{2.90}$$

令 $a\boldsymbol{D}_H b\boldsymbol{D}_E = \boldsymbol{A} + \boldsymbol{B}$，并取矩阵 $\boldsymbol{A}$ 和 $\boldsymbol{B}$ 分别为

$$\boldsymbol{A} = \begin{pmatrix} abD_y^2 & 0 & 0 \\ -aD_x bD_y & abD_z^2 & 0 \\ -aD_x bD_z & -aD_y bD_z & abD_x^2 \end{pmatrix} \tag{2.91}$$

$$\boldsymbol{B} = \begin{pmatrix} abD_z^2 & -aD_y bD_x & -aD_z bD_x \\ 0 & abD_x^2 & -aD_z bD_y \\ 0 & 0 & abD_y^2 \end{pmatrix} \tag{2.92}$$

则式(2.89)可写为

$$(\boldsymbol{I} - \boldsymbol{A} - \boldsymbol{B})\boldsymbol{W}_E^q = a\boldsymbol{D}_H\boldsymbol{V}_H^{q-1} + \boldsymbol{V}_E^{q-1} + a\boldsymbol{J}_E^q \tag{2.93}$$

将高阶项 $\boldsymbol{AB}(\boldsymbol{W}_E^q - \boldsymbol{V}_E^{q-1})$ 引入式(2.93)中，可以得到如下新的矩阵方程：

$$(\boldsymbol{I} - \boldsymbol{A})(\boldsymbol{I} - \boldsymbol{B})\boldsymbol{W}_E^q = (\boldsymbol{I} + \boldsymbol{AB})\boldsymbol{V}_E^{q-1} + a\boldsymbol{D}_H\boldsymbol{V}_H^{q-1} + a\boldsymbol{J}_E^q \tag{2.94}$$

式(2.94)可以分解为两步算法：

$$(\boldsymbol{I} - \boldsymbol{A})\boldsymbol{W}^* = (\boldsymbol{I} + \boldsymbol{B})\boldsymbol{V}_E^{q-1} + a\boldsymbol{D}_H\boldsymbol{V}_H^{q-1} + a\boldsymbol{J}_E^q \tag{2.95}$$

$$(\boldsymbol{I} - \boldsymbol{B})\boldsymbol{W}_E^q = \boldsymbol{W}^* - \boldsymbol{B}\boldsymbol{V}_E^{q-1} \tag{2.96}$$

式中：$\boldsymbol{W}^* = (E_x^{*q} \quad E_y^{*q} \quad E_z^{*q})^{\mathrm{T}}$ 为非物理中间变量。展开式(2.95)和式(2.96)得

$$(1-abD_y^2)E_x^{*q}=2a\sum_{k=0,q>0}^{q-1}D_zH_y^k-2a\sum_{k=0,q>0}^{q-1}D_yH_z^k-2\sum_{k=0,q>0}^{q-1}E_x^k-aJ_x^q-$$

$$2abD_z^2\sum_{k=0,q>0}^{q-1}E_x^k+2abD_yD_x\sum_{k=0,q>0}^{q-1}E_y^k+2abD_zD_x\sum_{k=0,q>0}^{q-1}E_z^k \tag{2.97}$$

$$(1-abD_z^2)E_y^{*q}=-aD_xbD_yE_x^{*q}-2a\sum_{k=0,q>0}^{q-1}D_zH_x^k+2a\sum_{k=0,q>0}^{q-1}D_xH_z^k-2\sum_{k=0,q>0}^{q-1}E_y^k-$$

$$aJ_y^q-2abD_x^2\sum_{k=0,q>0}^{q-1}E_y^k+2abD_zD_y\sum_{k=0,q>0}^{q-1}E_z^k \tag{2.98}$$

$$(1-abD_x^2)E_z^{*q}=-aD_xbD_zE_x^{*q}-aD_ybD_zE_y^{*q}+2a\sum_{k=0,q>0}^{q-1}D_yH_x^k-$$

$$2a\sum_{k=0,q>0}^{q-1}D_xH_y^k-2\sum_{k=0,q>0}^{q-1}E_z^k-aJ_z^q-2abD_y^2\sum_{k=0,q>0}^{q-1}E_z^k \tag{2.99}$$

$$(1-abD_y^2)E_z^q=E_z^{*q}+2abD_y^2\sum_{k=0,q>0}^{q-1}E_z^k \tag{2.100}$$

$$(1-abD_x{}^2)E_y^q=-aD_zbD_yE_z^q+E_y^{*q}+2abD_x^2\sum_{k=0,q>0}^{q-1}E_y^k-2abD_zD_y\sum_{k=0,q>0}^{q-1}E_z^k \tag{2.101}$$

$$(1-abD_z^2)E_x^q=-abD_yD_xE_y^q-abD_zD_xE_z^q+E_x^{*q}+2abD_z^2\sum_{k=0,q>0}^{q-1}E_x^k-$$

$$2abD_yD_x\sum_{k=0,q>0}^{q-1}E_y^k-2abD_zD_x\sum_{k=0,q>0}^{q-1}E_z^k \tag{2.102}$$

用中心差分法离散式(2.97)～式(2.102)，可以得到 6 个三对角矩阵方程，利用追赶法可以进行高效求解。

2.4 Chen 的拉盖尔基高效 FDTD 算法

Y. T. Duan 等提出的拉盖尔基高效 FDTD 算法通过引入高阶项并采用 Factorization-Splitting 法将大型稀疏矩阵方程分解为 6 个三对角矩阵方程进行求解，能有效节省计算机内存和 CPU 时间。但文献[13]指出，该高效算法在场分布变化剧烈的地方误差会迅速增大，对计算精度有很大的影响。

这主要是因为该高效算法引入的高阶项误差与场分布的多次空间微分有关。为了解决这个问题，Z. Chen 等[13-15]提出了一种新的高效算法。这种算法引入的高阶项使用的空间微分次数较少，降低了高阶项误差对场空间分布变化的敏感性，提高了计算精度。

2.5.1 Chen 的二维拉盖尔基高效 FDTD 算法

为了便于说明，将矩阵形式的二维麦氏方程式(2.47)～式(2.48)重写如下：

$$\boldsymbol{W}_E^q=\boldsymbol{D}_H\boldsymbol{W}_H^q+\boldsymbol{V}_E^{q-1}+\boldsymbol{J}_E^q \tag{2.103}$$

$$\boldsymbol{W}_H^q=\boldsymbol{D}_E\boldsymbol{W}_E^q+\boldsymbol{V}_H^{q-1} \tag{2.104}$$

Y. T. Duan 等提出的高效算法是直接将式(2.104)的磁场方程代入式(2.103)的电场方程，然后再分解成两步算法得到的。不同于 Y. T. Duan 等的方法，Z. Chen 等[13]提出的高效算法将式(2.112)与式(2.113)进一步合并为一个方程，得到

$$\begin{pmatrix}\boldsymbol{W}_E^q\\ \boldsymbol{W}_H^q\end{pmatrix}=\begin{pmatrix}\boldsymbol{0} & a\boldsymbol{D}_H\\ b\boldsymbol{D}_E & \boldsymbol{0}\end{pmatrix}\begin{pmatrix}\boldsymbol{W}_E^q\\ \boldsymbol{W}_H^q\end{pmatrix}+\begin{pmatrix}\boldsymbol{V}_E^{q-1}\\ \boldsymbol{V}_H^{q-1}\end{pmatrix}+\begin{pmatrix}a\boldsymbol{J}_E^q\\ \boldsymbol{0}\end{pmatrix} \tag{2.105}$$

令

$$\boldsymbol{W}^q=\begin{pmatrix}W_E^q\\ W_H^q\end{pmatrix},\boldsymbol{V}_{EH}^{q-1}=\begin{pmatrix}\boldsymbol{V}_E^{q-1}\\ \boldsymbol{V}_H^{q-1}\end{pmatrix},\boldsymbol{J}_{EH}^q=\begin{pmatrix}a\boldsymbol{J}_E^q\\ \boldsymbol{0}\end{pmatrix},\boldsymbol{A}+\boldsymbol{B}=\begin{pmatrix}\boldsymbol{0} & a\boldsymbol{D}_H\\ b\boldsymbol{D}_E & \boldsymbol{0}\end{pmatrix} \tag{2.106}$$

则式(2.105)可以写成

$$\boldsymbol{W}^q=(\boldsymbol{A}+\boldsymbol{B})\boldsymbol{W}^q+\boldsymbol{V}_{EH}^{q-1}+\boldsymbol{J}_{EH}^q \tag{2.107}$$

即

$$(\boldsymbol{I}-\boldsymbol{A}-\boldsymbol{B})\boldsymbol{W}^q=\boldsymbol{V}_{EH}^{q-1}+\boldsymbol{J}_{EH}^q \tag{2.108}$$

在式(2.108)中引入高阶项 $\boldsymbol{AB}(\boldsymbol{W}^q-\boldsymbol{V}_{EH}^{q-1})$，可得

$$(\boldsymbol{I}-\boldsymbol{A})(\boldsymbol{I}-\boldsymbol{B})\boldsymbol{W}^q=(\boldsymbol{I}+\boldsymbol{AB})\boldsymbol{V}_{EH}^{q-1}+\boldsymbol{J}_{EH}^q \tag{2.109}$$

可以将式(2.109)分解成两步算法：

$$(\boldsymbol{I}-\boldsymbol{A})\boldsymbol{W}^{*q}=(\boldsymbol{I}+\boldsymbol{B})\boldsymbol{V}_{EH}^{q-1}+\boldsymbol{J}_{EH}^{q} \tag{2.110}$$

$$(\boldsymbol{I}-\boldsymbol{B})\boldsymbol{W}^{q}=\boldsymbol{W}^{*q}-\boldsymbol{B}\boldsymbol{V}_{EH}^{q-1} \tag{2.111}$$

式中：$\boldsymbol{W}^{*q}=(E_x^{*q}\quad E_y^{*q}\quad H_z^{*q})^{\mathrm{T}}$ 为非物理中间变量。

选择矩阵 $\mathbf{A}$、$\boldsymbol{B}$ 如下：

$$\mathbf{A}=\begin{pmatrix}\mathbf{0} & a\boldsymbol{D}_{Ha}\\ b\boldsymbol{D}_{Ea} & \mathbf{0}\end{pmatrix},\boldsymbol{B}=\begin{pmatrix}\mathbf{0} & a\boldsymbol{D}_{Hb}\\ b\boldsymbol{D}_{Eb} & \mathbf{0}\end{pmatrix} \tag{2.112}$$

式中：

$$\boldsymbol{D}_{Ha}=(0\quad -D_x)^{\mathrm{T}},\boldsymbol{D}_{Hb}=(D_y\quad 0)^{\mathrm{T}} \tag{2.113}$$

$$\boldsymbol{D}_{Ea}=(0\quad -D_x),\boldsymbol{D}_{Eb}=(D_y\quad 0) \tag{2.114}$$

则式(2.110)和式(2.111)可以分解为

$$(1-abD_x^2)E_y^q=2abD_xD_y\sum_{k=0}^{q-1}E_x^k-2\sum_{k=0}^{q-1}E_y^k+2aD_x\sum_{k=0}^{q-1}H_z^k-aJ_y^q \tag{2.115}$$

$$(1-abD_y^2)E_x^q=-abD_xD_yE_y^q-2\sum_{k=0}^{q-1}E_x^k-2aD_y\sum_{k=0}^{q-1}H_z^k-aJ_x^q \tag{2.116}$$

$$H_z^q=bD_yE_x^q-bD_xE_y^q-2\sum_{k=0}^{q-1}H_z^k \tag{2.117}$$

与 Y. T. Duan 等的二维高效算法式(2.56)～式(2.58)进行比较，可以发现 Z. Chen 等的二维高效算法不需要计算中间变量，因此减小了内存消耗，并提高了计算效率。用中心差分法展开式(2.115)～式(2.117)中的微分算子，可以得到 Z. Chen 等的二维拉盖尔基高效 FDTD 算法的差分方程，其中两个三对角矩阵方程可以使用追赶法进行高效求解。

2.5.2 Chen 的三维拉盖尔基高效 FDTD 算法

Z. Chen 等的三维拉盖尔基高效 FDTD 算法与二维情形相似，即将矩阵形式的三维麦氏方程式(2.87)和式(2.88)进一步合并为一个矩阵方程，得到

$$(\boldsymbol{I}-\boldsymbol{A}-\boldsymbol{B})\boldsymbol{W}^{q}=\boldsymbol{V}_{EH}^{q-1}+\boldsymbol{J}_{EH}^{q} \tag{2.118}$$

在式(2.118)中引入高阶项 $\boldsymbol{AB}(\boldsymbol{W}^{q}-\boldsymbol{V}_{EH}^{q-1})$，可得

$$(\boldsymbol{I}-\boldsymbol{A})(\boldsymbol{I}-\boldsymbol{B})\boldsymbol{W}^{q}=(\boldsymbol{I}+\boldsymbol{AB})\boldsymbol{V}_{EH}^{q-1}+\boldsymbol{J}_{EH}^{q} \tag{2.119}$$

可以将式(2.119)分解成两步算法：

$$(\boldsymbol{I}-\boldsymbol{A})\boldsymbol{W}^{*q}=(\boldsymbol{I}+\boldsymbol{B})\boldsymbol{V}_{EH}^{q-1}+\boldsymbol{J}_{EH}^{q} \tag{2.120}$$

$$(\boldsymbol{I}-\boldsymbol{B})\boldsymbol{W}^{q}=\boldsymbol{W}^{*q}-\boldsymbol{B}\boldsymbol{V}_{EH}^{q-1} \tag{2.121}$$

式中：$\boldsymbol{W}^{*q}=(E_x^{*q}\quad E_y^{*q}\quad E_z^{*q}\quad H_x^{*q}\quad H_y^{*q}\quad H_z^{*q})^{\mathrm{T}}$ 为非物理中间变量。

选择矩阵 $\boldsymbol{A}$、$\boldsymbol{B}$ 如下：

$$\boldsymbol{A}=\begin{pmatrix}0 & -aD\\ -bD^{\mathrm{T}} & 0\end{pmatrix},\boldsymbol{B}=\begin{pmatrix}0 & aD^{\mathrm{T}}\\ bD & 0\end{pmatrix} \tag{2.122}$$

式中：

$$\boldsymbol{D}=\begin{pmatrix}0 & D_z & 0\\ 0 & 0 & D_x\\ D_y & 0 & 0\end{pmatrix},\boldsymbol{D}^{\mathrm{T}}=\begin{pmatrix}0 & 0 & D_y\\ D_z & 0 & 0\\ 0 & D_x & 0\end{pmatrix} \tag{2.123}$$

则式(2.120)和式(2.121)可以分解为

$$l(1-abD_z^2)E_x^{*q}=2abD_zD_x\sum_{k=0,q>0}^{q-1}E_z^k+2aD_z\sum_{k=0,q>0}^{q-1}H_y^k-2aD_y\sum_{k=0,q>0}^{q-1}H_z^k-2\sum_{k=0,q>0}^{q-1}E_x^k-aJ_x^q \tag{2.124}$$

$$(1-abD_x{}^2)E_y^{*q}=2abD_xD_y\sum_{k=0,q>0}^{q-1}E_x^k-2aD_z\sum_{k=0,q>0}^{q-1}H_x^k+2aD_x\sum_{k=0,q>0}^{q-1}H_z^k-2\sum_{k=0,q>0}^{q-1}E_y^k-aJ_y^q \tag{2.125}$$

$$(1-abD_y^2)E_z^{*q}=2abD_yD_z\sum_{k=0,q>0}^{q-1}E_y^k+2aD_y\sum_{k=0,q>0}^{q-1}H_x^k-2aD_x\sum_{k=0,q>0}^{q-1}H_y^k-2\sum_{k=0,q>0}^{q-1}E_z^k-aJ_z^q \tag{2.126}$$

$$(1-abD_y^2)E_x^q=E_x^{*q}-abD_yD_xE_y^{*q} \tag{2.127}$$

$$(1-abD_z^2)E_y^q=E_y^{*q}-abD_zD_yE_z^{*q} \tag{2.128}$$

$$(1-abD_x^{\ 2})E_z^q=E_z^{*q}-abD_xD_zE_x^{*q} \tag{2.129}$$

与二维情形不同的是，三维高效算法无法消除掉中间变量 W^{*q}。用中心差分法近似式(2.124)～式(2.129)中的微分算子，可以得到 Z. Chen 等的三维拉盖尔基高效 FDTD 算法的差分方程。这些方程均为三对角矩阵方程，可以使用追赶法高效求解。

2.5.3　拉盖尔基高效 FDTD 算法的迭代算法

Z. Chen 等提出的高效算法使用迭代方法减小高阶项误差、提高精度。这里以三维高效算法为例进行说明。

若将 2.5.2 节中高效算法的解作为初值 $\boldsymbol{W}_0^q$，构造新的高阶项 $\boldsymbol{AB}(\boldsymbol{W}^q-\boldsymbol{W}_0^q)$ 并再次引入式(2.118)得到

$$(\boldsymbol{I}-\boldsymbol{A})(\boldsymbol{I}-\boldsymbol{B})\boldsymbol{W}^q=\boldsymbol{ABW}_0^q+\boldsymbol{V}_{EH}^{q-1}+\boldsymbol{J}_{EH}^q \tag{2.130}$$

重复以上步骤，可以得到三维高效算法的迭代算法

$$(\boldsymbol{I}-\boldsymbol{A})(\boldsymbol{I}-\boldsymbol{B})\boldsymbol{W}_{m+1}^q=\boldsymbol{ABW}_m^q+\boldsymbol{V}_{EH}^{q-1}+\boldsymbol{J}_{EH}^q \tag{2.131}$$

式中：m 表示迭代次数。

将上式分解为两步算法得到

$$(\boldsymbol{I}-\boldsymbol{A})\boldsymbol{W}^{*q}=\boldsymbol{BW}_m^q+\boldsymbol{V}_{EH}^{q-1}+\boldsymbol{J}_{EH}^q \tag{2.132}$$

$$(\boldsymbol{I}-\boldsymbol{B})\boldsymbol{W}_{m+1}^q=\boldsymbol{W}^{*q}-\boldsymbol{BW}_m^q \tag{2.133}$$

展开式(2.132)和式(2.133)，得到迭代算法的基本方程为

$$(1-abD_z^2)E_x^{*q}=-abD_zD_xE_{z,m}^q+aD_yH_{z,m}^q+2aD_z\sum_{k=0}^{q-1}H_y^k-2\sum_{k=0}^{q-1}E_x^k-aJ_x^q \tag{2.134}$$

$$(1-abD_x^2)E_y^{*q}=-abD_xD_yE_{x,m}^q+aD_zH_{x,m}^q+2aD_x\sum_{k=0}^{q-1}H_z^k-2\sum_{k=0}^{q-1}E_y^k-aJ_y^q \tag{2.135}$$

$$(1-abD_y^2)E_z^{*q}=-abD_yD_zE_{y,m}^q+aD_xH_{y,m}^q+2aD_y\sum_{k=0}^{q-1}H_x^k-2\sum_{k=0}^{q-1}E_z^k-aJ_z^q \tag{2.136}$$

$$(1-abD_y^2)E_{x,m+1}^q = E_x^{*q} - abD_yD_xE_y^{*q} - aD_yH_{z,m}^q - 2aD_y\sum_{k=0}^{q-1}H_z^k \tag{2.137}$$

$$(1-abD_z^2)E_{y,m+1}^q = E_y^{*q} - abD_zD_yE_z^{*q} - aD_zH_{x,m}^q - 2aD_z\sum_{k=0}^{q-1}H_x^k \tag{2.138}$$

$$(1-abD_x^2)E_{z,m+1}^q = E_z^{*q} - abD_xD_zE_x^{*q} - aD_xH_{y,m}^q - 2aD_x\sum_{k=0}^{q-1}H_y^k \tag{2.139}$$

$$H_{x,m+1}^q = bD_zE_{y,m+1}^q - bD_yE_z^{*q} - 2\sum_{k=0}^{q-1}H_x^k \tag{2.140}$$

$$H_{y,m+1}^q = bD_x^qE_{z,m+1} - bD_zE_x^{*q} - 2\sum_{k=0}^{q-1}H_y^k \tag{2.141}$$

$$H_{z,m+1}^q = bD_yE_{x,m+1}^q - bD_xE_y{}^{*q} - 2\sum_{k=0}^{q-1}H_z^k \tag{2.142}$$

在每一阶拉盖尔基展开系数的计算中，都需要经过若干次以上迭代过程才能得到较高精度的解，这降低了高效算法的计算效率。对于 Z. Chen 等提出的三维高效 FDTD 算法，迭代次数一般不少于 8 次才能收敛，这主要是因为他们引入的高阶项误差随着电磁场频率的增高而迅速增大，对此本书第四章将进行详细分析。

2.6　本章小结

本章首先分析了标准拉盖尔基 FDTD 算法中求解大型稀疏矩阵方程存在的问题，然后分别介绍了 G. Q. He 等提出的拉盖尔基分区 FDTD 算法、Y. T. Duan 和 Z. Chen 等分别提出的拉盖尔基高效 FDTD 算法。这些算法在一定程度上提高了拉盖尔基 FDTD 算法的计算效率，降低了内存消耗，但仍存在一些问题。如分区算法未考虑不均匀网格的不对称性，且只能处理单个场量的分区问题，难以推广到三维情形。又如 Z. Chen 等提出的高效算法虽然解决了 Y. T. Duan 等的高效算法中存在的精度问题，但由于引入的高阶项误差仍较大，需要经过多次迭代才能收敛，降低了计算效率。为了解决这些问题，本书第3章将对分区算法的改进和推广进行研究，第4章将对如何减少高效算法的迭代次数提高计算效率进行研究。

参考文献

[1] Chung Y S, Sarkar T K, Jung B H, et al. An unconditionally stable scheme for the finite-difference time-domain method[J]. IEEE Transactions on Microwave Theory and Techniques, 2003, 51(3): 697—704.

[2] Ding Pingping, Wang Gaofeng, Lin Hai, et al. Unconditionally stable FDTD formulation with UPML-ABC[J]. IEEE Microwave and Wireless Components Letters, 2006, 16(4): 161—163.

[3] Yi Yun, Chen Bin, Chen Hailin, et al. TF/SF boundary and PML-ABC for an unconditionally stable FDTD method[J]. IEEE Microwave and Wireless Components Letters, 2007, 17(2): 91—93.

[4] Srinivasan K, Yadav P, Engin A E, et al. Fast EM/circuit transient simulation using Laguerre equivalent circuit(SLeEC)[J]. IEEE Transactions on Electromagnetic Compatibility, 2009, 51(3): 756—762.

[5] He Guoqiang, Shao Wei, Wang Xiaohua, et al. An efficient domain decomposition Laguerre-FDTD method for two-dimensional scattering problem[J]. IEEE Transactions on Antennas and Propagation, 2013, 61(5): 2639—2645.

[6] Phillips T N. Preconditioned iterative methods for elliptic problems on decomposed domains[J]. International Journal of Computer Mathematics, 1992, 44: 5—18.

[7] Duan Yantao, Chen Bin, Yi Yun. Efficient Implementation for the Unconditionally Stable 2-D WLP-FDTD Method[J]. IEEE Microwave and Wireless Components Letters, 2009, 19(11): 677—678.

[8] Duan Yantao, Chen Bin, Chen Hailin, et al. Anisotropic-medium

PML for efficient Laguerre-based FDTD method, Electron[J]. Lett., 2010, 45(5): 318—319.

[9] Duan Yantao, Chen Bin, Fang Dagang, et al. Efficient implementation for 3-D Laguerre-based finite-difference time-domain method[J]. IEEE Transactions on Microwave Theory and Techniques, 2011, 59(1): 56—64.

[10] Sun G, Trueman C W. Unconditionally stable Crank-Nicolson scheme for solving the two-dimensional Maxwell's equations[J]. Electronics Letters, 2003, 39(7): 595—597.

[11] Sun G, Trueman C W. Approximate Crank-Nicolson schemes for the 2-D finite-difference time-domain method for waves[J]. IEEE Transactions on Antennas & Propagation, 2004, 52(11): 2963—2972.

[12] Sun G, Trueman C W. Efficient implementations of the Crank-Nicolson scheme for the finite-difference time-domain method[J]. IEEE Transactions on Microwave Theory and Techniques, 2006, 54(5): 2275—2284.

[13] Chen Zheng, Duan Yantao, Zhang Yerong, et al. A New Efficient Algorithm for the Unconditionally Stable 2-D WLP-FDTD Method [J]. IEEE Transactions on Antennas & Propagation, 2013, 61(7): 3712—3720.

[14] Chen Zheng, Duan Yantao, Zhang Yerong, et al. PML Implementation for a New and Efficient 2-D Laguerre-Based FDTD Method[J]. IEEE Antennas and Wireless Propagation Letters, 2013, 12: 1339—1342.

[15] Chen Zheng, Duan Yantao, Zhang Yerong, et al. A New Efficient Algorithm for 3-D Laguerre-Based Finite-Difference Time-Domain Method[J]. IEEE Transactions on Antennas & Propagation, 2014, 62(4):2158—2164.

[16] Gradshteyn I S, Ryzhik I M. Table of Integrals, Series and Products

[M]. New York: Academic, 1980.
[17] Mur G. Absorbing boundary conditions for the finite-difference approximation of the time-domain electromagnetic field equations[J]. IEEE Transactions on Electromagnetic Compatibility, 1981, EMC-23 (4):377－382.

第3章　拉盖尔基分区 FDTD 算法研究

本章首先将拉盖尔基分区 FDTD 算法[1]推广到不均匀网格，考虑了渐变网格和亚网格两种情况，然后提出了一种新的二维拉盖尔基分区 FDTD 算法。这种新的分区算法突破了单个场量的限制，实现了将多个场量并存的复杂矩阵方程排列成满足舒尔补定理要求的分块矩阵形式。

3.1　不均匀网格下的拉盖尔基分区 FDTD 算法

由于不均匀网格具有不对称性，直接使用式(2.33)～式(2.38)进行计算会得出错误的结果。这里不对称性指的是相邻子区域边界两侧的网格局部不对称。例如，对于图 3.1 所示的扩展网格，整个计算区域 D 划分为两个子区域 D_1 和 D_2，子区域分界线位于 $i=\Gamma$ 处。

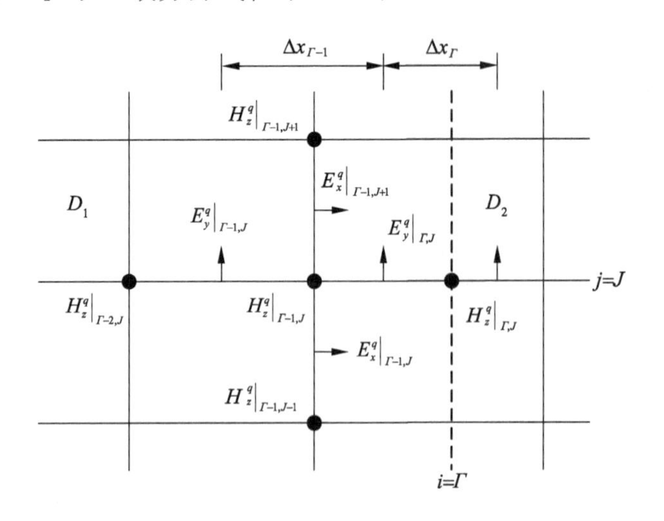

图 3.1　使用扩展网格时的分区算法

根据 2.2 节的拉盖尔基分区 FDTD 算法，可将该算例的稀疏矩阵方程

写成

$$\begin{pmatrix} \boldsymbol{A}_{11} & \boldsymbol{0} & \boldsymbol{A}_1 \\ \boldsymbol{0} & \boldsymbol{A}_{22} & \boldsymbol{A}_2 \\ \boldsymbol{A}_1^{\mathrm{T}} & \boldsymbol{A}_2^{\mathrm{T}} & \boldsymbol{A}_\Gamma \end{pmatrix} \begin{pmatrix} \boldsymbol{x}_1 \\ \boldsymbol{x}_2 \\ \boldsymbol{x}_\Gamma \end{pmatrix} = \begin{pmatrix} \boldsymbol{f}_1 \\ \boldsymbol{f}_2 \\ \boldsymbol{f}_\Gamma \end{pmatrix} \tag{3.1}$$

现在我们来考虑子区域 D_1 内的磁场分量 $H_z^q\big|_{\Gamma-1,J}$ 和分界线 Γ 上的磁场分量 $H_z^q\big|_{\Gamma,J}$ 相互之间的关系。为了便于说明，将二维分区算法的基本差分方程(2.31)重写如下：

$$\begin{aligned}
&(1+\bar{C}_x^H\big|_{i,j}\bar{C}_x^E\big|_{i+1,j}+\bar{C}_y^H\big|_{i,j}\bar{C}_y^E\big|_{i,j+1}+\bar{C}_y^H\big|_{i,j}\bar{C}_y^E\big|_{i,j}+\bar{C}_x^H\big|_{i,j}\bar{C}_x^E\big|_{i,j})H_z^q\big|_{i,j}- \\
&\bar{C}_y^H\big|_{i,j}\bar{C}_y^E\big|_{i,j}H_z^q\big|_{i,j-1}-\bar{C}_x^H\big|_{i,j}\bar{C}_x^E\big|_{i,j}H_z^q\big|_{i-1,j}- \\
&\bar{C}_x^H\big|_{i,j}\bar{C}_x^E\big|_{i+1,j}H_z^q\big|_{i+1,j}-\bar{C}_y^H\big|_{i,j}\bar{C}_y^E\big|_{i,j+1}H_z^q\big|_{i,j+1} \\
=&\bar{C}_x^H\big|_{i,j}\frac{2}{s\varepsilon}(J_y^q\big|_{i+1,j}-J_y^q\big|_{i,j})-\bar{C}_y^H\big|_{i,j}\frac{2}{s\varepsilon}(J_x^q\big|_{i,j+1}-J_x^q\big|_{i,j})-2\sum_{k=0}^{q-1}H_z^k\big|_{i,j}+ \\
&2\bar{C}_x^H\big|_{i,j}\sum_{k=0}^{q-1}(E_y^k\big|_{i+1,j}-E_y^k\big|_{i,j})-2\bar{C}_y^H\big|_{i,j}\sum_{k=0}^{q-1}(E_x^k\big|_{i,j+1}-E_x^k\big|_{i,j})
\end{aligned} \tag{3.2}$$

根据式(3.2)，对于子区域 D_1 内的磁场分量 $H_z^q\big|_{\Gamma-1,J}$，有

$$\begin{aligned}
&(1+\bar{C}_x^H\big|_{\Gamma-1,J}\bar{C}_x^E\big|_{\Gamma,J}+\bar{C}_y^H\big|_{\Gamma-1,J}\bar{C}_y^E\big|_{\Gamma-1,J+1}+\bar{C}_y^H\big|_{\Gamma-1,J}\bar{C}_y^E\big|_{\Gamma-1,J}+ \\
&\bar{C}_x^H\big|_{\Gamma-1,J}\bar{C}_x^E\big|_{\Gamma-1,J})H_z^q\big|_{\Gamma-1,J}-\bar{C}_y^H\big|_{\Gamma-1,J}\bar{C}_y^E\big|_{\Gamma-1,J}H_z^q\big|_{\Gamma-1,J-1}- \\
&\bar{C}_x^H\big|_{\Gamma-1,J}\bar{C}_x^E\big|_{\Gamma-1,J}H_z^q\big|_{\Gamma-2,J}-\bar{C}_x^H\big|_{\Gamma-1,J}\bar{C}_x^E\big|_{\Gamma,J}H_z^q\big|_{\Gamma,J}- \\
&\bar{C}_y^H\big|_{\Gamma-1,J}\bar{C}_y^E\big|_{\Gamma-1,J}+1H_z^q\big|_{\Gamma-1,J+1} \\
=&\bar{C}_x^H\big|_{\Gamma-1,J}\frac{2}{s\varepsilon}(J_y^q\big|_{\Gamma,J}-J_y^q\big|_{\Gamma-1,J})-\bar{C}_y^H\big|_{\Gamma-1,J}\frac{2}{s\varepsilon}(J_x^q\big|\Gamma_{-1,J+1}-J_x^q\big|_{\Gamma-1,J})- \\
&2\sum_{k=0}^{q-1}H_z^k\big|_{\Gamma-1,J}+2\bar{C}_x^H\big|_{\Gamma-1,J}\sum_{k=0}^{q-1}(E_y^k\big|_{\Gamma,J}-E_y^k\big|_{\Gamma-1,J})- \\
&2\bar{C}_y^H\big|_{\Gamma-1,J}\sum_{k=0}^{q-1}(E_x^k\big|_{\Gamma-1,J+1}-E_x^k\big|_{\Gamma-1,J})
\end{aligned} \tag{3.3}$$

对于分界线 Γ 上的磁场分量 $H_z^q\big|_{\Gamma,J}$，有

$$
\begin{aligned}
&(1+\bar{C}_x^H\big|_{\Gamma,J}\bar{C}_x^E\big|_{\Gamma+1,J}+\bar{C}_y^H\big|_{\Gamma,J}\bar{C}_y^E\big|_{\Gamma,J+1}+\bar{C}_y^H\big|_{\Gamma,J}\bar{C}_y^E\big|_{\Gamma,J}+\bar{C}_x^H\big|_{\Gamma,J}\bar{C}_x^E\big|_{\Gamma,J})H_z^q\big|_{\Gamma,J}-\\
&\bar{C}_y^H\big|_{\Gamma,J}\bar{C}_y^E\big|_{\Gamma,J}H_z^q\big|_{\Gamma,J-1}-\bar{C}_x^H\big|_{\Gamma,J}\bar{C}_x^E\big|_{\Gamma,J}H_z^q\big|_{\Gamma-1,J}-\\
&\bar{C}_x^H\big|_{\Gamma,J}\bar{C}_x^E\big|_{\Gamma}+1,JH_z^q\big|_{\Gamma}+1,J-\bar{C}_y^H\big|_{\Gamma,J}\bar{C}_y^E\big|_{\Gamma,J+1}H_z^q\big|_{\Gamma,J+1}\\
=\;&\bar{C}_x^H\big|_{\Gamma,J}\frac{2}{s\varepsilon}(J_y^q\big|_{\Gamma}+1,J-J_y^q\big|_{\Gamma,J})-\bar{C}_y^H\big|_{\Gamma,J}\frac{2}{s\varepsilon}(J_x^q\big|_{\Gamma,J+1}-J_x^q\big|_{\Gamma,J})-\\
&2\sum_{k=0}^{q-1}H_z^k\big|_{\Gamma,J}+2\bar{C}_x^H\big|_{\Gamma,J}\sum_{k=0}^{q-1}(E_y^k\big|_{\Gamma+1,J}-E_y^k\big|_{\Gamma,J})-2\bar{C}_y^H\big|_{\Gamma,J}\sum_{k=0}^{q-1}(E_x^k\big|_{\Gamma,J+1}-E_x^k\big|_{\Gamma,J})
\end{aligned}
\tag{3.4}
$$

如图 3.2 所示，设磁场分量 $H_z^q\big|_{\Gamma-1,J}$ 和 $H_z^q\big|_{\Gamma,J}$ 分别是待求向量 $\boldsymbol{H}_z^q$ 中的第 m 和 n 个元素，由式(3.3)和式(3.4)可以得到矩阵 $\mathbf{A}$ 中的两个元素：

$$\mathbf{A}(m,n)=-\bar{C}_x^H\big|_{\Gamma-1,J}\bar{C}_x^E\big|_{\Gamma,J} \tag{3.5}$$

$$\mathbf{A}(n,m)=-\bar{C}_x^H\big|_{\Gamma,J}\bar{C}_x^E\big|_{\Gamma,J} \tag{3.6}$$

其中，$\mathbf{A}(m,n)$是块矩阵 $\mathbf{A}_1$ 中的元素，$A(n,m)$是块矩阵 $\mathbf{A}_1^{\mathrm{T}}$ 中的元素，

第 m 个　　　第 n 个

↑　　　↑

$\boldsymbol{H}_z^q=(\cdots\cdots\quad\cdots\cdots\quad H_z^q\big|_{\Gamma-1,J}\quad\cdots\quad\cdots\quad H_z^q\big|_{\Gamma,J}\quad\cdots\quad\cdots)^{\mathrm{T}}$

图 3.2　磁场分量 $\boldsymbol{H}_z^q\big|_{\Gamma-1,J}$ 和 $\boldsymbol{H}_z^q\big|_{\Gamma,J}$ 在待求向量 $\boldsymbol{H}_z^q$ 中的位置

根据定义式(2.24)，在均匀介质中有

$$\bar{C}_x^H\big|_{\Gamma-1,J}=\frac{2}{s\mu\Delta x_{\Gamma-1}} \tag{3.7}$$

$$\bar{C}_x^H\big|_{\Gamma,J}=\frac{2}{s\mu\Delta x_{\Gamma}} \tag{3.8}$$

对于渐变网格

$$\Delta x_{\Gamma}\neq\Delta x_{\Gamma-1} \tag{3.9}$$

故

$$\mathbf{A}(m,n)\neq\mathbf{A}(n,m) \tag{3.10}$$

因此，式(3.1)中块矩阵 $\mathbf{A}_1$ 和 $\mathbf{A}_1^{\mathrm{T}}$ 的关系不成立，不能直接采用式(2.33)～式(2.38)进行计算，应将式(3.1)修改为

$$\begin{pmatrix} \boldsymbol{A}_{11} & 0 & \boldsymbol{A}_1 \\ 0 & \boldsymbol{A}_{22} & \boldsymbol{A}_2 \\ \boldsymbol{A}_1' & \boldsymbol{A}_2' & \boldsymbol{A}_\Gamma \end{pmatrix} \begin{pmatrix} \boldsymbol{x}_1 \\ \boldsymbol{x}_2 \\ \boldsymbol{x}_\Gamma \end{pmatrix} = \begin{pmatrix} \boldsymbol{f}_1 \\ \boldsymbol{f}_2 \\ \boldsymbol{f}_\Gamma \end{pmatrix} \tag{3.11}$$

式中：$\boldsymbol{A}_i' \neq \boldsymbol{A}_i^{\mathrm{T}}$。

式(3.11)的舒尔补系统[2]为

$$\boldsymbol{C}\boldsymbol{x}_\Gamma = \boldsymbol{g} \tag{3.12}$$

式中：

$$\boldsymbol{C} = \boldsymbol{A}_\Gamma - \sum_{i=1}^{N} \boldsymbol{A}_i' \boldsymbol{A}_{ii}^{-1} \boldsymbol{A}_i \tag{3.13}$$

且

$$\boldsymbol{g} = \boldsymbol{f}_\Gamma - \sum_{i=1}^{N} \boldsymbol{A}_i' \boldsymbol{A}_{ii}^{-1} \boldsymbol{f}_i \tag{3.14}$$

只要解出了 $\boldsymbol{x}_\Gamma$，则式(3.12)就可以被分解为如下子系统：

$$\boldsymbol{A}_{ii}\boldsymbol{x}_i = \boldsymbol{g}_i \tag{3.15}$$

式中：

$$\boldsymbol{g}_i = \boldsymbol{f}_i - \boldsymbol{A}_i \boldsymbol{x}_\Gamma \tag{3.16}$$

式(3.11)～式(3.16)是适用于不均匀网格的拉盖尔基分区FDTD算法的表达式。

以上从扩展网格的角度讨论了拉盖尔基分区FDTD算法计算公式的修正问题。对于亚网格结构情况则更加复杂。以图3.3所示的亚网格结构为例，采用分区算法将整个计算区域 D 划分为两个子区域 D_1 和 D_2，子区域边界线位于粗网格 $i_1 = I_i$ 上，对于细网格而言位于 $i_2 = 1$ 上。在纵向，粗网格的第 j_1 行对应于细网格的第 $2j_1 - 1$ 行。

图3.3中只有实心节点和空心节点的磁场分量是真实存在的未知量，而阴影节点处的磁场分量需要使用中心差分法得到。若以 H_z^q 表示左边大网格中的场，以 $\hat{H}_z^q$ 表示右边小网格中的场，则阴影节点的场可以表示为

$$\hat{H}_z^q\Big|_{I_1, 2j_1} = \frac{\left(H_z^q\Big|_{I_1, j_1} + H_z^q\Big|_{I_1, j_1+1}\right)}{2} \tag{3.17}$$

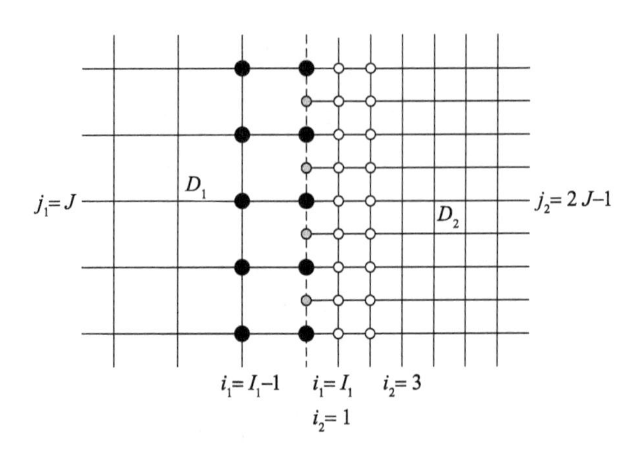

图 3.3 亚网格结构下的分区算法

因此子区域 D_1 中的场量与分界线上的场量之间的关系满足 $\boldsymbol{A}_1'=\boldsymbol{A}_1^{\mathrm{T}}$，比较简单；而子区域 D_2 中的场量与分界线上的场量之间的关系却较为复杂。

按从下到上，从左到右的方式构造待求向量 $\{H_z^q\}$，并将边界线上的场量放在最后，得

$$\boldsymbol{H}_z^q=(a_1 \quad \cdots \quad a_{i_1} \quad \cdots \quad a_{I_1-1} \quad b_2 \quad \cdots \quad b_{i_2} \quad \cdots \quad b_{I_2} \quad a_{I_1})^{\mathrm{T}} \tag{3.18}$$

式中：

$$\boldsymbol{a}_{i_1}=\left(H_z^q\big|_{i_1,1} \quad H_z^q\big|_{i_1,2} \quad \cdots \quad H_z^q\big|_{i_1,J_1-1} \quad H_z^q\big|_{i_1,J_1}\right) \tag{3.19}$$

$$\boldsymbol{b}_{i_2}=\left(\hat{H}_z^q\big|_{i_2,1} \quad \hat{H}_z^q\big|_{i_2,2} \quad \cdots \quad \hat{H}_z^q\big|_{i_2,J_2-1} \quad \hat{H}_z^q\big|_{i_2,J_2}\right) \tag{3.20}$$

则其矩阵方程可以写成如下形式：

$$\begin{pmatrix} \boldsymbol{A}_{11} & \boldsymbol{0} & \boldsymbol{A}_1 \\ \boldsymbol{0} & \boldsymbol{A}_{22} & \boldsymbol{A}_2 \\ \boldsymbol{A}_1^{\mathrm{T}} & \boldsymbol{A}_2' & \boldsymbol{A}_\Gamma \end{pmatrix}\begin{pmatrix} \boldsymbol{x}_1 \\ \boldsymbol{x}_2 \\ \boldsymbol{x}_\Gamma \end{pmatrix}=\begin{pmatrix} \boldsymbol{f}_1 \\ \boldsymbol{f}_2 \\ \boldsymbol{f}_\Gamma \end{pmatrix} \tag{3.21}$$

式中：$\boldsymbol{A}_2'\neq\boldsymbol{A}_2^{\mathrm{T}}$。

3.2 不均匀网格分区算法的数值验证

现通过两个数值算例，对不均匀网格下的分区算法进行验证。第一个例子是两个平面导板之间的窄缝问题，如图 3.4a 所示，两个平行导板的宽度为 $a=10$ cm，厚度为 $b=0.2$ cm，窄缝的宽度为 $d=2$ cm。整个计算区域

呈中心对称分布，并划分为 $62\Delta x \times 62\Delta y$ 个网格。采用文献[3]提出的总场/散射场边界条件和 PML 吸收边界条件。总场区域的大小为 $28\Delta x \times 28\Delta y$ 个网格，PML 吸收边界的层数为 8 层。计算区域的网格划分如图 3.4b 所示，在 y 方向采用均匀网格，网格尺寸为 $\Delta y = 1$ cm。x 方向在靠近平面导板的区域 L_{x2} 采用渐变扩展网格，最小网格尺寸为 $\Delta x_{\min} = 0.1$ cm，扩展系数取 $g_x = 1.30$，最大扩展网格尺寸为 $\Delta x_{\max} = \Delta x_{\min} \times g_x^{10}$ cm。在 L_{x1} 和 L_{x3} 段均采用均匀网格，网格尺寸为 $\Delta x_1 = \Delta x_3 = \Delta x_{\max}$。整个计算区域 D 划分为 4 个子区域 D_1、D_2、D_3 和 D_4，子区域分界线分别为 Γ_x 和 Γ_y，其中 Γ_x 位于扩展网格中。

采用如下形式和参数的脉冲作为入射波：

$$E_i(t) = \exp\left(-\frac{(t-t_0)^2}{\tau^2}\right)\sin(2\pi f_c(t-t_0)) \tag{3.22}$$

式中：$f_c = 1$ GHz，$\tau = 1/(2f_c)$，$t_0 = 3\tau$。

采用标准拉盖尔基 FDTD 算法和不均匀网格下的拉盖尔基分区 FDTD 算法进行计算，取时间标度因子 $s = 2.5 \times 10^{11}$[4-5]，最大展开阶数 $q = 300$，平行光入射角 $\phi_i = 30°$。设置两个观测点 P_1 和 P_2，其中点 P_1 位于总场区域，点 P_2 位于散射场区域。

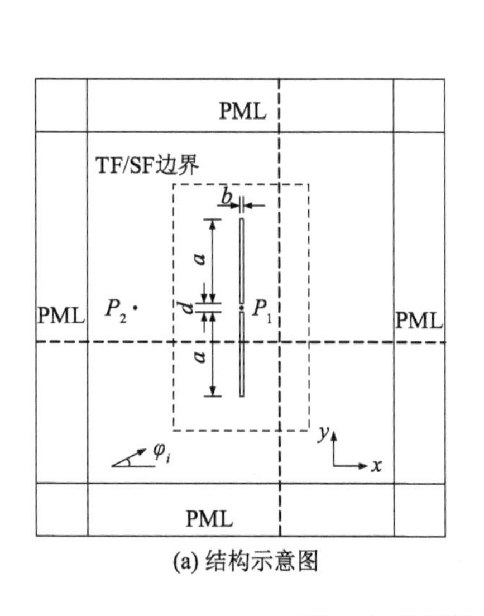

(a) 结构示意图

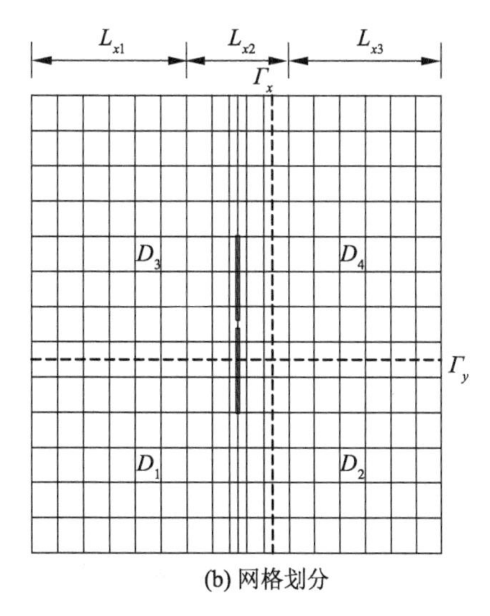

(b) 网格划分

图 3.4　平面导板之间的窄缝问题

图 3.5 给出了观测点 P_1 处的电场分量 E_y 的时域波形，图 3.6 给出了观测点 P_2 处的电场分量 E_y 的时域波形。从图中可以看出，不均匀网格分区算法的计算结果与标准拉盖尔基 FDTD 算法的计算结果吻合得很好。图 3.7 给出了观测点 P_1 处的电场分量 E_y 相对于标准拉盖尔基 FDTD 算法计算结果的误差，其中最大值仅为 0.012 mV/m。

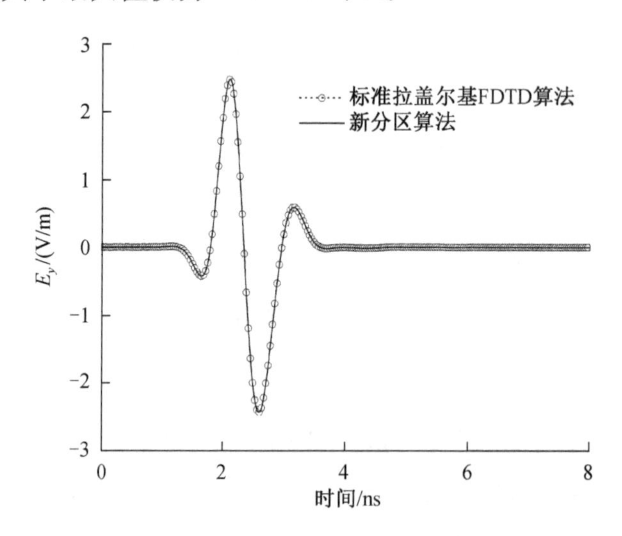

图 3.5　采用不同计算方法得到的观察点 P_1 处 E_y 的波形图

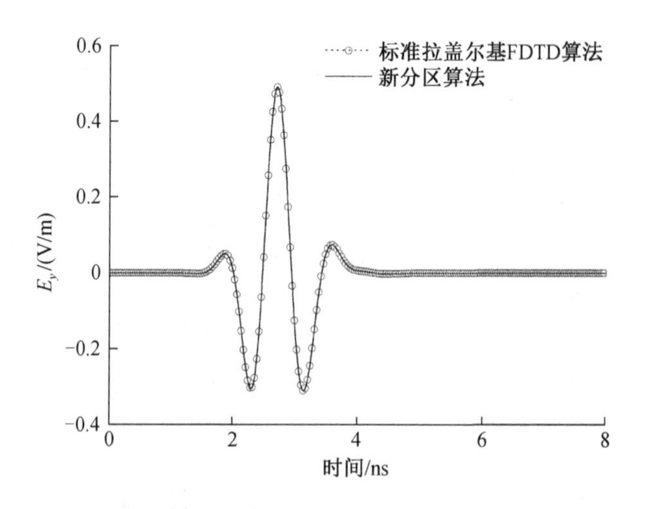

图 3.6　采用不同计算方法得到的观察点 P_2 处 E_y 的波形图

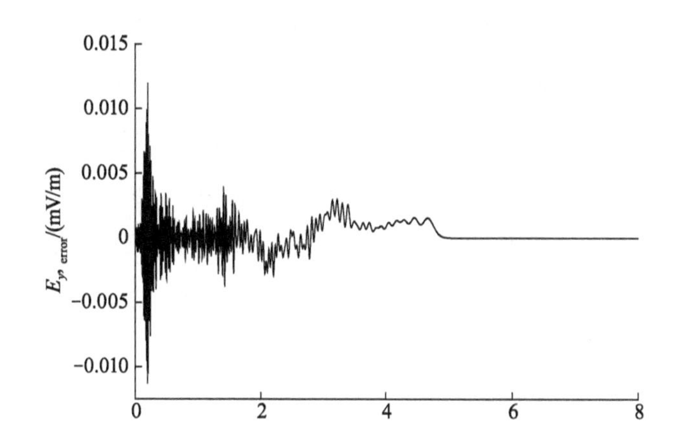

图 3.7　观测点 P_1 处 E_y 的相对误差(以传统 FDTD 计算结果为参考)

第二个例子是一个方形导体的散射问题。如图 3.8a 所示，整个计算区域呈中心对称分布，区域的大小为 $46\lambda\times46\lambda$。方形导体的尺寸为 $6\lambda\times6\lambda$，且位于计算区域的中心。总场区域的大小为 $14\lambda\times14\lambda$，PML 材料的厚度为 8 层。整个计算区域 D 划分为 9 个子区域 $D_1,D_2,\cdots,D_9$，如图 3.8b 所示。子区域边界线分别位于 $\Gamma_{x1}=12\lambda$，$\Gamma_{x2}=34\lambda$，$\Gamma_{y1}=12\lambda$，$\Gamma_{y2}=34\lambda$ 处。子区域 D_5 采用亚网格结构，网格尺寸为 $\hat{\Delta}x=\hat{\Delta}y=\lambda/2$。其他子区域均采用均匀的网格，空间分辨率为 $\Delta x=\Delta y=\lambda$。本例中取 $\lambda=1$ cm。

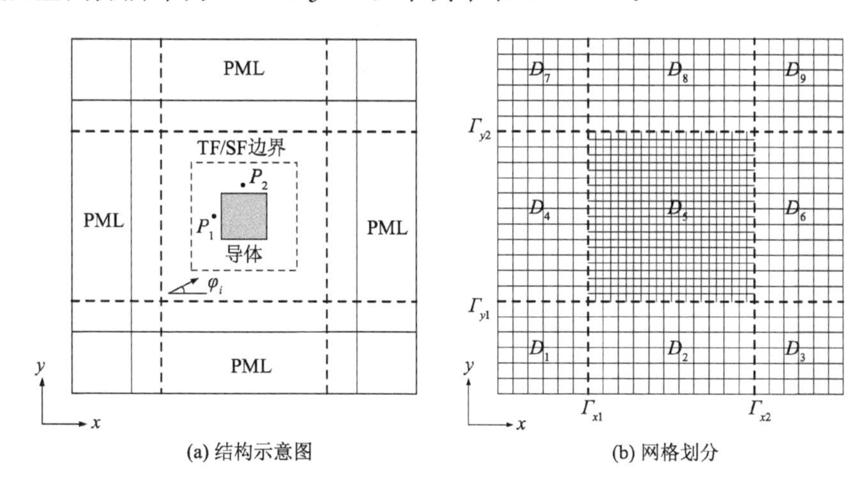

(a) 结构示意图　　(b) 网格划分

图 3.8　方形导体的散射问题

采用与式(3.22)相同的正弦调制高斯脉冲作为入射波，入射角为 $\varphi_i=30°$。采用标准拉盖尔基 FDTD 算法和不均匀网格分区算法进行计算。取时间标度因子$s=2.5\times10^{11}$[4,5]，最大展开阶数 $q=300$。设置两个观测点 P_1 和 P_2，且均位于总场区域。

图 3.9 给出了观测点 P_1 处的电场分量 E_y 的时域波形，图 3.10 给出了观测点 P_2 处的电场分量 E_y 的时域波形。从图中可以看出，不均匀网格分区算法的计算结果与标准拉盖尔基 FDTD 算法的计算结果吻合得很好。图 3.11 给出了观测点 P_1 处的电场分量 E_y 相对于标准拉盖尔基 FDTD 算法计算结果的误差，其中最大值为 0.003 8 mV/m。

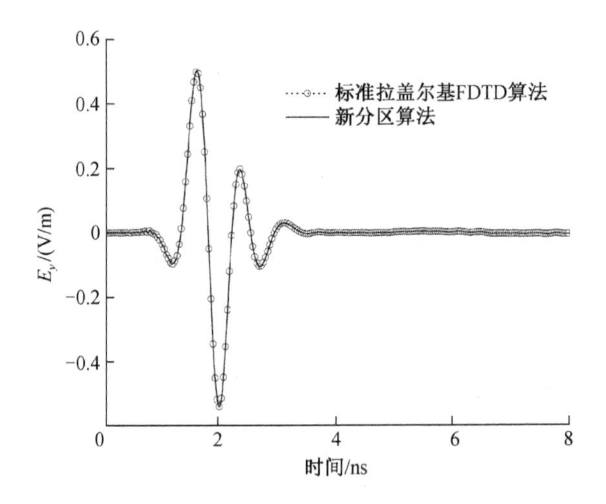

图 3.9 采用不同计算方法得到的观察点 P_1 处 E_y 的波形图

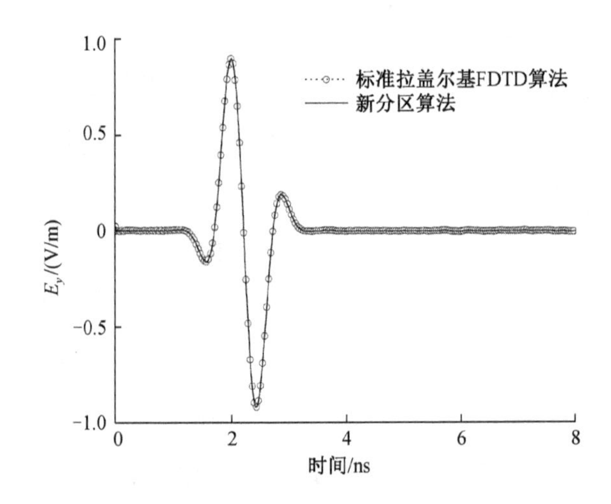

图 3.10 采用不同计算方法得到的观察点 P_2 处 E_y 的波形图

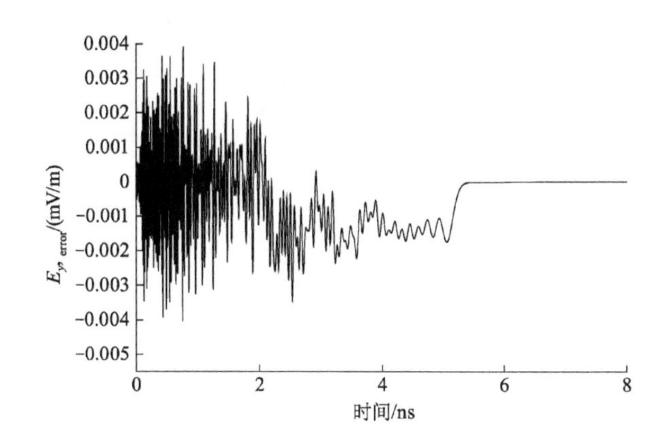

图 3.11　观察点 P_1 处 E_y 的相对误差(以传统 FDTD 计算结果为参考)

3.3　新二维拉盖尔基分区 FDTD 算法

二维问题共有三个电磁场分量。对于 TE_z 波,有纵向磁场分量 H_z^q 和横向电场分量 E_x^q、E_y^q;对于 TM_z 波,有纵向电场分量 E_z^q 和横向磁场分量 H_x^q、H_y^q。以二维 TE_z 波为例,文献[1]提出的拉盖尔基分区 FDTD 算法将 TM_z 波磁场分量的差分方程代入电场分量的差分方程,最终得到的差分方程只含有 E_z^q 一个电场分量。然后通过特殊排列方式,系数矩阵满足舒尔补定理要求的块状稀疏形式,从而可以运用舒尔补系统将原大型稀疏矩阵方程分解成几个相互独立的子矩阵方程求解,降低了矩阵维度,提高了计算效率。但是在三维问题中,每个方程均包含多个场量,这种只针对单个场量的分区方法难以推广到三维情形。为了突破这个限制,本节提出了一种新的二维拉盖尔基分区 FDTD 算法。新分区算法不再局限于单个纵向场量,而是使用多个横向场量,通过特殊的排列形式使得稀疏矩阵方程满足舒尔补定理的要求,从而实现分区计算,为拉盖尔基分区算法的扩展打下基础。

对于二维 TE_z 波,由横向电场分量 E_x^q 和 E_y^q 构成的平面如图 3.12 所示。不同于原分区算法,新的二维分区算法将子区域分界线 Γ_x、Γ_y 分别设置在由 E_x^q 和 E_y^q 构成的直线上。现在的问题是如何将由电场分量 E_x^q 和 E_y^q 构成的稀疏矩阵方程排列成满足舒尔补定理[2]要求的形式。

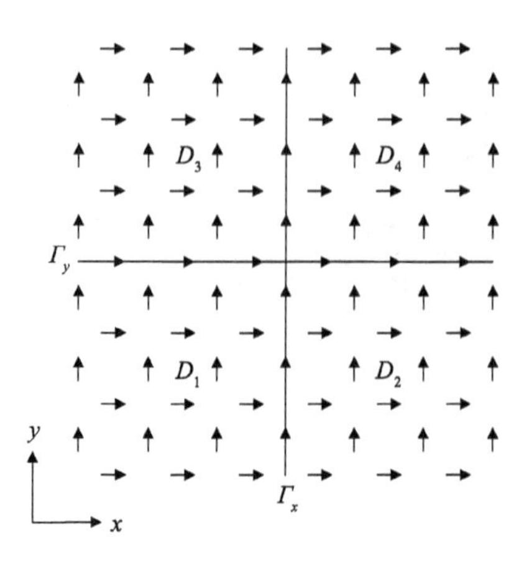

图 3.12　利用横向电场分量的二维分区方法示意图

如第二章所述，二维 TE_z 波的标准拉盖尔基 FDTD 算法的基本差分方程如下：

$$
\begin{aligned}
&-\overline{C}_x^H\big|_{i-1,j}E_y^q\big|_{i-1,j}+\left(\frac{1}{\overline{C}_x^E\big|_{i,j}}+\overline{C}_x^H\big|_{i,j}+\overline{C}_x^H\big|_{i-1,j}\right)E_y^q\big|_{i,j}-\overline{C}_x^H\big|_{i,j}E_y^q\big|_{i+1,j}+\\
&\overline{C}_y^H\big|_{i,j}E_x^q\big|_{i,j+1}-\overline{C}_y^H\big|_{i-1,j}E_x^q\big|_{i-1,j+1}-\overline{C}_y^H\big|_{i,j}E_x^q\big|_{i,j}+\overline{C}_y^H\big|_{i-1,j}E_x^q\big|_{i-1,j}\\
&=-\Delta x_i J_y^q\big|_{i,j}-\frac{2}{\overline{C}_x^E\big|_{i,j}}\sum_{k=0}^{q-1}E_y^k\big|_{i,j}+2\sum_{k=0}^{q-1}\left(H_z^k\big|_{i,j}-H_z^k\big|_{i-1,j}\right)
\end{aligned}
\tag{3.23}
$$

$$
\begin{aligned}
&-\overline{C}_y^H\big|_{i,j-1}E_x^q\big|_{i,j-1}+\left(\frac{1}{\overline{C}_y^E\big|_{i,j}}+\overline{C}_y^H\big|_{i,j}+\overline{C}_y^H\big|_{i,j-1}\right)E_x^q\big|_{i,j}-\overline{C}_y^H\big|_{i,j}E_x^q\big|_{i,j+1}-\\
&\overline{C}_x^H\big|_{i,j-1}E_y^q\big|_{i+1,j-1}+\overline{C}_x^H\big|_{i,j-1}E_y^q\big|_{i,j-1}-\overline{C}_x^H\big|_{i,j}E_y^q\big|_{i,j}+\overline{C}_x^H\big|_{i,j}E_y^q\big|_{i+1,j}\\
&=-\Delta y_j J_x^q\big|_{i,j}-\frac{2}{\overline{C}_y^E\big|_{i,j}}\sum_{k=0}^{q-1}E_x^k\big|_{i,j}-2\sum_{k=0}^{q-1}\left(H_z^k\big|_{i,j}-H_z^k\big|_{i,j-1}\right)
\end{aligned}
\tag{3.24}
$$

式(3.23)和式(3.24)中，电场分量 $E_y^q\big|_{i,j}$ 和 $E_x^q\big|_{i,j}$ 对应的单元格如图 2.1所示，现将两个单元格合并为一个单元格，如图 3.13 所示。这个单元格可以看作子区域 D_1 与其他子区域的交界。从图中可以看出，与电场分量 $E_y^q\big|_{i,j}$和 $E_x^q\big|_{i,j}$有关的场量均位于子区域 D_1 内部或在边界线 Γ_x 和 Γ_y 上，而与其他子区域内的场量无直接关系。理论上，只要事先求出边界线上的电场分量 $E_y^q\big|_{i+1,j-1}$、$E_y^q\big|_{i+1,j}$、$E_x^q\big|_{i-1,j+1}$和 $E_x^q\big|_{i,j+1}$的值，就可以将子区域 D_1 看

成一个可以独立求解的已知边界问题，这就是分区算法的基本思想。

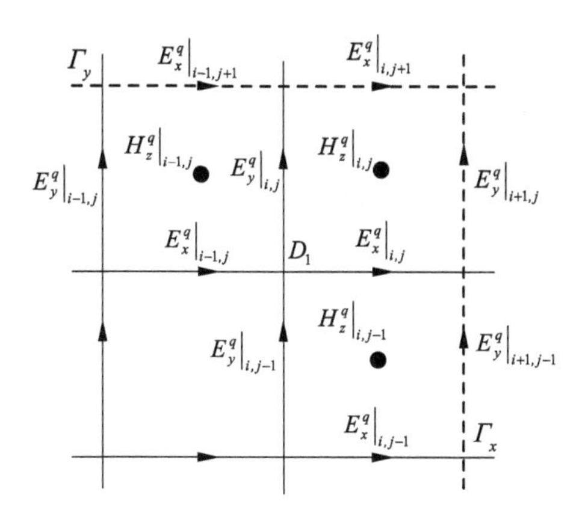

图 3.13 子区域 D_1 边界处的电磁场分量位置关系

现按照如下方式构造待求向量 $\boldsymbol{E}^q$：先填入子区域 D_1 中的所以电场分量 $E_{x,1}^q$ 和 $\boldsymbol{E}_{y,1}^q$，再依次填入子区域 D_2、D_3 和 D_4 中的电场分量 $\boldsymbol{E}_{x,2}^q$、$\boldsymbol{E}_{y,2}^q$、$\boldsymbol{E}_{x,3}^q$、$\boldsymbol{E}_{y,3}^q$、$\boldsymbol{E}_{x,4}^q$ 和 $\boldsymbol{E}_{y,4}^q$，最后再分别填入分界线 Γ_y 和 Γ_x 上的电场分量 $\boldsymbol{E}_{x,\Gamma}^q$、$\boldsymbol{E}_{y,\Gamma}^q$，子区域 D_n 内的电场分量 $E_{x,n}^q l_{i,j}$ 先按 i 从小到大，再按 j 从小到大的顺序排列，电场分量 $E_{y,n}^q l_{i,j}$ 先按 j 从小到大，再按 i 从小到大的顺序排列，即

$$\boldsymbol{E}^q = (d_1^q \quad d_2^q \quad d_3^q \quad d_4^q \quad d_\Gamma^q)^{\mathrm{T}} \tag{3.25}$$

式中：

$$\boldsymbol{d}_n^q = (\boldsymbol{E}_{x,n}^q \quad \boldsymbol{E}_{y,n}^q), \quad n=1,2,3,4 \tag{3.26}$$

$$\boldsymbol{E}_{x,n}^q = \left(\boldsymbol{E}_{x,n}^q\big|_1 \quad \boldsymbol{E}_{x,n}^q\big|_2 \quad \cdots \quad \boldsymbol{E}_{x,n}^q\big|_j \quad \cdots \quad \boldsymbol{E}_{x,n}^q\big|_{j_n-1} \quad \boldsymbol{E}_{x,n}^q\big|_{j_n}\right) \tag{3.27}$$

$$\boldsymbol{E}_{y,n}^q = \left(\boldsymbol{E}_{y,n}^q\big|_1 \quad \boldsymbol{E}_{y,n}^q\big|_2 \quad \cdots \quad \boldsymbol{E}_{y,n}^q\big|_i \quad \cdots \quad \boldsymbol{E}_{y,n}^q\big|_{i_n-1} \quad \boldsymbol{E}_{y,n}^q\big|_{i_n}\right) \tag{3.28}$$

$$\boldsymbol{E}_{x,n}^q\big|_j = \left(E_{x,n}^q\big|_{1,j} \quad E_{x,n}^q\big|_{2,j} \quad \cdots \quad E_{x,n}^q\big|_{i,j} \quad \cdots \quad E_{x,n}^q\big|_{i_n-1,j} \quad E_{x,n}^q\big|_{i_n,j}\right) \tag{3.29}$$

$$\boldsymbol{E}_{y,n}^q\big|_i = \left(E_{y,n}^q\big|_{i,1} \quad E_{y,n}^q\big|_{i,2} \quad \cdots \quad E_{y,n}^q\big|_{i,j} \quad \cdots \quad E_{y,n}^q\big|_{i,j_n-1} \quad E_{y,n}^q\big|_{i,j_n}\right) \tag{3.30}$$

$$\boldsymbol{d}_\Gamma^q = (\boldsymbol{E}_{x,\Gamma}^q \quad \boldsymbol{E}_{y,\Gamma}^q) \tag{3.31}$$

$$\boldsymbol{E}_{x,\Gamma}^q = \left(E_{x,\Gamma}^q\big|_{1,\Gamma_y} \quad E_{x,\Gamma}^q\big|_{2,\Gamma_y} \quad \cdots \quad E_{x,\Gamma}^q\big|_{i,\Gamma_y} \quad \cdots \quad E_{x,\Gamma}^q\big|_{I-2,\Gamma_y} \quad E_{x,\Gamma}^q\big|_{I-1,\Gamma_y}\right) \tag{3.32}$$

$$\boldsymbol{E}_{y,\Gamma}^{q}=\left(E_{y,\Gamma}^{q}\big|_{\Gamma_x,1}\quad E_{y,\Gamma}^{q}\big|_{\Gamma_x,2}\quad\cdots\quad E_{y,\Gamma}^{q}\big|_{\Gamma_x,j}\quad\cdots\quad E_{y,\Gamma}^{q}\big|_{\Gamma_x,J-2}\quad E_{y,\Gamma}^{q}\big|_{\Gamma_x,J-1}\right)\tag{3.33}$$

其中，i_n、j_n 分别是子区域 D_n 在 x 和 y 方向的网格点数，I、J 分别是整个计算区域 D 在 x 和 y 方向的网格点数。

根据式(3.23)～式(3.33)，可以将以上分区拉盖尔基 FDTD 算法的矩阵方程写成

$$\begin{pmatrix}\boldsymbol{A}_{11} & & & & \boldsymbol{A}_1\\ & \boldsymbol{A}_{22} & & & \boldsymbol{A}_2\\ & & \boldsymbol{A}_{33} & & \boldsymbol{A}_3\\ & & & \boldsymbol{A}_{44} & \boldsymbol{A}_4\\ \boldsymbol{A}_1' & \boldsymbol{A}_2' & \boldsymbol{A}_3' & \boldsymbol{A}_4' & \boldsymbol{A}_\Gamma\end{pmatrix}\begin{pmatrix}\boldsymbol{d}_1^q\\ \boldsymbol{d}_1^q\\ \boldsymbol{d}_1^q\\ \boldsymbol{d}_1^q\\ \boldsymbol{d}_\Gamma^q\end{pmatrix}=\begin{pmatrix}\boldsymbol{f}_1\\ \boldsymbol{f}_2\\ \boldsymbol{f}_3\\ \boldsymbol{f}_4\\ \boldsymbol{f}_\Gamma\end{pmatrix}\tag{3.34}$$

式(3.34)满足舒尔补定理要求的分块矩阵形式，可以用舒尔补系统式(3.12)～式(3.16)将以上大型稀疏矩阵方程分解成 4 个独立的子系统进行并行运算。

在均匀网格中，有 $\boldsymbol{A}_i'=\boldsymbol{A}_i^{\mathrm{T}}$，$i=1,2,3,4$。但需要指出的是，在使用 PML 吸收边界条件时，由于 PML 材料的各项异性，即使在均匀网格下也有 $\boldsymbol{A}'_i\neq\boldsymbol{A}_i^{\mathrm{T}}$。如图 3.14所示，分界线 Γ_x 穿过 PML 材料层。

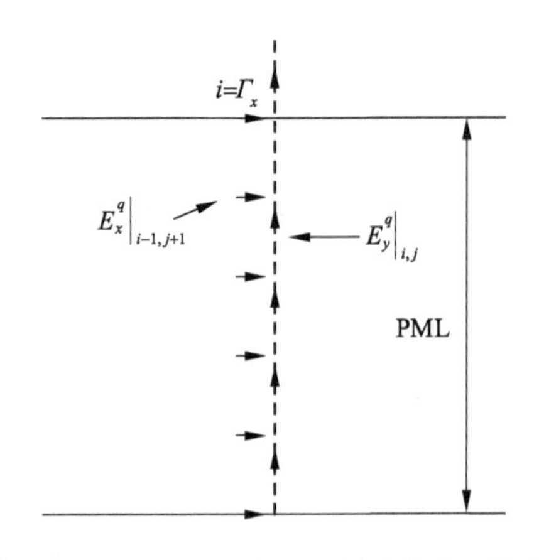

图 3.14　PML 吸收边界材料中的分区算法

由文献[6]得，Berenger 分裂场 PML 吸收边界条件[7]的标准拉盖尔基

FDTD 方程为

$$-\bar{D}_x^H\Big|_{i-1,j}E_y^q\Big|_{i-1,j}+\left(\frac{1}{\bar{D}_x^E\Big|_{i,j}}+\bar{D}_x^H\Big|_{i,j}+\bar{D}_x^H\Big|_{i-1,j}\right)E_y^q\Big|_{i,j}-\bar{D}_x^H\Big|_{i,j}E_y^q\Big|_{i+1,j}+$$

$$\bar{D}_y^H\Big|_{i,j}E_x^q\Big|_{i,j+1}-\bar{D}_y^H\Big|_{i-1,j}E_x^q\Big|_{i-1,j+1}-\bar{D}_y^H\Big|_{i,j}E_x^q\Big|_{i,j}+\bar{D}_y^H\Big|_{i-1,j}E_x^q\Big|_{i-1,j}$$

$$=2\sum_{k=0}^{q-1}\left(\sigma_x^H\Big|_{i,j}H_{zx}^k\Big|_{i,j}-\sigma_x^H\Big|_{i-1,j}H_{zx}^k\Big|_{i-1,j}+\sigma_y^H\Big|_{i,j}H_{zy}^k\Big|_{i,j}-\sigma_y^H\Big|_{i-1,j}H_{zy}^k\Big|_{i-1,j}\right)$$

$$-\frac{2\sigma_x^E\Big|_{i,j}}{\bar{D}_x^E\Big|_{i,j}}\sum_{k=0}^{q-1}E_y^k\Big|_{i,j} \tag{3.35}$$

$$-\bar{D}_y^H\Big|_{i,j-1}E_x^q\Big|_{i,j-1}+\left(\frac{1}{\bar{D}_y^E\Big|_{i,j}}+\bar{D}_y^H\Big|_{i,j}+\bar{D}_y^H\Big|_{i,j-1}\right)E_x^q\Big|_{i,j}-\bar{D}_y^H\Big|_{i,j}E_x^q\Big|_{i,j+1}+$$

$$\bar{D}_x^H\Big|_{i,j}E_y^q\Big|_{i+1,j}-\bar{D}_x^H\Big|_{i,j-1}E_y^q\Big|_{i+1,j-1}-\bar{D}_x^H\Big|_{i,j}E_y^q\Big|_{i,j}+\bar{D}_x^H\Big|_{i,j-1}E_y^q\Big|_{i,j-1}$$

$$=-2\sum_{k=0}^{q-1}\left(\sigma_x^H\Big|_{i,j}H_{zx}^k\Big|_{i,j}-\sigma_x^H\Big|_{i,j-1}H_{zx}^k\Big|_{i,j-1}+\sigma_y^H\Big|_{i,j}H_{zy}^k\Big|_{i,j}-\sigma_y^H\Big|_{i,j-1}H_{zy}^k\Big|_{i,j-1}\right)-$$

$$\frac{2\sigma_y^E\Big|_{i,j}}{\bar{D}_y^E\Big|_{i,j}}\sum_{k=0}^{q-1}E_x^k\Big|_{i,j} \tag{3.36}$$

式中：σ_x,σ_y 和 σ_x^*,σ_y^* 分别为 PML 材料在不同方向的电损耗和磁损耗，且

$$D_y^E\Big|_{i,j}=C_y^E\Big|_{i,j}\left(1+\frac{2\sigma_{yi,j}}{s\varepsilon_{i,j}}\right)^{-1};\quad \sigma_y^E\Big|_{i,j}=\left(1+\frac{2\sigma_{yi,j}}{s\varepsilon_{i,j}}\right)^{-1} \tag{3.37}$$

$$D_x^E\Big|_{i,j}=C_x^E\Big|_{i,j}\left(1+\frac{2\sigma_{xi,j}}{s\varepsilon_{i,j}}\right)^{-1};\quad \sigma_x^E\Big|_{i,j}=\left(1+\frac{2\sigma_{xi,j}}{s\varepsilon_{i,j}}\right)^{-1} \tag{3.38}$$

$$D_x^H\Big|_{i,j}=C_x^H\Big|_{i,j}\left(1+\frac{2\sigma_{xi,j}^*}{s\mu_{i,j}}\right)^{-1};\quad \sigma_x^H\Big|_{i,j}=\left(1+\frac{2\sigma_{xi,j}^*}{s\mu_{i,j}}\right)^{-1} \tag{3.39}$$

$$D_y^H\Big|_{i,j}=C_y^H\Big|_{i,j}\left(1+\frac{2\sigma_{yi,j}^*}{s\mu_{i,j}}\right)^{-1};\quad \sigma_y^H\Big|_{i,j}=\left(1+\frac{2\sigma_{yi,j}^*}{s\mu_{i,j}}\right)^{-1} \tag{3.40}$$

设 $E_x^q\Big|_{i-1,j+1}$ 和 $E_x^q\Big|_{i,j}$ 分别是待求向量 $\boldsymbol{E}^q$ 中的第 m 和 n 个场量，根据式(3.35)～式(3.36)可以得到矩阵 $\mathbf{A}$ 中的两个元素：

$$\mathbf{A}(m,n)=-\bar{D}_x^H\Big|_{i-1,j}=-\bar{C}_x^H\Big|_{i-1,j}\left(1+\frac{2\sigma_{xi-1,j}^*}{s\mu_{i-1,j}}\right)^{-1} \tag{3.41}$$

$$\mathbf{A}(n,m)=-\bar{D}_y^H\Big|_{i-1,j}=-\bar{C}_y^H\Big|_{i-1,j}\left(1+\frac{2\sigma_{yi-1,j}^*}{s\mu_{i-1,j}}\right)^{-1} \tag{3.42}$$

由 PML 材料的各向异性，有

$$\sigma^{*}_{xi-1,j} \neq \sigma^{*}_{yi-1,j} \tag{3.43}$$

故 $\mathbf{A}(m,n) \neq \mathbf{A}(n,m)$，$\mathbf{A}'_i \neq \mathbf{A}_i^{\mathrm{T}}$。

3.4 新二维分区算法的数值验证

以 3.3 节中的第一个例子两个平面导板之间的窄缝问题，对新二维拉盖尔基分区 FDTD 算法进行验证。

在结构尺寸和其他设置条件都不变的情况下，分别采用标准拉盖尔基 FDTD 算法和新二维拉盖尔基分区 FDTD 算法进行计算。图 3.15 给出了采用标准拉盖尔基 FDTD 算法时得到的稀疏矩阵 **A** 的矩阵树，从图中可以看出其非零元素分布是条带状的，非零元素的个数为 58 632 个。图 3.16 给出了采用新二维拉盖尔基分区 *FDTD* 算法时得到的系数矩阵 A 的矩阵树，从图中可以看出其非零元素分布是块状的，非零元素的个数为 58 500 个。采用标准算法时非零元素个数较多，是因为在计算区域边界处采用了虚设变量[6]，这使得系数矩阵 **A** 的填写更加方便。分区算法中块矩阵 $\mathbf{A}_{11} \sim \mathbf{A}_{44}$ 具有相似的元素分布，其中 $\mathbf{A}_{33}$ 维度最大，$\mathbf{A}_{22}$ 维度最小，与实际分区情况相符。

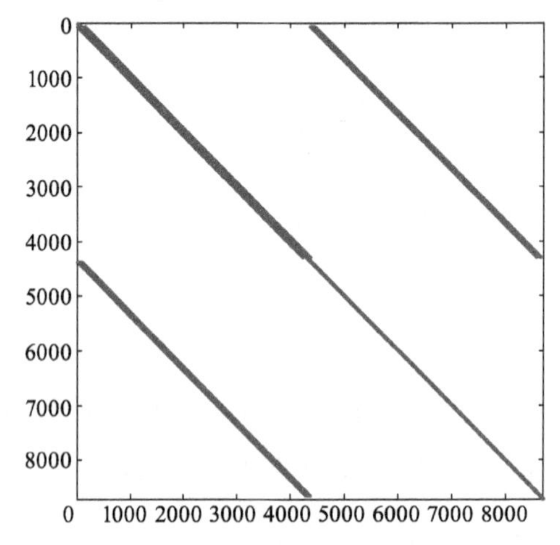

图 3.15　采用标准拉盖尔基 FDTD 算法时系数矩阵 A 的条带状稀疏形式(n_z=58 632)

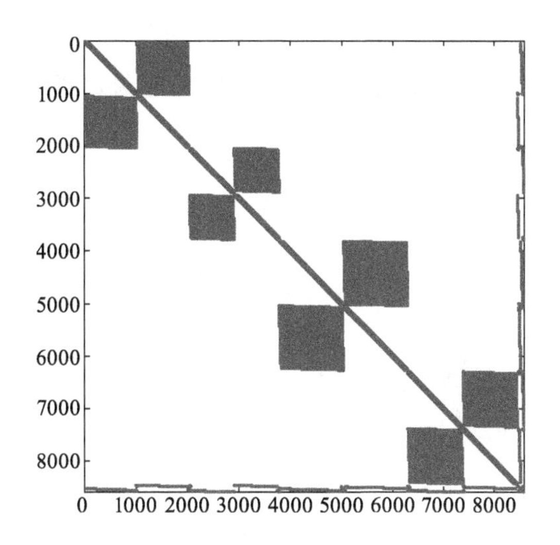

图 3.16 采用新拉盖尔基分区 FDTD 算法时系数矩阵 A 的块状稀疏形式(n_z=58 500)

由于观测点处电场分量 E_y 的时域波形与图 3.5 和图 3.6 基本一致,这里不再赘述。只以标准拉盖尔基 FDTD 算法的计算结果为参考,给出了点 P_1 处的相对误差,如图 3.17 所示,其中最大相对误差值为 0.009 mV/m。

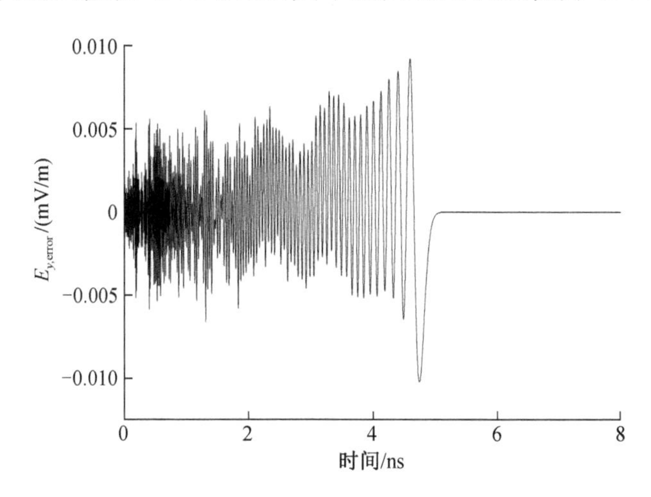

图 3.17 观测点 P_1 处电场分量 E_y 的相对误差

将 PML 吸收边界条件的相对反射误差定义为

$$\eta_{\mathrm{reflection}} = 20\log_{10}\left|\frac{E_y - E_{y,\mathrm{ref}}}{\max(E_{y,\mathrm{ref}})}\right| \tag{3.44}$$

式中:$E_{y,\mathrm{ref}}$ 为足够大空间的计算结果;作为参考电场,E_y 为 PML 边界条件的计算结果。

图 3.18 给出了点 P_1 处求出的 E_y 的相对反射误差，最大值为－62 dB。

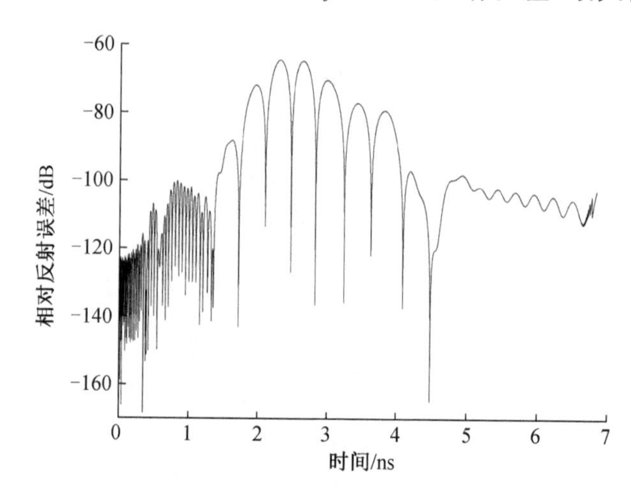

图 3.18　观测点 P_1 处电场分量 E_y 的相对反射误差

表 3.1 给出了采用不同算法时消耗的计算资源。可以看出在 4 个分区的情况下，新二维分区 FDTD 算法占用的内存与标准拉盖尔基 FDTD 算法基本相当，而计算时间缩短了约 24.6%。如果将计算空间划分为更多的子区域，计算效率将进一步提高。

表 3.1　不同算法消耗的计算资源

算法	Δt/fs	展开阶数	计算时长/s	内存消耗/MB
标准拉盖尔基算法	179	301	63.8	86.3
新二维分区算法(四区)	179	301	48.1	87.5

3.5　本章小结

本章对拉盖尔基分区 FDTD 算法进行了研究和拓展，主要工作有以下几方面：

(1) 根据不均匀网格的不对称性，修正了原拉盖尔基分区 FDTD 算法的表达式，提出了适用于不均匀网格的分区算法。在数值验证中，将不均匀网格的分区算法分别应用于两个平面导板间的窄缝问题和方块导体的散射问题。其中窄缝问题采用了扩展网格，而方块导体的散射问题采用了亚网格结构进行处理。对比表明，不均匀网格分区算法的计算结果与标准拉盖尔基 FDTD 算法的计算结果吻合得很好。

（2）提出了新的二维拉盖尔基分区 FDTD 算法。原拉盖尔基分区 FDTD 算法只能处理单个场量的分区问题，难以拓展到三维情形。本章提出了新的二维分区算法，突破单个场量的限制，实现了多个横向场量的分区计算，为拉盖尔基分区算法的扩展打下基础。新二维拉盖尔基分区 FDTD 算法的精度和效率在数值计算中得到了验证。

参考文献

[1] He Guoqiang, Shao Wei, Wang Xiaohua, et al. An efficient domain decomposition Laguerre-FDTD method for Two-Dimensional scattering problems[J]. IEEE Transactions on Antennas and Propagation, 2013, 61(5):2639－2645.

[2] Phillips T N. Preconditioned iterative methods for elliptic problems on decomposed domains[J]. International Journal of Computer Mathematics, 1992, 44(1－4):5－18.

[3] Yi Yun, Chen Bin, Chen Hailin, et al. TF/SF boundary and PML-ABC for an unconditionally stable FDTD method[J]. IEEE Microwave and Wireless Components Letters, 2007, 17(2): 91－93.

[4] Mei Zicong, Zhang Yu, Zhao Xuwang, et al. Choice of the Scaling Factor in a Marching-on-in-Degree Time Domain Technique Based on the Associated Laguerre Functions[J]. IEEE Transactions on Antennas and Propagation, 2012, 60(9): 4463－4467.

[5] Chen Weijun, Shao Wei, Li Jialin, et al. Numerical dispersion analysis and key parameter selection in Laguerre-FDTD method[J]. IEEE Microwave and Wireless Components Letters, 2013, 23(12): 629－631.

[6] 易韵. 时域有限差分法及其在电磁散射中的应用[D]. 解放军理工大学工程兵工程学院博士学位论文，2006.

[7] Berenger J P. A perfectly matched layer for the absorption of electromagnetic waves[J]. Journal of Computational Physics, 1994, 114(2): 185－200.

第4章 基于新高阶项的拉盖尔基高效FDTD算法

拉盖尔基分区FDTD算法比标准拉盖尔基FDTD算法更加高效，但由于计算过程中需要多次求解逆矩阵，它对计算效率的提高还不够明显。相比于拉盖尔基分区FDTD算法，拉盖尔基高效FDTD算法[1-4]及其吸收边界条件[5-7]不仅占用的内存更小，而且计算效率更高。然而，现有的拉盖尔基高效FDTD算法引入的高阶项误差仍较大，需要经过多次迭代才能达到精度要求[4]。为了减少迭代次数、进一步提高计算效率，本章在分析原高效算法的基础上，提出了一种基于新高阶项的三维拉盖尔基高效FDTD算法，并在其迭代算法中引入了Gauss-Seidel迭代思想。数值结果表明，结合了新高阶项和Gauss-Seidel迭代法的新高效算法可以用更少的迭代次数达到更高的精度，计算时间缩短了一半以上。不仅如此，目前这种新高效算法已经被应用到周期结构和旋转对称体的计算中，均取得了良好的效果。

4.1 高阶项误差分析

Z. Chen等[4]提出的拉盖尔基高效FDTD算法使用的高阶项为$\boldsymbol{AB}(\boldsymbol{W}^{q}-\boldsymbol{V}^{q-1})$，将该高阶项展开得

$$\boldsymbol{AB}(\boldsymbol{W}^{q}-\boldsymbol{V}^{q-1})=-ab\begin{pmatrix} D_z D_x(E_z^q+2\sum_{k=0}^{q-1}E_z^k) \\ D_x D_y(E_x^q+2\sum_{k=0}^{q-1}E_x^k) \\ D_y D_z(E_y^q+2\sum_{k=0}^{q-1}E_y^k) \\ D_y D_x(H_y^q+2\sum_{k=0}^{q-1}H_y^k) \\ D_z D_y(H_z^q+2\sum_{k=0}^{q-1}H_z^k) \\ D_x D_z(H_x^q+2\sum_{k=0}^{q-1}H_x^k) \end{pmatrix} \tag{4.1}$$

以式(4.1)中的第一项 $-abD_z D_x(E_z^q+2\sum_{k=0}^{q-1}E_z^k)$ 为例，该误差项的大小正比于 $(E_z^q+2\sum_{k=0}^{q-1}E_z^k)$。

根据文献[8]，电场分量 $E_z(r,\ t)$ 对时间的一阶偏导数为

$$\frac{\partial E_z(r,\ t)}{\partial t}=s\sum_{p=0}^{\infty}\Big(0.5E_z^p(r)+\sum_{k=0}^{p-1}E_z^k(r)\Big)\varphi_p(st) \tag{4.2}$$

将式(4.2)两边同时乘以 $\varphi_q(st)$，在 $\bar{t}=st=[0,\infty)$ 积分并利用拉盖尔基的正交性得

$$E_z^q+2\sum_{k=0}^{q-1}E_z^k=2\int_0^{\infty}\frac{\partial E_z}{\partial t}\varphi_q(st)\mathrm{d}t \tag{4.3}$$

根据文献[9]，Plancherel 关系式为

$$\int_{-\infty}^{+\infty}f(t)g^*(t)\mathrm{d}t=\int_{-\infty}^{+\infty}F(\omega)G^*(\omega)\mathrm{d}\omega \tag{4.4}$$

式中：$g^*(t)$ 是 $g(t)$ 的共轭函数，$F(\omega)$ 和 $G(\omega)$ 分别是 $f(t)$ 和 $g(t)$ 的傅立叶变换。

将 Plancherel 关系式运用到式(4.3)，得

$$E_z^q + 2\sum_{k=0}^{q-1} E_z^k = \frac{1}{\pi}\int_{-\infty}^{+\infty} - j\omega E_z^*(\omega)\varphi_q(\omega)\mathrm{d}\omega$$

$$= \frac{s}{2\pi}\int_{-\infty}^{+\infty} E_z^*(\omega)\varphi_q(\omega)\left(\frac{-2j\omega}{s}\right)\mathrm{d}\omega \tag{4.5}$$

式中：$E_z(\omega)$和 $\varphi_q(\omega)$分别是 $E_z(r,t)$和 $\varphi_q(st)$的傅立叶变换。

本章提出一个新的高阶项 $\boldsymbol{AB}(\boldsymbol{W}^q+\boldsymbol{W}^{q-1})$，将该高阶项展开得

$$\boldsymbol{AB}(\boldsymbol{W}^q+\boldsymbol{W}^{q-1}) = -ab\begin{bmatrix} D_z D_x(E_z^q+E_z^{q-1}) \\ D_x D_y(E_x^q+E_x^{q-1}) \\ D_y D_z(E_y^q+E_y^{q-1}) \\ D_y D_x(H_y^q+E_x^{q-1}) \\ D_z D_y(H_z^q+H_z^{q-1}) \\ D_x D_z(H_x^q+H_x^{q-1}) \end{bmatrix} \tag{4.6}$$

同样地，以第一误差项为例，该误差项的大小正比于$(E_z^q+E_z^{q-1})$。根据拉盖尔基展开系数的定义，有

$$E_z^q = \int_0^{\infty} sE_z(r,t)\varphi_q(st)\mathrm{d}t \tag{4.7}$$

将 Plancherel 关系式运用到式(4.7)，得

$$E_z^q = \frac{s}{2\pi}\int_{-\infty}^{+\infty} E_z^*(\omega)\varphi_q(\omega)\mathrm{d}\omega \tag{4.8}$$

根据文献[10]有

$$\varphi_q(\omega) = \frac{(j\omega - s/2)^q}{(j\omega + s/2)^{q+1}} \tag{4.9}$$

由式(4.9)和式(4.10)得

$$E_z^q + E_z^{q-1} = \frac{s}{2\pi}\int_{-\infty}^{+\infty} E_z^*(\omega)\left[\frac{(j\omega - s/2)^q}{(j\omega + s/2)^{q+1}} + \frac{(j\omega - s/2)^{q-1}}{(j\omega + s/2)^q}\right]\mathrm{d}\omega$$

$$= \frac{s}{2\pi}\int_{-\infty}^{+\infty} E_z^*(\omega)\varphi_q(\omega)\left(\frac{2j\omega}{j\omega - s/2}\right)\mathrm{d}\omega \tag{4.10}$$

比较式(4.5)和式(4.10)可知，当 ω 趋于无穷时，式(4.7)中的$-2j\omega/s$趋于无穷，而式(4.10)中的 $2j\omega/(j\omega - s/2)$趋于一个常数。由此可见，对于电磁场分量的高频部分，原高效算法的高阶项[4]引起的误差较大，而本章提出的高阶项引起的误差较小。

4.2 基于新高阶项的三维高效算法及其迭代算法

本节推导了基于 4.2 节提出的新高阶项 $\boldsymbol{AB}(\boldsymbol{W}^{q}+\boldsymbol{W}^{q-1})$ 的三维拉盖尔基高效 FDTD 算法，并给出了基本差分方程。为了进一步提高精度，在三维拉盖尔基高效 FDTD 算法的迭代算法中，引入了 Gauss-Seidel 迭代思想。

4.2.1 基于新高阶项的三维高效算法

将三维拉盖尔基 FDTD 算法的矩阵方程重写如下：

$$(\boldsymbol{I}-\boldsymbol{A}-\boldsymbol{B})\boldsymbol{W}^{q}=\boldsymbol{V}^{q-1}+\boldsymbol{J}^{q} \tag{4.11}$$

在式(4.11)中引入新的高阶项 $\boldsymbol{AB}(\boldsymbol{W}^{q}+\boldsymbol{W}^{q-1})$ 得

$$(\boldsymbol{I}-\boldsymbol{A})(\boldsymbol{I}-\boldsymbol{B})\boldsymbol{W}^{q}=-\boldsymbol{AB}\boldsymbol{W}^{q-1}+\boldsymbol{V}^{q-1}+\boldsymbol{J}^{q} \tag{4.12}$$

式中各个量的定义与第二章 Z. Chen 的三维高效算法[4]相同。

式(4.12)可以分解为等价的两步算法[11-13]：

$$(\boldsymbol{I}-\boldsymbol{A})\boldsymbol{W}^{*q}=-\boldsymbol{B}\boldsymbol{W}^{q-1}+\boldsymbol{V}^{q-1}+\boldsymbol{J}^{q} \tag{4.13}$$

$$(\boldsymbol{I}-\boldsymbol{B})\boldsymbol{W}^{q}=\boldsymbol{W}^{*q}+\boldsymbol{B}\boldsymbol{W}^{q-1} \tag{4.14}$$

式中：$\boldsymbol{W}^{*q}=(E_x^{*q}\quad E_y^{*q}\quad E_z^{*q}\quad H_x^{*q}\quad H_y^{*q}\quad H_z^{*q})$为非物理中间变量。

选择 **A**、**B** 算子：

$$\boldsymbol{A}=\begin{pmatrix} & -a\boldsymbol{D} \\ -b\boldsymbol{D}^{\mathrm{T}} & \end{pmatrix},\ \boldsymbol{B}=\begin{pmatrix} & a\boldsymbol{D}^{\mathrm{T}} \\ b\boldsymbol{D} & \end{pmatrix} \tag{4.15}$$

式中：

$$\boldsymbol{D}=\begin{pmatrix} 0 & D_z & 0 \\ 0 & 0 & D_x \\ D_y & 0 & 0 \end{pmatrix},\quad \boldsymbol{D}^{\mathrm{T}}=\begin{pmatrix} 0 & 0 & D_y \\ D_z & 0 & 0 \\ 0 & D_x & 0 \end{pmatrix} \tag{4.16}$$

使用上述 **A**、**B** 算子将式(4.13)和式(4.14)展开得

$$(\boldsymbol{I}-ab\boldsymbol{D}\boldsymbol{D}^{\mathrm{T}})\boldsymbol{W}_E^{*q}=ab\boldsymbol{D}\boldsymbol{D}\boldsymbol{W}_E^{q-1}-a\boldsymbol{D}^{\mathrm{T}}\boldsymbol{W}_H^{q-1}-a\boldsymbol{D}\boldsymbol{V}_H^{q-1}+\boldsymbol{V}_E^{q-1}+a\boldsymbol{J}_E^{q} \tag{4.17}$$

$$(\boldsymbol{I}-ab\boldsymbol{D}^{\mathrm{T}}\boldsymbol{D})\boldsymbol{W}_E^{q}=\boldsymbol{W}_E^{*q}-ab\boldsymbol{D}^{\mathrm{T}}\boldsymbol{D}^{\mathrm{T}}\boldsymbol{W}_E^{*q}+a\boldsymbol{D}^{\mathrm{T}}\boldsymbol{W}_H^{q-1}+a\boldsymbol{D}^{\mathrm{T}}\boldsymbol{V}_H^{q-1} \tag{4.18}$$

$$\boldsymbol{W}_H^{q}=b\boldsymbol{D}\boldsymbol{W}_E^{q}-b\boldsymbol{D}^{\mathrm{T}}\boldsymbol{W}_E^{*q}+\boldsymbol{V}^{q-1} \tag{4.19}$$

将式(4.16)代入式(4.17)～式(4.19)，可以得到基于新高阶项的三维拉盖尔基高效 FDTD 算法的基本方程：

$$(1-abD_z^2)E_x^{*q}=abD_zD_xE_z^{q-1}-aD_yH_z^{q-1}+2aD_z\sum_{k=0,q>0}^{q-1}H_y^k-2\sum_{k=0,q>0}^{q-1}E_x^k-aJ_x^q \quad (4.20)$$

$$(1-abD_x^2)E_y^{*q}=abD_xD_yE_x^{q-1}-aD_zH_x^{q-1}+2aD_x\sum_{k=0,q>0}^{q-1}H_z^k-2\sum_{k=0,q>0}^{q-1}E_y^k-aJ_y^q \quad (4.21)$$

$$(1-abD_y^2)E_z^{*q}=abD_yD_zE_y^{q-1}-aD_xH_y^{q-1}+2aD_y\sum_{k=0,q>0}^{q-1}H_x^k-2\sum_{k=0,q>0}^{q-1}E_z^k-aJ_z^q \quad (4.22)$$

$$(1-abD_y^2)E_x^q=E_x^{*q}-abD_yD_xE_y^{*q}+aD_yH_z^{q-1}-2aD_y\sum_{k=0,q>0}^{q-1}H_z^k \quad (4.23)$$

$$(1-abD_z^2)E_y^q=E_y^{*q}-abD_zD_yE_z^{*q}+aD_zH_x^{q-1}-2aD_z\sum_{k=0,q>0}^{q-1}H_x^k \quad (4.24)$$

$$(1-abD_x^2)E_z^q=E_z^{*q}-abD_xD_zE_x^{*q}+aD_xH_y^{q-1}-2aD_x\sum_{k=0,q>0}^{q-1}H_y^k \quad (4.25)$$

$$H_x^q=bD_zE_y^q-bD_yE_z^{*q}-2\sum_{k=0,q>0}^{q-1}H_x^k \quad (4.26)$$

$$H_y^q=bD_xE_z^q-bD_zE_x^{*q}-2\sum_{k=0,q>0}^{q-1}H_y^k \quad (4.27)$$

$$H_z^q=bD_yE_x^q-bD_xE_y^{*q}-2\sum_{k=0,q>0}^{q-1}H_z^k \quad (4.28)$$

磁场方程式(4.26)～式(4.28)与 Z. Chen 的三维高效算法[4]相同，这里不再赘述。

使用中心差分法离散式(4.23)～式(4.28)，得到一组基于新高阶项的三维拉盖尔基高效 FDTD 算法的基本差分方程：

$$
\begin{aligned}
&-\frac{2}{s\varepsilon\Delta z}\frac{2}{s\mu\Delta z}E_x^{*q}\Big|_{i,j,k-1}+\Big(1+2\frac{2}{s\varepsilon\Delta z}\frac{2}{s\mu\Delta z}\Big)E_x^{*q}\Big|_{i,j,k}-\\
&\frac{2}{s\varepsilon\Delta z}\frac{2}{s\mu\Delta z}E_x^{*q}\Big|_{i,j,k+1}\\
=&\frac{2}{s\varepsilon\Delta z}\frac{2}{s\mu\Delta x}\left(E_z^{q-1}\Big|_{i+1,j,k}-E_z^{q-1}\Big|_{i+1,j,k-1}-E_z^{q-1}\Big|_{i,j,k}+E_z^{q-1}\Big|_{i,j,k-1}\right)-\\
&\frac{2}{s\varepsilon\Delta y}\left(H_z^{q-1}\Big|_{i,j,k}-H_z^{q-1}\Big|_{i,j-1,k}\right)+2\frac{2}{s\varepsilon\Delta z}\sum_{k=0,q>0}^{q-1}\left(H_y^{k}\Big|_{i,j,k}-H_y^{k}\Big|_{i,j,k-1}\right)-\\
&2\sum_{k=0,q>0}^{q-1}E_x^{k}\Big|_{i,j,k}-\frac{2}{s\varepsilon}J_x^{q}\Big|_{i,j,k}
\end{aligned}
\tag{4.29}
$$

$$
\begin{aligned}
&-\frac{2}{s\varepsilon\Delta x}\frac{2}{s\mu\Delta x}E_y^{*q}\Big|_{i-1,j,k}+\Big(1+2\frac{2}{s\varepsilon\Delta x}\frac{2}{s\mu\Delta x}\Big)E_y^{*q}\Big|_{i,j,k}-\\
&\frac{2}{s\varepsilon\Delta x}\frac{2}{s\mu\Delta x}E_y^{*q}\Big|_{i+1,j,k}\\
=&\frac{2}{s\varepsilon\Delta x}\frac{2}{s\mu\Delta y}\left(E_x^{q-1}\Big|_{i,j+1,k}-E_x^{q-1}\Big|_{i-1,j+1,k}-E_x^{q-1}\Big|_{i,j,k}+E_x^{q-1}\Big|_{i-1,j,k}\right)-\\
&\frac{2}{s\varepsilon\Delta z}\left(H_x^{q-1}\Big|_{i,j,k}-H_x^{q-1}\Big|_{i,j,k-1}\right)+2\frac{2}{s\varepsilon\Delta x}\sum_{k=0,q>0}^{q-1}\left(H_z^{k}\Big|_{i,j,k}-H_z^{k}\Big|_{i-1,j,k}\right)-\\
&2\sum_{k=0,q>0}^{q-1}E_y^{k}\Big|_{i,j,k}-\frac{2}{s\varepsilon}J_y^{q}\Big|_{i,j,k}
\end{aligned}
\tag{4.30}
$$

$$
\begin{aligned}
&-\frac{2}{s\varepsilon\Delta y}\frac{2}{s\mu\Delta y}E_z^{*q}\Big|_{i,j-1,k}+\Big(1+2\frac{2}{s\varepsilon\Delta y}\frac{2}{s\mu\Delta y}\Big)E_z^{*q}\Big|_{i,j,k}-\\
&\frac{2}{s\varepsilon\Delta y}\frac{2}{s\mu\Delta y}E_z^{*q}\Big|_{i,j+1,k}\\
=&\frac{2}{s\varepsilon\Delta y}\frac{2}{s\mu\Delta z}\left(E_y^{q-1}\Big|_{i,j,k+1}-E_y^{q-1}\Big|_{i,j-1,k+1}-E_y^{q-1}\Big|_{i,j,k}+E_y^{q-1}\Big|_{i,j-1,k}\right)-\\
&\frac{2}{s\varepsilon\Delta x}\left(H_y^{q-1}\Big|_{i,j,k}-H_y^{q-1}\Big|_{i-1,j,k}\right)+2\frac{2}{s\varepsilon\Delta y}\sum_{k=0,q>0}^{q-1}\left(H_x^{k}\Big|_{i,j,k}-H_x^{k}\Big|_{i,j-1,k}\right)-\\
&2\sum_{k=0,q>0}^{q-1}E_z^{k}\Big|_{i,j,k}-\frac{2}{s\varepsilon}J_z^{q}\Big|_{i,j,k}
\end{aligned}
\tag{4.31}
$$

$$
\begin{aligned}
&-\frac{2}{s\varepsilon\Delta y}\,\frac{2}{s\mu\Delta y}E_x^q\Big|_{i,j-1,k}+\left(1+2\,\frac{2}{s\varepsilon\Delta y}\,\frac{2}{s\mu\Delta y}\right)E_x^q\Big|_{i,j,k}-\\
&\frac{2}{s\varepsilon\Delta y}\,\frac{2}{s\mu\Delta y}E_x^q\Big|_{i,j+1,k}\\
=\;&E_x^{*q}\Big|_{i,j,k}-\frac{2}{s\varepsilon\Delta y}\,\frac{2}{s\mu\Delta x}\left(E_y^{*q}\Big|_{i+1,j,k}-E_y^{*q}\Big|_{i+1,j-1,k}-E_y^{*q}\Big|_{i,j,k+}E_y^{*q}\Big|_{i,j-1,k}\right)+\\
&\frac{2}{s\varepsilon\Delta y}\left(H_{z-1}^{q}\Big|_{i,j,k}-H_{z-1}^{q}\Big|_{i,j-1,k}\right)-2\,\frac{2}{s\varepsilon\Delta y}\sum_{k=0,q>0}^{q-1}\left(H_z^k\Big|_{i,j,k}-H_z^k\Big|_{i,j-1,k}\right)
\end{aligned}
\tag{4.32}
$$

$$
\begin{aligned}
&-\frac{2}{s\varepsilon\Delta z}\,\frac{2}{s\mu\Delta z}E_y^q\Big|_{i,j,k-1}+\left(1+2\,\frac{2}{s\varepsilon\Delta z}\,\frac{2}{s\mu\Delta z}\right)E_y^q\Big|_{i,j,k}-\\
&\frac{2}{s\varepsilon\Delta z}\,\frac{2}{s\mu\Delta z}E_y^q\Big|_{i,j,k+1}\\
=\;&E_y^{*q}\Big|_{i,j,k}-\frac{2}{s\varepsilon\Delta z}\,\frac{2}{s\mu\Delta y}\left(E_z^{*q}\Big|_{i,j+1,k}-E_z^{*q}\Big|_{i,j+1,k-1}-E_z^{*q}\Big|_{i,j,k}+E_z^{*q}\Big|_{i,j,k-1}\right)+\\
&\frac{2}{s\varepsilon\Delta z}\left(H_x^{q-1}\Big|_{i,j,k}-H_x^{q-1}\Big|_{i,j,k-1}\right)-2\,\frac{2}{s\varepsilon\Delta z}\sum_{k=0,q>0}^{q-1}\left(H_x^k\Big|_{i,j,k}-H_x^k\Big|_{i,j,k-1}\right)
\end{aligned}
\tag{4.33}
$$

$$
\begin{aligned}
&-\frac{2}{s\varepsilon\Delta x}\,\frac{2}{s\mu\Delta x}E_z^q\Big|_{i-1,j,k}+\left(1+2\,\frac{2}{s\varepsilon\Delta x}\,\frac{2}{s\mu\Delta x}\right)E_z^q\Big|_{i,j,k}-\\
&\frac{2}{s\varepsilon\Delta x}\,\frac{2}{s\mu\Delta x}E_z^q\Big|_{i+1,j,k}\\
=\;&E_z^{*}\,q\Big|_{i,j,k}-\frac{2}{s\varepsilon\Delta x}\,\frac{2}{s\mu\Delta z}\left(E_x^{*q}\Big|_{i,j,k+1}-E_x^{*q}\Big|_{i-1,j,k+1}-E_x^{*q}\Big|_{i,j,k}+E_x^{*q}\Big|_{i-1,j,k}\right)+\\
&\frac{2}{s\varepsilon\Delta x}\left(H_y^{q-1}\Big|_{i,j,k}-H_y^{q-1}\Big|_{i-1,j,k}\right)-2\,\frac{2}{s\varepsilon\Delta x}\sum_{k=0,q>0}^{q-1}\left(H_y^k\Big|_{i,j,k}-H_y^k\Big|_{i-1,j,k}\right)
\end{aligned}
\tag{4.34}
$$

式(4.29)～式(4.34)是 6 个三对角矩阵方程，可以用追赶法高效求解。

4.2.2 Gauss-Seidel 迭代算法

三维拉盖尔基高效 FDTD 算法的迭代算法在第二章已经给出，将迭代算法的基本方程重写为

$$(1-abD_z^2)E_{x,m+1}^{*q}=-abD_zD_xE_{z,m}^q+aD_yH_{z,m}^q+2aD_z\sum_{k=0,q>0}^{q-1}H_y^k-2\sum_{k=0,q>0}^{q-1}E_x^k-aJ_x^q \tag{4.35}$$

$$(1-abD_x^2)E_{y,m+1}^{*q}=-abD_xD_yE_{x,m}^q+aD_zH_{x,m}^q+2aD_x\sum_{k=0,q>0}^{q-1}H_z^k-2\sum_{k=0,q>0}^{q-1}E_y^k-aJ_y^q \tag{4.36}$$

$$(1-abD_y^2)E_{z,m+1}^{*q}=-abD_yD_zE_{y,m}^q+aD_xH_{y,m}^q+2aD_y\sum_{k=0,q>0}^{q-1}H_x^k-2\sum_{k=0,q>0}^{q-1}E_z^k-aJ_z^q \tag{4.37}$$

$$(1-abD_y^2)E_{x,m+1}^{q}=E_{x,m+1}^{*q}-abD_yD_xE_{y,m+1}^{*q}-aD_yH_{z,m}^q-2aD_y\sum_{k=0,q>0}^{q-1}H_z^k \tag{4.38}$$

$$(1-abD_z^2)E_{y,m+1}^{q}=E_{y,m+1}^{*q}-abD_zD_yE_{z,m+1}^{*q}-aD_zH_{x,m}^q-2aD_z\sum_{k=0,q>0}^{q-1}H_x^k \tag{4.39}$$

$$(1-abD_x^2)E_{z,m+1}^{q}=E_{z,m+1}^{*q}-abD_xD_zE_{x,m+1}^{*q}-aD_xH_{y,m}^q-2aD_x\sum_{k=0,q>0}^{q-1}H_y^k \tag{4.40}$$

为了提高迭代算法的收敛速度，在迭代算法中引入 Gauss-Seidel 迭代思想，即将式(4.36)右边的 $E_{x,m}^q$ 用式(4.35)已经求出的 $E_{x,m+1}^{*q}$ 代替，将式(4.37)右边的 $E_{y,m}^q$ 用式(4.36)已经求出的 $E_{y,m+1}^{*q}$ 代替，得

$$(1-abD_x^2)E_{y,m+1}^{*q}=-abD_xD_yE_{x,m+1}^{*q}+aD_zH_{x,m}^q+2aD_x\sum_{k=0,q>0}^{q-1}H_z^k-2\sum_{k=0,q>0}^{q-1}E_y^k-aJ_y^q \tag{4.41}$$

$$(1-abD_y^2)E_{z,m+1}^{*q}=-abD_yD_zE_{y,m+1}^{*q}+aD_xH_{y,m}^q+2aD_y\sum_{k=0,q>0}^{q-1}H_x^k-2\sum_{k=0,q>0}^{q-1}E_z^k-aJ_z^q \tag{4.42}$$

其他方程不变。用中心差分法近似式(4.41)和式(4.42)中的微分算子，得到基于 Gauss-Seidel 法的迭代算法差分方程

$$-\frac{2}{s\varepsilon\Delta x}\frac{2}{s\mu\Delta x}E^{*q}_{y,m+1}\Big|_{i-1,j,k}+\left(1+2\frac{2}{s\varepsilon\Delta x}\frac{2}{s\mu\Delta x}\right)E^{*q}_{y,m+1}\Big|_{i,j,k}-\frac{2}{s\varepsilon\Delta x}\frac{2}{s\mu\Delta x}E^{*q}_{y,m+1}\Big|_{i+1,j,k}$$
$$=-\frac{2}{s\varepsilon\Delta x}\frac{2}{s\mu\Delta y}\left(E^{*q}_{x,m+1}\Big|_{i,j+1,k}-E^{*q}_{x,m+1}\Big|_{i-1,j+1,k}-E^{*q}_{x,m+1}\Big|_{i,j,k}+E^{*q}_{x,m+1}\Big|_{i-1,j,k}\right)+\frac{2}{s\varepsilon\Delta z}\left(H^{q}_{x,m}\Big|_{i,j,k}-H^{q}_{x,m}\Big|_{i,j,k-1}\right)+$$
$$2\frac{2}{s\varepsilon\Delta x}\sum_{k=0,q>0}^{q-1}\left(H^{k}_{z}\Big|_{i,j,k}-H^{k}_{z}\Big|_{i-1,j,k}\right)-2\sum_{k=0,q>0}^{q-1}E^{k}_{y}\Big|_{i,j,k}-\frac{2}{s\varepsilon}J^{q}_{y}\Big|_{i,j,k} \tag{4.43}$$

$$-\frac{2}{s\varepsilon\Delta y}\frac{2}{s\mu\Delta y}E^{*q}_{z,m+1}\Big|_{i,j-1,k}+\left(1+2\frac{2}{s\varepsilon\Delta y}\frac{2}{s\mu\Delta y}\right)E^{*q}_{z,m+1}\Big|_{i,j,k}-\frac{2}{s\varepsilon\Delta y}\frac{2}{s\mu\Delta y}E^{*q}_{z,m+1}\Big|_{i,j+1,k}$$
$$=-\frac{2}{s\varepsilon\Delta y}\frac{2}{s\mu\Delta z}\left(E^{*q}_{y,m+1}\Big|_{i,j,k+1}-E^{*q}_{y,m+1}\Big|_{i,j-1,k+1}-E^{*q}_{y,m+1}\Big|_{i,j,k}+E^{*q}_{y,m+1}\Big|_{i,j-1,k}\right)+\frac{2}{s\varepsilon\Delta x}\left(H^{q}_{y,m}\Big|_{i,j,k}-H^{q}_{y,m}\Big|_{i-1,j,k}\right)+$$
$$2\frac{2}{s\varepsilon\Delta y}\sum_{k=0,q>0}^{q-1}\left(H^{k}_{x}\Big|_{i,j,k}-H^{k}_{x}\Big|_{i,j-1,k}\right)-2\sum_{k=0,q>0}^{q-1}E^{k}_{z}\Big|_{i,j,k}-\frac{2}{s\varepsilon}J^{q}_{z}\Big|_{i,j,k} \tag{4.44}$$

对基于新高阶项的拉盖尔基高效 FDTD 算法的基本方程式(4.20)～式(4.28)也可以可以运用 Gauss-Seidel 迭代思想，即将式(4.21)右边的 E_x^{q-1} 用式(4.20)已经求出的 $-E_x^{*q}$ 代替，将式(4.22)右边的 E_y^{q-1} 用式(4.21)已经求出的 $-E_y^{*q}$ 代替，得

$$(1-abD_x^2)E_y^{*q}=-abD_xD_yE_x^{*q}-aD_zH_x^{q-1}+2aD_x\sum_{k=0,q>0}^{q-1}H_z^k-2\sum_{k=0,q>0}^{q-1}E_y^k-aJ_y^q \tag{4.45}$$

$$(1-abD_y{}^2)E_z^{*q}=-abD_yD_zE_y^{*q}-aD_xH_y^{q-1}+2aD_y\sum_{k=0,q>0}^{q-1}H_x^k-2\sum_{k=0,q>0}^{q-1}E_z^k-aJ_z^q \tag{4.46}$$

式(4.45)和式(4.46)的空间差分方程为

$$\begin{aligned}&-\frac{2}{s\varepsilon\Delta x}\frac{2}{s\mu\Delta x}E_y^{*q}\Big|_{i-1,j,k}+\Big(1+2\frac{2}{s\varepsilon\Delta x}\frac{2}{s\mu\Delta x}\Big)E_y^{*q}\Big|_{i,j,k}-\frac{2}{s\varepsilon\Delta x}\frac{2}{s\mu\Delta x}E_y^{*q}\Big|_{i+1,j,k}\\&=-\frac{2}{s\varepsilon\Delta x}\frac{2}{s\mu\Delta y}\big(E_x^{*q}\big|_{i,j+1,k}-E_x^{*q}\big|_{i-1,j+1,k}-E_x^{*q}\big|_{i,j,k}+E_x^{*q}\big|_{i-1,j,k}\big)-\\&\frac{2}{s\varepsilon\Delta z}\big(H_x^{q-1}\big|_{i,j,k}-H_x^{q-1}\big|_{i,j,k-1}\big)+2\frac{2}{s\varepsilon\Delta x}\sum_{k=0,q>0}^{q-1}\big(H_z^k\big|_{i,j,k}-H_z^k\big|_{i-1,j,k}\big)-\\&2\sum_{k=0,q>0}^{q-1}E_y^k\big|_{i,j,k}-\frac{2}{s\varepsilon}J_y^q\big|_{i,j,k}\end{aligned} \tag{4.47}$$

$$\begin{aligned}&-\frac{2}{s\varepsilon\Delta y}\frac{2}{s\mu\Delta y}E_z^{*q}\Big|_{i,j-1,k}+\Big(1+2\frac{2}{s\varepsilon\Delta y}\frac{2}{s\mu\Delta y}\Big)E_z^{*q}\Big|_{i,j,k}-\frac{2}{s\varepsilon\Delta y}\frac{2}{s\mu\Delta y}E_z^{*q}\Big|_{i,j+1,k}\\&=\frac{2}{s\varepsilon\Delta y}\frac{2}{s\mu\Delta z}\big(E_y^{*q}\big|_{i,j,k+1}-E_y^{*q}\big|_{i,j-1,k+1}-E_y^{*q}\big|_{i,j,k}+E_y^{*q}\big|_{i,j-1,k}\big)\\&-\frac{2}{s\varepsilon\Delta x}\big(H_y^{q-1}\big|_{i,j,k}-H_y^{q-1}\big|_{i-1,j,k}\big)+2\frac{2}{s\varepsilon\Delta y}\sum_{k=0,q>0}^{q-1}\big(H_x^k\big|_{i,j,k}-H_x^k\big|_{i,j-1,k}\big)-\\&2\sum_{k=0,q>0}^{q-1}E_z^k\big|_{i,j,k}-\frac{2}{s\varepsilon}J_z^q\big|_{i,j,k}\end{aligned} \tag{4.48}$$

其他空间差分方程不变。

4.3 算法实例

以不连续微带线为例[14]，微带线的结构和尺寸如图 4.1 所示，其中两个接地板之间的距离为 2.4 mm，导带的宽度为 1.2 mm，采用 Mur 一阶吸收边界条件[15]进行截断。整个计算空间划分为 $6\Delta x\times54\Delta y\times76\Delta z$ 个网格，其中

$\Delta x=0.4$ mm，$\Delta y=0.2$ mm。z 方向上在窄缝处采用网格扩展，其中最小网格为 $\Delta z_{\min}=0.00626$ mm，窄缝处设置 4 个网格点。采用如下形式的高斯脉冲作为激励源：

$$E_x(t)=-\exp\left(-\left(\frac{t-t_c}{t_d}\right)^2\right) \tag{4.49}$$

式中：$T_d=6$ ps、$T_c=3T_d$，选取计算总时长为 $T_f=0.8$ ns。对于传统 FDTD 算法，根据 CFL 条件要求，设置仿真时间步长 $\Delta t_{FDTD}=40$ fs。对于 ADI-FDTD 算法，设置稳定性因子 $CFLN=\Delta t_{ADI}/\Delta t_{ADI}=10$。对于 Z. Chen 的三维高效算法[4]和本书提出的新三维高效算法，选取 $\Delta t_{WLP}=40$ ps 进行激励源的展开，并选取拉盖尔基最高展开阶数 $q=80$，时间标度因子 $s=7\times10^{11}$。

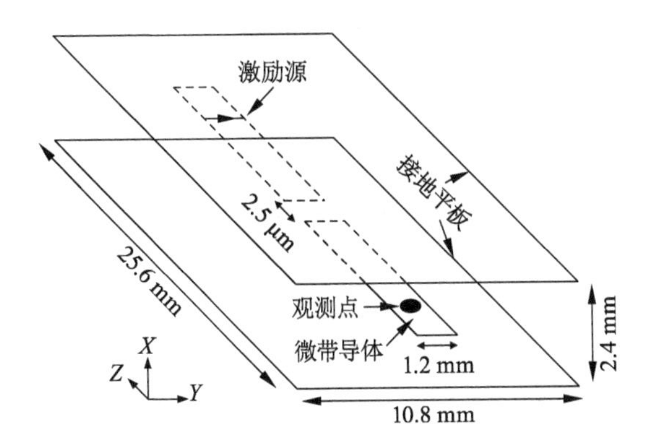

图 4.1　带有窄缝的微带线结构示意图

4.3.1　新高效算法的效率和精度

图 4.2 和图 4.3 给出了观察点处采用不同的方法得到的电场分量 E_x 的时域波形。其中图 4.2 分别采用了传统的 FDTD 方法和本书提出的基于新高阶项的拉盖尔基高效 FDTD 算法，可以看出本书提出的高效 FDTD 算法只需要经过三次迭代就能得到比较精确的结果，其计算时间为 5.09 s，占用的内存为 2.81 M。图 4.3 采用的是 Z. Chen 的高效 FDTD 算法[4]，经过 7 次迭代后仍然无法收敛，其计算时间为 16.05 s，占用的内存为 2.81 M。由此可见，基于新高阶项的高效算法收敛速度明显高于 Z. Chen 的高效算法，而消耗的内存完全一样。

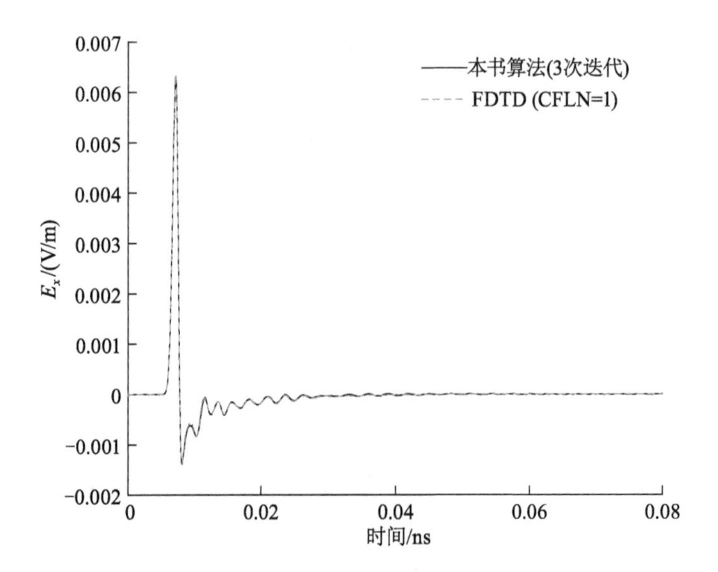

图 4.2　观察点处 E_x 的波形图(新高效算法 3 次迭代即可收敛)

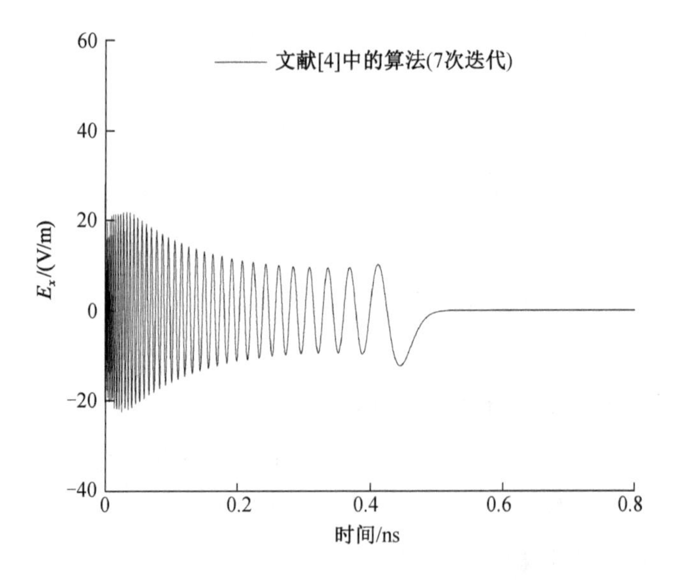

图 4.3　观察点处 E_x 的波形图(Z. Chen 等的方法迭代 7 次仍然无法收敛)

从计算精度来看,新的高效算法可以用更少的迭代次数,达到比 Z. Chen 的高效算法[4]更高的精度。图 4.4 为观察点处采用 4 种不同的方法得到的电场分量 E_x 的时域波形,其中 N_s 表示整体迭代次数,N_t 表示局部迭代次数,局部迭代的范围为导带不连续点附近的 4×10×46 个网格。可以看出，基于新高阶项的高效算法经过 3 次整体迭代和 5 次局部迭代，波形就可以与传统 FDTD 算法吻合得很好。为了进一步比较各算法的计算精度，定义相对误差为

$$E_{x,\mathrm{error}} = \left| E_x - E_{x,\mathrm{FDTD}} \right| \tag{4.53}$$

式中：$E_{x,\mathrm{FDTD}}$是用传统 FDTD 算法计算的结果。图 4.5 给出了观察点处的电场分量 E_x 的相对计算误差，可以看出基于新高阶项的高效 FDTD 算法的计算精度高于 Z. Chen 的高效算法[4]和稳定性因子 $CFLN=10$ 的 ADI-FDTD 算法的计算精度。而在计算效率上，新的高效算法比 Z. Chen 的高效算法使用的迭代次数更少。另外，新的高效算法还可以通过增加局部迭代的次数提高精度。图 4.6 给出了整体迭代次数为 3 次，局部迭代次数分别为 1,3,5,7,9 次时，观察点处的电场分量 E_x 的相对误差。可以看出随着局部迭代次数的增加，基于新高阶项的高效 FDTD 算法的计算误差越来越小，精度越来越高。

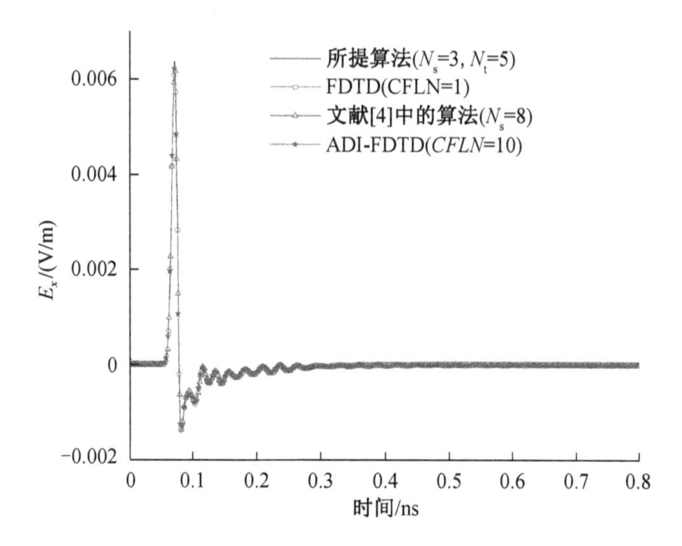

图 4.4　观察点处 E_x 的波形

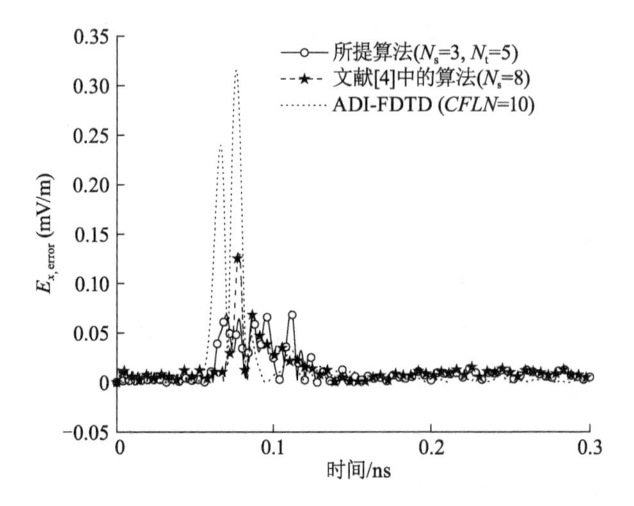

图 4.5　观察点处求出的 E_x 的相对误差的绝对值

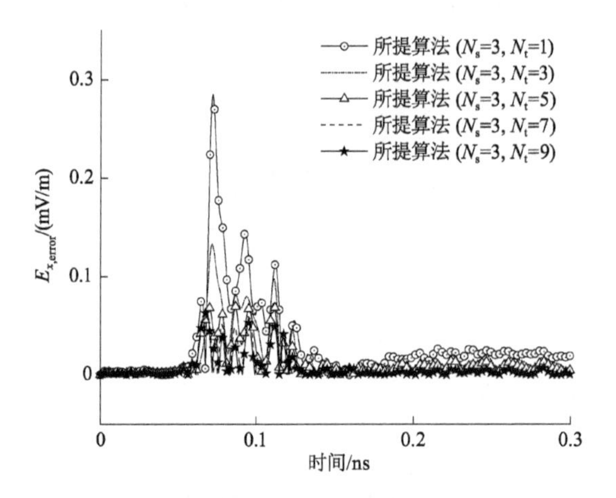

图 4.6　观察点处 E_x 的相对误差随迭代次数而变化

表 4.1 给出了不同计算方案消耗的计算机资源。从表中可以看出新的高效算法经过 3 次整体迭代、5 次局部迭代时，计算时间仅为 6.21 s，比 Z. Chen 的高效算法[4]经过 8 次迭代以后的精度更高，而计算时间减少了约 65.6%，占用的内存基本不变。随着局部迭代次数的增加，新高效算法的计算时间有所增加，但此时计算精度也相应地提高了。

表 4.1　不同算法消耗的计算资源

算法	Δt	步数/阶数	计算时间/s	内存消耗/MB
FDTD	40 fs	20 000	78.25	1.98
ADI-FDTD	10×40 fs	2000	58.14	2.37
文献[4]的算法($N_s=8$)	40 ps	81	18.06	2.81
本书所提算法($N_s=3,N_t=1$)	40 ps	81	5.45	2.82
本书所提算法($N_s=3,N_t=3$)	40 ps	81	5.84	2.82
本书所提算法($N_s=3,N_t=5$)	40 ps	81	6.21	2.82
本书所提算法($N_s=3,N_t=7$)	40 ps	81	6.59	2.82
本书所提算法($N_s=3,N_t=9$)	40 ps	81	6.97	2.82

4.3.2　新高阶项和 Gauss-Seidel 迭代法的作用研究

需要指出的是,本书提出的新拉盖尔基高效 FDTD 算法在效率上的提高是新高阶项和 Gauss-Seide 迭代法共同作用的结果。仅使用新高阶项虽然可以加快收敛速度,但精度达不到要求;而仅使用 Gauss-Seide 迭代法无法去除高频部分的误差,且收敛速度较慢。为了验证新高阶项和 Gauss-Seide 迭代法的作用,本节分别进行以下两组数值实验:一组是不使用新高阶项,仅使用 Gauss-Seide 迭代法;另一组是仅使用新高阶项,不使用 Gauss-Seide 迭代法。

图 4.7 给出了不使用新高阶项、仅使用 Gauss-Seide 迭代法时,算法经过 12 次整体迭代,波形仍无法收敛。这主要是因为原高阶项 $\boldsymbol{AB}(\boldsymbol{W}^{q}-\boldsymbol{V}^{q-1})$ 引入的高频误差没有被消除掉,单独使用 Gauss-Seide 迭代法效果不佳。

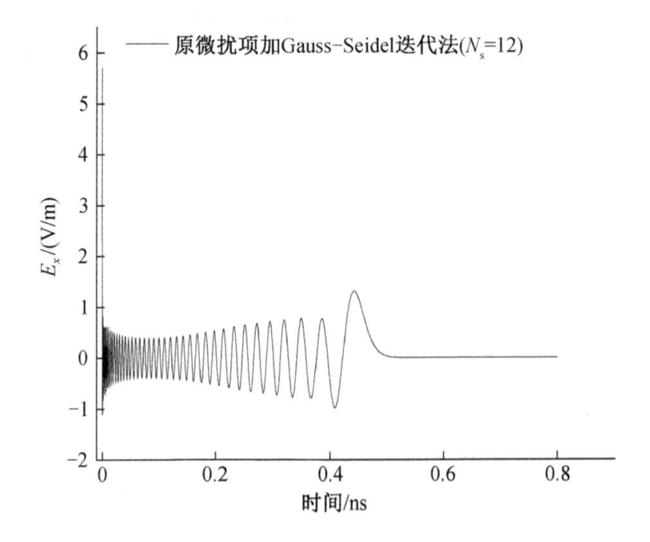

图 4.7 观察点处的电场分量 E_x 的时域波形(12 次整体迭代不收敛)

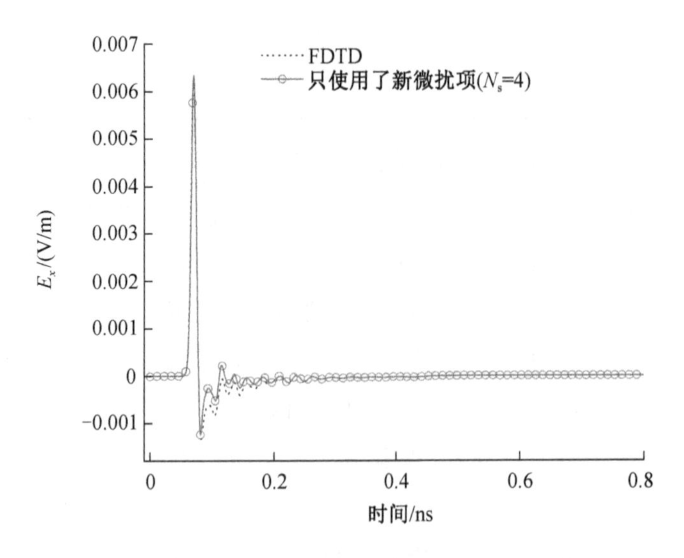

图 4.8 观察点处的电场分量 E_x 的波形(4 次整体迭代收敛)

图 4.8 给出了仅使用新高阶项 $\boldsymbol{AB}(\boldsymbol{W}^{q}+\boldsymbol{W}^{q-1})$、不使用 Gauss-Seide 迭代法时，电场分量 E_x 经过 4 次整体迭代就可以收敛，但精度达不到要求。图 4.9 给出了采用不同计算方法时，电场分量 E_x 的相对误差。从图中可以看出，仅使用新高阶项时，电场分量 E_x 经过 8 次整体迭代的相对误差仍大于 Z. Chen 的高效 FDTD 算法[4]。这主要是因为新高阶项可以较好地消除

高频部分引起的误差，但对低频部分引起的误差消除效果较差。因此本章提出的新高效算法在效率上的提高是新高阶项和 Gauss-Seide 迭代法共同作用的结果，二者单独使用效果不佳。

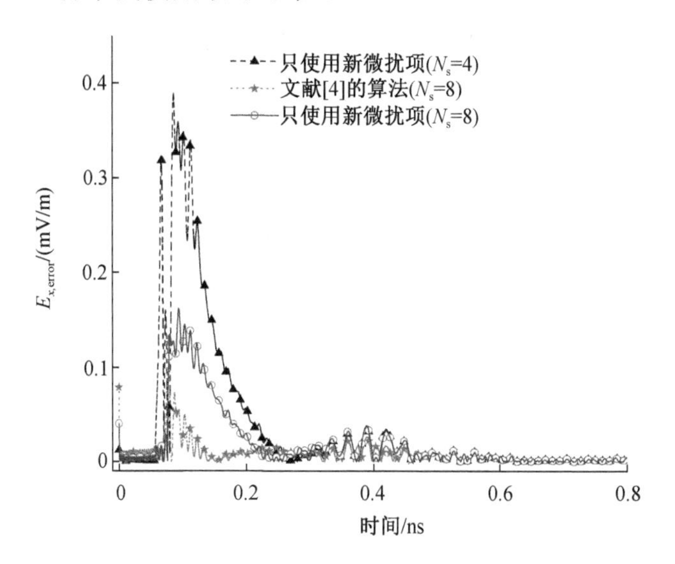

图 4.9　观察点处求出的 E_x 相对误差对比

4.4　参数 s 和 q 的选择

在拉盖尔基 FDTD 算法中，时间标度因子 s 和最高展开阶数 q 的选择对数值计算的精度有较大的影响，但对如何选取最优的参数仍然没有统一的结论[16,17]。本节对参数 s 和 q 的选取大都参照文献[16]的方法。

对于任一时间函数，可以用拉盖尔基展开为

$$f(t) = \sum_{k=0}^{\infty} c_k \varphi_k(st) \tag{4.51}$$

但数值计算只能取有限阶数 q

$$f(t) \approx \sum_{k=0}^{q} c_k \varphi_k(st) \tag{4.52}$$

则可以把误差 ε_q^2 定义为

$$\varepsilon_q^2 = \frac{1}{\| f \|^2} \int_0^{\infty} \left(f(t) - \sum_{k=0}^{q} c_k \varphi_k(st)\right)^2 \mathrm{d}t = \frac{1}{s \| f \|^2} \sum_{i=q+1}^{\infty} c_k^2 \tag{4.53}$$

其中 $\| f \|^2 = \int_0^\infty f^2(t)\mathrm{d}t = (1/s)\sum_{k=0}^{\infty} c_k^2$。

若定义：

$$m_1 = \frac{1}{\| f \|^2}\int_0^\infty tf^2(t)\mathrm{d}t \tag{4.54}$$

$$m_2 = \frac{1}{\| f \|^2}\int_0^\infty t\left(\frac{\mathrm{d}}{\mathrm{d}t}f(t)\right)^2\mathrm{d}t \tag{4.55}$$

则对于任一属于下列集合的函数

$$C = \left\{f: \frac{1}{\| f \|^2}\int_0^\infty tf^2(t)\mathrm{d}t = m_1, \frac{1}{\| f \|^2}\int_0^\infty t\left(\frac{\mathrm{d}}{\mathrm{d}t}f(t)\right)^2\mathrm{d}t = m_2\right\} \tag{4.56}$$

有

$$\max_{f\in C} \varepsilon_q^2 \leqslant \frac{s^2 m_1 + 4m_2 - 2s}{4sq} \tag{4.57}$$

式(4.57)给出了误差 ε_q^2 的一个上限值，且是一个最小上限值[16]。这个最小上限值是时间标度因子 s 和展开的最高展开阶数 q 的函数。减小这个最小上限值的方法有两种：一种是增大最高展开阶数 q，另一种是选择合适的 s 减小误差 ${\varepsilon_q}^2$。根据求导法，可以得到最佳时间标度因子[16]为

$$s_{\mathrm{opt}} = \sqrt{\frac{4m_2}{m_1}} \tag{4.58}$$

这个最佳时间标度因子是在最小化误差上限的意义下的取得的，而不是使得误差最小，但却仍然有重要的意义。对于任一给定函数，一般可以在 $s_{\mathrm{opt}}/5 \leqslant s \leqslant 5s_{\mathrm{opt}}$ 区间内取值，具体情况还需考虑所用算法和散射体结构参数等。

4.4.1 高斯脉冲源

对于 4.4 节的高斯脉冲源

$$E_x(t) = -\exp\left(-\left(\frac{t-t_{\mathrm{c}}}{t_{\mathrm{d}}}\right)^2\right) \tag{4.59}$$

有

$$m_1 = 1.800\,0 \times 10^{-11} \tag{4.60}$$

$$m_2=5.0000\times10^{11} \tag{4.61}$$

可以求出最佳时间标度因子为

$$s_{\text{opt}}=\sqrt{\frac{4m_2}{m_1}}=3.3333\times10^{11} \tag{4.62}$$

图 4.10 给出了选择不同时间标度因子 s 时误差 $\varepsilon_q{}^2$ 随最高展开阶数 q 的变化。其中标识为 Least upper bound 的曲线是 $s=s_{\text{opt}}$时函数集的最小误差上限。可以看出，4.4 节取 $s=7\times10^{11}$ 和 $q=80$ 是合理的。

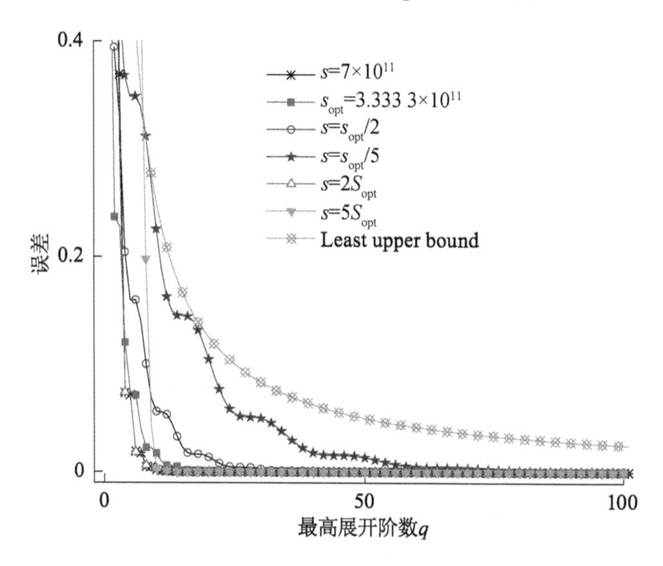

图 4.10　选择不同时间标度因子时误差随最高展开阶数的变化

4.4.2　微分高斯脉冲源

对于微分高斯脉冲源

$$E_x(t)=-\left(\frac{t-t_c}{t_d}\right)\exp\left(-\left(\frac{t-t_c}{t_d}\right)^2\right) \tag{4.63}$$

式中参数不变，有

$$m_1=1.8000\times10^{-11} \tag{4.64}$$

$$m_2=1.5000\times10^{12} \tag{4.65}$$

可以求出最佳时间标度因子为

$$s_{\text{opt}}=\sqrt{\frac{4m_2}{m_1}}=5.7735\times10^{11} \tag{4.66}$$

图 4.11 给出了选择不同时间标度因子 s 时误差 ε_q^2 随最高展开阶数 q 的变化情况。与高斯脉冲情况不同的是，对于微分高斯脉冲 s 太大会使得高阶拉盖尔基展开系数产生较大的误差。

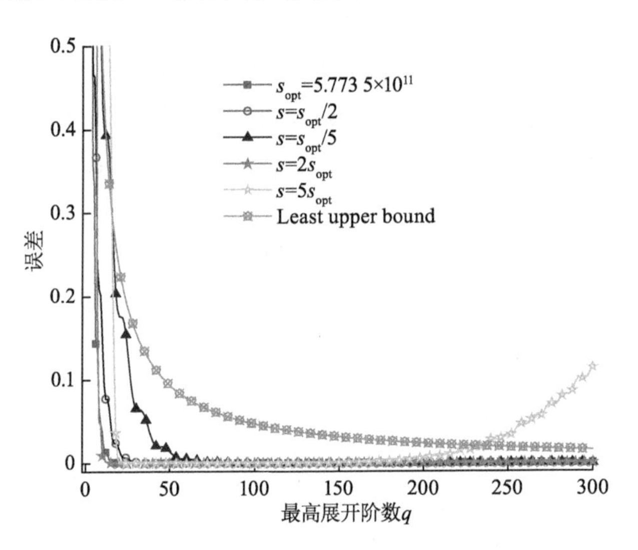

图 4.11 选择不同时间标度因子时误差随最高展开阶数的变化

4.4.3 正弦调制高斯脉冲源

对于正弦调制微分高斯脉冲源

$$E_x(t)=-\sin\left(\frac{\pi(x-t_c)}{t_d}\right)\exp\left(-\left(\frac{t-t_c}{t_d}\right)^2\right) \tag{4.67}$$

式中参数不变，有

$$m_1=1.800\ 0\times10^{-11} \tag{4.68}$$

$$m_2=5.470\ 5\times10^{12} \tag{4.69}$$

可以求出最佳时间标度因子为

$$s_{\text{opt}}=\sqrt{\frac{4m_2}{m_1}}=1.102\ 6\times10^{12} \tag{4.70}$$

图 4.12 给出了选择不同时间标度因子 s 时误差 ε_q^2 与最高展开阶数 q 的关系。与微分高斯脉冲的情况相同，对于正弦调制微分高斯脉冲，s 太大会使得高阶拉盖尔基展开系数产生较大的误差。

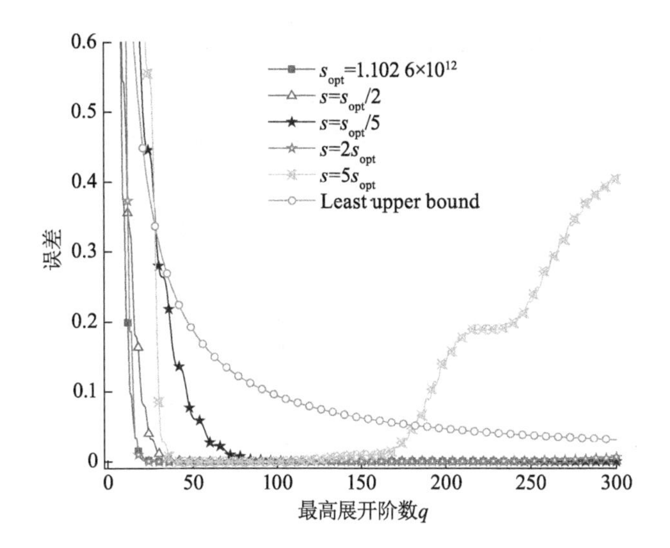

图 4.12　选择不同时间标度因子时误差随最高展开阶数的变化

4.5　基于新高阶项的高效 PML 吸收边界条件

4.3 节提出的基于新高阶项拉盖尔基高效 FDTD 算法采用的是 Mur 一阶吸收边界条件进行截断。虽然 Mur 一阶吸收边界条件简单方便，但反射误差却不能忽略。本节将 Berenger 分裂场 PML 推导到高效算法，提出了基于新高阶项的高效 PML 吸收边界条件。另一方面，解放军理工大学的 Y. T. Duan 等[5]、美国的 A. Taflove 等[6]、南京邮电大学的 Z. Chen 等[7]也曾提出过类似的三对角方程形式的高效 PML 吸收边界条件。本节比较了这些 PML 与本书所提出的吸收边界条件的差异。

4.5.1　基于新高阶项的高效 PML 吸收边界条件

Berenger 分裂场 PML 吸收边界条件的三维时域方程[18]为

$$\frac{\partial E_{xy}}{\partial t}+\frac{\sigma_y}{\varepsilon_0}E_{xy}=\frac{1}{\varepsilon_0}\frac{\partial H_z}{\partial y},\frac{\partial E_{xz}}{\partial t}+\frac{\sigma_z}{\varepsilon_0}E_{xz}=-\frac{1}{\varepsilon_0}\frac{\partial H_y}{\partial z} \tag{4.71}$$

$$\frac{\partial E_{yz}}{\partial t}+\frac{\sigma_z}{\varepsilon_0}E_{yz}=\frac{1}{\varepsilon_0}\frac{\partial H_x}{\partial z},\frac{\partial E_{yx}}{\partial t}+\frac{\sigma_x}{\varepsilon_0}E_{yx}=-\frac{1}{\varepsilon_0}\frac{\partial H_z}{\partial x} \tag{4.72}$$

$$\frac{\partial E_{zx}}{\partial t}+\frac{\sigma_x}{\varepsilon_0}E_{zx}=\frac{1}{\varepsilon_0}\ \frac{\partial H_y}{\partial x},\frac{\partial E_{zy}}{\partial t}+\frac{\sigma_y}{\varepsilon_0}E_{zy}=-\frac{1}{\varepsilon_0}\ \frac{\partial H_x}{\partial y} \tag{4.73}$$

$$\frac{\partial H_{xy}}{\partial t}+\frac{\rho_y}{\mu_0}H_{xy}=-\frac{1}{\mu_0}\ \frac{\partial E_z}{\partial y},\frac{\partial H_{xz}}{\partial t}+\frac{\rho_z}{\mu_0}H_{xz}=\frac{1}{\mu_0}\ \frac{\partial E_y}{\partial z} \tag{4.74}$$

$$\frac{\partial H_{yz}}{\partial t}+\frac{\rho_z}{\mu_0}H_{yz}=-\frac{1}{\mu_0}\ \frac{\partial E_x}{\partial z},\frac{\partial H_{yx}}{\partial t}+\frac{\rho_x}{\mu_0}H_{yx}=\frac{1}{\mu_0}\ \frac{\partial E_z}{\partial x} \tag{4.75}$$

$$\frac{\partial H_{zx}}{\partial t}+\frac{\rho_x}{\mu_0}H_{zx}=-\frac{1}{\mu_0}\ \frac{\partial E_y}{\partial x},\frac{\partial H_{zy}}{\partial t}+\frac{\rho_y}{\mu_0}H_{zy}=\frac{1}{\mu_0}\ \frac{\partial E_x}{\partial y} \tag{4.76}$$

式中:σ_x、σ_y、σ_z 和 ρ_x、ρ_y、ρ_z 分别为 PML 材料中的电导率和磁导率。用拉盖尔基展开式(4.71)~式(4.76)中的各个场分量得到

$$E_{xy}(\boldsymbol{r},t)=\sum_{p=0}^{\infty}E_{xy}^{p}(\boldsymbol{r})\varphi_p(st),E_{xz}(\boldsymbol{r},t)=\sum_{p=0}^{\infty}E_{xz}^{p}(\boldsymbol{r})\varphi_p(st) \tag{4.77}$$

$$E_{yz}(\boldsymbol{r},t)=\sum_{p=0}^{\infty}E_{yz}^{p}(\boldsymbol{r})\varphi_p(st),E_{yx}(\boldsymbol{r},t)=\sum_{p=0}^{\infty}E_{yx}^{p}(\boldsymbol{r})\varphi_p(st) \tag{4.78}$$

$$E_{zx}(\boldsymbol{r},t)=\sum_{p=0}^{\infty}E_{zx}^{p}(\boldsymbol{r})\varphi_p(st),E_{zy}(\boldsymbol{r},t)=\sum_{p=0}^{\infty}E_{zy}^{p}(\boldsymbol{r})\varphi_p(st) \tag{4.79}$$

$$H_{xy}(\boldsymbol{r},t)=\sum_{p=0}^{\infty}H_{xy}^{p}(\boldsymbol{r})\varphi_p(st),H_{xz}(\boldsymbol{r},t)=\sum_{p=0}^{\infty}H_{xz}^{p}(\boldsymbol{r})\varphi_p(st) \tag{4.80}$$

$$H_{yz}(\boldsymbol{r},t)=\sum_{p=0}^{\infty}H_{yz}^{p}(\boldsymbol{r})\varphi_p(st),H_{yx}(\boldsymbol{r},t)=\sum_{p=0}^{\infty}H_{yx}^{p}(\boldsymbol{r})\varphi_p(st) \tag{4.81}$$

$$H_{zx}(\boldsymbol{r},t)=\sum_{p=0}^{\infty}H_{zx}^{p}(\boldsymbol{r})\varphi_p(st),H_{zy}(\boldsymbol{r},t)=\sum_{p=0}^{\infty}H_{zy}^{p}(\boldsymbol{r})\varphi_p(st) \tag{4.82}$$

将式(4.77)~式(4.82)代入式(4.71)~式(4.76),并利用 Galerkin 法消去时间项 $\varphi_p(st)$,得

$$E_{xy}^{q}(\boldsymbol{r})=\left(1+\frac{2\sigma_y(r)}{s\varepsilon_0}\right)^{-1}\left(\frac{2}{s\varepsilon_0}D_yH_z^{q}(\boldsymbol{r})-2\sum_{k=0,q>0}^{q-1}E_{xy}^{k}(\boldsymbol{r})\right) \tag{4.83}$$

$$E_{xz}^{q}(\boldsymbol{r})=\left(1+\frac{2\sigma_z(r)}{s\varepsilon_0}\right)^{-1}\left(-\frac{2}{s\varepsilon_0}D_zH_y^{q}(\boldsymbol{r})-2\sum_{k=0,q>0}^{q-1}E_{xz}^{k}(\boldsymbol{r})\right) \tag{4.84}$$

$$E_{yz}^{q}(\boldsymbol{r})=\left(1+\frac{2\sigma_z(r)}{s\varepsilon_0}\right)^{-1}\left(\frac{2}{s\varepsilon_0}D_zH_x^{q}(\boldsymbol{r})-2\sum_{k=0,q>0}^{q-1}E_{yz}^{k}(\boldsymbol{r})\right) \tag{4.85}$$

$$E_{yx}^{q}(\boldsymbol{r})=\left(1+\frac{2\sigma_x(r)}{s\varepsilon_0}\right)^{-1}\left(-\frac{2}{s\varepsilon_0}D_xH_z^{q}(\boldsymbol{r})-2\sum_{k=0,q>0}^{q-1}E_{yx}^{k}(\boldsymbol{r})\right) \tag{4.86}$$

$$E_{zx}^{q}(\boldsymbol{r}) = \left(1+\frac{2\sigma_x(r)}{s\varepsilon_0}\right)^{-1}\left(\frac{2}{s\varepsilon_0}D_x H_y^q(\boldsymbol{r}) - 2\sum_{k=0,q>0}^{q-1} E_{zx}^{k}(\boldsymbol{r})\right) \tag{4.87}$$

$$E_{zy}^{q}(\boldsymbol{r}) = \left(1+\frac{2\sigma_y(r)}{s\varepsilon_0}\right)^{-1}\left(-\frac{2}{s\varepsilon_0}D_y H_x^q(\boldsymbol{r}) - 2\sum_{k=0,q>0}^{q-1} E_{zy}^{k}(\boldsymbol{r})\right) \tag{4.88}$$

$$H_{xy}^{q}(\boldsymbol{r}) = \left(1+\frac{2\rho_y(r)}{s\mu_0}\right)^{-1}\left(-\frac{2}{s\mu_0}D_y E_z^q(\boldsymbol{r}) - 2\sum_{k=0,q>0}^{q-1} H_{xy}^{k}(\boldsymbol{r})\right) \tag{4.89}$$

$$H_{xz}^{q}(\boldsymbol{r}) = \left(1+\frac{2\rho_z(r)}{s\mu_0}\right)^{-1}\left(\frac{2}{s\mu_0}D_z E_y^q(\boldsymbol{r}) - 2\sum_{k=0,q>0}^{q-1} H_{xz}^{k}(\boldsymbol{r})\right) \tag{4.90}$$

$$H_{yz}^{q}(\boldsymbol{r}) = \left(1+\frac{2\rho_z(r)}{s\mu_0}\right)^{-1}\left(-\frac{2}{s\mu_0}D_z E_x^q(\boldsymbol{r}) - 2\sum_{k=0,q>0}^{q-1} H_{yz}^{k}(\boldsymbol{r})\right) \tag{4.91}$$

$$H_{yx}^{q}(\boldsymbol{r}) = \left(1+\frac{2\rho_x(r)}{s\mu_0}\right)^{-1}\left(\frac{2}{s\mu_0}D_x E_z^q(\boldsymbol{r}) - 2\sum_{k=0,q>0}^{q-1} H_{yx}^{k}(\boldsymbol{r})\right) \tag{4.92}$$

$$H_{zx}^{q}(\boldsymbol{r}) = \left(1+\frac{2\rho_x(r)}{s\mu_0}\right)^{-1}\left(-\frac{2}{s\mu_0}D_x E_y^q(\boldsymbol{r}) - 2\sum_{k=0,q>0}^{q-1} H_{zx}^{k}(\boldsymbol{r})\right) \tag{4.93}$$

$$H_{zy}^{q}(\boldsymbol{r}) = \left(1+\frac{2\rho_y(r)}{s\mu_0}\right)^{-1}\left(\frac{2}{s\mu_0}D_y E_x^q(\boldsymbol{r}) - 2\sum_{k=0,q>0}^{q-1} H_{zy}^{k}(\boldsymbol{r})\right) \tag{4.94}$$

定义参数 $a=\dfrac{2}{s\varepsilon_0}$，$b=\dfrac{2}{s\mu_0}$，并令

$$\sigma_x^E(r)=\left(1+\frac{2\sigma_x(r)}{s\varepsilon_0}\right)^{-1},\sigma_y^E(r)=\left(1+\frac{2\sigma_y(r)}{s\varepsilon_0}\right)^{-1},\sigma_z^E(r)=\left(1+\frac{2\sigma_z(r)}{s\varepsilon_0}\right)^{-1} \tag{4.95}$$

$$\sigma_x^H(r)=\left(1+\frac{2\rho_x(r)}{s\mu_0}\right)^{-1},\sigma_y^H(r)=\left(1+\frac{2\rho_y(r)}{s\mu_0}\right)^{-1},\sigma_z^H(r)=\left(1+\frac{2\rho_z(r)}{s\mu_0}\right)^{-1} \tag{4.96}$$

则式(4.83)～式(4.96)可以合并为

$$E_x^q(\boldsymbol{r}) = \sigma_y^E(r)\left(aD_y H_z^q(\boldsymbol{r}) - 2\sum_{k=0,q>0}^{q-1} E_{xy}^{k}(\boldsymbol{r})\right) - \sigma_z^E(r)\left(aD_z H_y^q(\boldsymbol{r}) + 2\sum_{k=0,q>0}^{q-1} E_{xz}^{k}(\boldsymbol{r})\right) \tag{4.97}$$

$$E_y^q(\boldsymbol{r}) = \sigma_z^E(r)\left(aD_z H_x^q(\boldsymbol{r}) - 2\sum_{k=0,q>0}^{q-1} E_{yz}^{k}(\boldsymbol{r})\right) - \sigma_x^E(r)\left(aD_x H_z^q(\boldsymbol{r}) + 2\sum_{k=0,q>0}^{q-1} E_{yx}^{k}(\boldsymbol{r})\right) \tag{4.98}$$

$$E_z^q(\boldsymbol{r})=\sigma_x^E(r)\Big(aD_xH_y^q(\boldsymbol{r})-2\sum_{k=0,q>0}^{q-1}E_{zx}^k(\boldsymbol{r})\Big)-\sigma_y^E(r)\Big(aD_yH_x^q(\boldsymbol{r})+2\sum_{k=0,q>0}^{q-1}E_{zy}^k(\boldsymbol{r})\Big) \tag{4.99}$$

$$H_x^q(\boldsymbol{r})=\sigma_z^H(r)\Big(bD_zE_y^q(\boldsymbol{r})-2\sum_{k=0,q>0}^{q-1}H_{xz}^k(\boldsymbol{r})\Big)-\sigma_y^H(r)\Big(bD_yE_z^q(\boldsymbol{r})+2\sum_{k=0,q>0}^{q-1}H_{xy}^k(\boldsymbol{r})\Big) \tag{4.100}$$

$$H_y^q(\boldsymbol{r})=\sigma_x^H(r)\Big(bD_xE_z^q(\boldsymbol{r})-2\sum_{k=0,q>0}^{q-1}H_{yx}^k(\boldsymbol{r})\Big)-\sigma_z^H(r)\Big(bD_zE_x^q(\boldsymbol{r})+2\sum_{k=0,q>0}^{q-1}H_{yz}^k(\boldsymbol{r})\Big) \tag{4.101}$$

$$H_z^q(\boldsymbol{r})=\sigma_y^H(r)\Big(bD_yE_x^q(\boldsymbol{r})-2\sum_{k=0,q>0}^{q-1}H_{zy}^k(\boldsymbol{r})\Big)-\sigma_x^H(r)\Big(bD_xE_y^q(\boldsymbol{r})+2\sum_{k=0,q>0}^{q-1}H_{zx}^k(\boldsymbol{r})\Big) \tag{4.102}$$

令

$$\boldsymbol{W}_E^q=(E_x^q(\boldsymbol{r})\quad E_y^q(\boldsymbol{r})\quad E_z^q(\boldsymbol{r}))^{\mathrm{T}} \tag{4.103}$$

$$\boldsymbol{W}_H^q=(H_x^q(\boldsymbol{r})\quad H_y^q(\boldsymbol{r})\quad H_z^q(\boldsymbol{r}))^{\mathrm{T}} \tag{4.104}$$

$$\boldsymbol{D}_H=\begin{pmatrix}0 & -\sigma_z^E(\boldsymbol{r})aD_z & \sigma_y^E(\boldsymbol{r})aD_y\\ \sigma_z^E(\boldsymbol{r})aD_z & 0 & -\sigma_x^E(\boldsymbol{r})aD_x\\ -\sigma_y^E(\boldsymbol{r})aD_y & \sigma_x^E(\boldsymbol{r})aD_x & 0\end{pmatrix} \tag{4.105}$$

$$\boldsymbol{D}_E=\begin{pmatrix}0 & \sigma_z^H(\boldsymbol{r})bD_z & -\sigma_y^H(\boldsymbol{r})bD_y\\ -\sigma_z^H(\boldsymbol{r})bD_z & 0 & \sigma_x^H(\boldsymbol{r})bD_x\\ \sigma_y^H(\boldsymbol{r})bD_y & -\sigma_x^H(\boldsymbol{r})bD_x & 0\end{pmatrix} \tag{4.106}$$

$$\boldsymbol{V}_E^{q-1}=\begin{bmatrix}-2\sigma_y^E(r)\sum_{k=0,q>0}^{q-1}E_{xy}^k(\boldsymbol{r})-2\sigma_z^E(r)\sum_{k=0,q>0}^{q-1}E_{xz}^k(\boldsymbol{r})\\ -2\sigma_x^E(r)\sum_{k=0,q>0}^{q-1}E_{yx}^k(\boldsymbol{r})-2\sigma_z^E(\boldsymbol{r})\sum_{k=0,q>0}^{q-1}E_{yz}^k(\boldsymbol{r})\\ -2\sigma_x^E(r)\sum_{k=0,q>0}^{q-1}E_{zx}^k(\boldsymbol{r})-2\sigma_y^E(\boldsymbol{r})\sum_{k=0,q>0}^{q-1}E_{zy}^k(\boldsymbol{r})\end{bmatrix} \tag{4.107}$$

$$\boldsymbol{V}_H^{q-1}=\begin{pmatrix}-2\sigma_y^H(r)\sum\limits_{k=0,q>0}^{q-1}H_{xy}^k(\boldsymbol{r})-2\sigma_z^H(r)\sum\limits_{k=0,q>0}^{q-1}H_{xz}^k(\boldsymbol{r})\\-2\sigma_x^H(r)\sum\limits_{k=0,q>0}^{q-1}H_{yx}^k(\boldsymbol{r})-2\sigma_z^H(r)\sum\limits_{k=0,q>0}^{q-1}H_{yz}^k(\boldsymbol{r})\\-2\sigma_x^H(r)\sum\limits_{k=0,q>0}^{q-1}H_{zx}^k(\boldsymbol{r})-2\sigma_y^H(r)\sum\limits_{k=0,q>0}^{q-1}H_{zy}^k(\boldsymbol{r})\end{pmatrix}\tag{4.108}$$

则式(4.97)～式(4.102)可以写成矩阵形式：

$$\boldsymbol{W}_E^q=\boldsymbol{D}_H\boldsymbol{W}_H^q+\boldsymbol{V}_E^{q-1}\tag{4.109}$$

$$\boldsymbol{W}_H^q=\boldsymbol{D}_E\boldsymbol{W}_E^q+\boldsymbol{V}_H^{q-1}\tag{4.110}$$

进一步合并式(4.109)～式(4.110)得到

$$\begin{pmatrix}\boldsymbol{W}_E^q\\\boldsymbol{W}_H^q\end{pmatrix}=\begin{pmatrix}\boldsymbol{0}&\boldsymbol{D}_H\\\boldsymbol{D}_E&\boldsymbol{0}\end{pmatrix}\begin{pmatrix}\boldsymbol{W}_E^q\\\boldsymbol{W}_H^q\end{pmatrix}+\begin{pmatrix}\boldsymbol{V}_E^{q-1}\\\boldsymbol{V}_H^{q-1}\end{pmatrix}\tag{4.111}$$

再令

$$\boldsymbol{W}^q=\begin{pmatrix}\boldsymbol{W}_E^q\\\boldsymbol{W}_H^q\end{pmatrix},\boldsymbol{V}_{EH}^{q-1}=\begin{pmatrix}\boldsymbol{V}_E^{q-1}\\\boldsymbol{V}_H^{q-1}\end{pmatrix},\boldsymbol{A}+\boldsymbol{B}=\begin{pmatrix}\boldsymbol{0}&\boldsymbol{D}_H\\\boldsymbol{D}_E&\boldsymbol{0}\end{pmatrix}\tag{4.112}$$

则式(4.111)可写为

$$(\boldsymbol{I}-\boldsymbol{A}-\boldsymbol{B})\boldsymbol{W}^q=\boldsymbol{V}_{EH}^{q-1}\tag{4.113}$$

式(4.113)是 Berenger 分裂场 PML 吸收边界条件的矩阵方程。在式(4.113)中引入新的高阶项 $\boldsymbol{AB}(\boldsymbol{W}^q+\boldsymbol{W}^{q-1})$得

$$(\boldsymbol{I}-\boldsymbol{A})(\boldsymbol{I}-\boldsymbol{B})\boldsymbol{W}^q=-\boldsymbol{ABW}^{q-1}+\boldsymbol{V}_{EH}^{q-1}\tag{4.114}$$

式(4.114)可以分解为以下两步算法：

$$(\boldsymbol{I}-\boldsymbol{A})\boldsymbol{W}^{*q}=-\boldsymbol{BW}^{q-1}+\boldsymbol{V}_{EH}^{q-1}\tag{4.115}$$

$$(\boldsymbol{I}-\boldsymbol{B})\boldsymbol{W}^q=\boldsymbol{W}^{*q}+\boldsymbol{BW}^{q-1}\tag{4.116}$$

式中：$\boldsymbol{W}^{*q}=(\boldsymbol{W}_E^{*q}\quad \boldsymbol{W}_H^{*q})^{\mathrm{T}}=(E_x^{*q}\quad E_y^{*q}\quad E_z^{*q}\quad H_x^{*q}\quad H_y^{*q}\quad H_z^{*q})^{\mathrm{T}}$是非物理的中间变量。选择 $\boldsymbol{A}$、$\boldsymbol{B}$ 矩阵如下形式：

$$\boldsymbol{A}=\begin{pmatrix}&\boldsymbol{D}_{Ha}\\\boldsymbol{D}_{Ea}&\end{pmatrix}\tag{4.117}$$

$$\boldsymbol{B}=\begin{pmatrix} & \boldsymbol{D}_{Hb} \\ \boldsymbol{D}_{Eb} & \end{pmatrix} \tag{4.118}$$

式中：

$$\boldsymbol{D}_{Ea}=\begin{pmatrix} 0 & 0 & -\sigma_y^H bD_y \\ -\sigma_z^H bD_z & 0 & 0 \\ 0 & -\sigma_x^H bD_x & 0 \end{pmatrix} \tag{4.119}$$

$$\boldsymbol{D}_{Eb}=\begin{pmatrix} 0 & \sigma_z^H bD_z & 0 \\ 0 & 0 & \sigma_x^H bD_x \\ \sigma_y^H bD_y & 0 & 0 \end{pmatrix} \tag{4.120}$$

$$\boldsymbol{D}_{Ha}=\begin{pmatrix} 0 & -\sigma_z^E aD_z & 0 \\ 0 & 0 & -\sigma_x^E aD_x \\ -\sigma_y^E aD_y & 0 & 0 \end{pmatrix} \tag{4.121}$$

$$\boldsymbol{D}_{Hb}=\begin{pmatrix} 0 & 0 & \sigma_y^E aD_y \\ \sigma_z^E aD_z & 0 & 0 \\ 0 & \sigma_x^E aD_x & 0 \end{pmatrix} \tag{4.122}$$

将式(4.117)和式(4.118)代入式(4.115)和式(4.116)，并消去中间量 $\boldsymbol{W}_H^{*q}$，得

$$(\boldsymbol{I}-\boldsymbol{D}_{Ha}\boldsymbol{D}_{Ea})\boldsymbol{W}_E^{*q}=-\boldsymbol{D}_{Ha}\boldsymbol{D}_{Eb}\boldsymbol{W}_E^{q-1}-\boldsymbol{D}_{Hb}\boldsymbol{W}_H^{q-1}+\boldsymbol{V}_E^{q-1}+\boldsymbol{D}_{Ha}\boldsymbol{V}_H^{q-1} \tag{4.123}$$

$$(\boldsymbol{I}-\boldsymbol{D}_{Hb}\boldsymbol{D}_{Eb})\boldsymbol{W}_E^{q}=(\boldsymbol{I}+\boldsymbol{D}_{Hb}\boldsymbol{D}_{Ea})\boldsymbol{W}_E^{*q}+\boldsymbol{D}_{Hb}\boldsymbol{W}_H^{q-1}+\boldsymbol{D}_{Hb}\boldsymbol{V}_H^{q-1} \tag{4.124}$$

$$\boldsymbol{W}_H^{q}=\boldsymbol{D}_{Eb}\boldsymbol{W}_E^{q}+\boldsymbol{D}_{Ea}\boldsymbol{W}_E^{*q}+\boldsymbol{V}_H^{q-1} \tag{4.125}$$

利用式(4.119)～式(4.122)展开式(4.123)～式(4.125)，得

$$\begin{aligned}&(1-ab\sigma_z^E(r)D_z\sigma_z^H(r)D_z)E_x^{*q}(r)\\&=ab\sigma_z^E D_z\sigma_x^H D_x E_z^{q-1}(r)-a\sigma_y^E(r)D_y H_z^{q-1}(r)-\\&\quad 2\sigma_y^E(r)\sum_{k=0,q>0}^{q-1}E_{xy}^k(r)-2\sigma_z^E(r)\sum_{k=0,q>0}^{q-1}E_{xz}^k(r)+\\&\quad 2a\sigma_z^E(r)D_z\left(\sigma_x^H(r)\sum_{k=0,q>0}^{q-1}H_{yx}^k(r)+\sigma_z^H(r)\sum_{k=0,q>0}^{q-1}H_{yz}^k(r)\right)\end{aligned} \tag{4.126}$$

$$\begin{aligned}&(1-ab\sigma_x^E(r)D_x\sigma_x^H(r)D_x)E_y^{*q}(r)\\&=ab\sigma_x^E(r)D_x\sigma_y^H(r)D_yE_x^{*q-1}(r)-\sigma_z^E(r)aD_zH_x^{q-1}(r)-\\&2\sigma_x^E(r)\sum_{k=0,q>0}^{q-1}E_{yx}^k(r)-2\sigma_z^E(r)\sum_{k=0,q>0}^{q-1}E_{yz}^k(r)+\\&2a\sigma_x^E(r)D_x\left(\sigma_x^H(r)\sum_{k=0,q>0}^{q-1}H_{zx}^k(r)+\sigma_y^H(r)\sum_{k=0,q>0}^{q-1}H_{zy}^k(r)\right)\end{aligned}\tag{4.127}$$

$$\begin{aligned}&(1-ab\sigma_y^E(r)D_y\sigma_y^H(r)D_y)E_z^{*q}(r)\\&=ab\sigma_y^E(r)D_y\sigma_z^H(r)D_zE_y^{q-1}(r)-\sigma_x^E(r)aD_xH_y^{q-1}(r)-\\&2\sigma_x^E(r)\sum_{k=0,q>0}^{q-1}E_{zx}^k(r)-2\sigma_y^E(r)\sum_{k=0,q>0}^{q-1}E_{zy}^k(r)+\\&2a\sigma_y^E(r)D_y\left(\sigma_y^H(r)\sum_{k=0,q>0}^{q-1}H_{xy}^k(r)+\sigma_z^H(r)\sum_{k=0,q>0}^{q-1}H_{xz}^k(r)\right)\end{aligned}\tag{4.128}$$

$$\begin{aligned}&(1-ab\sigma_y^E(r)D_y\sigma_y^H(r)D_y)E_x^q(r)\\&=E_x^{*q}(r)-ab\sigma_y^E(r)D_y\sigma_x^H(r)D_xE_y^{*q}(r)+a\sigma_y^E(r)D_yH_z^{q-1}(r)-\\&2a\sigma_y^E(r)D_y\left(\sigma_x^H(r)\sum_{k=0,q>0}^{q-1}H_{zx}^k(r)+\sigma_y^H(r)\sum_{k=0,q>0}^{q-1}H_{zy}^k(r)\right)\end{aligned}\tag{4.129}$$

$$\begin{aligned}&(1-ab\sigma_z^E(r)D_z\sigma_z^H(r)D_z)E_y^q(r)\\&=E_y^{*q}(r)-ab\sigma_z^E(r)D_z\sigma_y^H(r)D_yE_z^{*q}(r)+a\sigma_z^E(r)D_zH_x^{q-1}(r)-\\&2a\sigma_z^E(r)D_z\left(\sigma_y^H(r)\sum_{k=0,q>0}^{q-1}H_{xy}^k(r)+\sigma_z^H(r)\sum_{k=0,q>0}^{q-1}H_{xz}^k(r)\right)\end{aligned}\tag{4.130}$$

$$\begin{aligned}&(1-ab\sigma_x^E(r)D_x\sigma_x^H(r)D_x)E_z^q(r)\\&=E_z^{*q}(r)-ab\sigma_x^E(r)D_x\sigma_z^H(r)D_zE_x^{*q}(r)+a\sigma_x^E(r)D_xH_y^{q-1}(r)\\&-2a\sigma_x^E(r)D_x(\sigma_x^H(r)\sum_{k=0,q>0}^{q-1}H_{yx}^k(r)+\sigma_z^H(r)\sum_{k=0,q>0}^{q-1}H_{yz}^k(r))\end{aligned}\tag{4.131}$$

$$\begin{aligned}H_x^q(r)&=b\sigma_z^H(r)D_zE_y^q(r)-b\sigma_y^H(r)D_yE_z^{*q}(r)-\\&2\sigma_y^H(r)\sum_{k=0,q>0}^{q-1}H_{xy}^k(r)-2\sigma_z^H(r)\sum_{k=0,q>0}^{q-1}H_{xz}^k(r)\end{aligned}\tag{4.132}$$

$$\begin{aligned}H_y^q(r)&=b\sigma_x^H(r)D_xE_z^q(r)-b\sigma_z^H(r)D_zE_x^{*q}(r)-\\&2\sigma_x^H(r)\sum_{k=0,q>0}^{q-1}H_{yx}^k(r)-2\sigma_z^H(r)\sum_{k=0,q>0}^{q-1}H_{yz}^k(r)\end{aligned}\tag{4.133}$$

$$H_z^q(r)=\sigma_y^H(r)bD_yE_x^q(r)-b\sigma_x^H(r)D_xE_y^{*q}(r)-$$
$$2\sigma_x^H(r)\sum_{k=0,q>0}^{q-1}H_{zx}^k(r)-2\sigma_y^H(r)\sum_{k=0,q>0}^{q-1}H_{zy}^k(r) \tag{4.134}$$

令

$$\sigma_x^E\Big|_{i,j,k}=\left[1+\frac{2\sigma_x\big|_{i,j,k}}{s\varepsilon_0}\right]^{-1},\overline{D}_x^E\Big|_{i,j,k}=\sigma_x^E\Big|_{i,j,k}\frac{2}{s\varepsilon_0\Delta x} \tag{4.135}$$

$$\sigma_y^E\Big|_{i,j,k}=\left[1+\frac{2\sigma_y\big|_{i,j,k}}{s\varepsilon_0}\right]^{-1},\overline{D}_y^E\Big|_{i,j,k}=\sigma_y^E\Big|_{i,j,k}\frac{2}{s\varepsilon_0\Delta y} \tag{4.136}$$

$$\sigma_z^E\Big|_{i,j,k}=\left[1+\frac{2\sigma_z\big|_{i,j,k}}{s\varepsilon_0}\right]^{-1},\overline{D}_z^E\Big|_{i,j,k}=\sigma_z^E\Big|_{i,j,k}\frac{2}{s\varepsilon_0\Delta z} \tag{4.137}$$

$$\sigma_x^H\Big|_{i,j,k}=\left[1+\frac{2\rho_x\big|_{i,j,k}}{s\mu_0}\right]^{-1},\overline{D}_x^H\Big|_{i,j,k}=\sigma_x^H\Big|_{i,j,k}\frac{2}{s\mu_0\Delta x} \tag{4.138}$$

$$\sigma_y^H\Big|_{i,j,k}=\left[1+\frac{2\rho_y\big|_{i,j,k}}{s\mu_0}\right]^{-1},\overline{D}_y^H\Big|_{i,j,k}=\sigma_y^H\Big|_{i,j,k}\frac{2}{s\mu_0\Delta y} \tag{4.139}$$

$$\sigma_z^H\Big|_{i,j,k}=\left[1+\frac{2\rho_z\big|_{i,j,k}}{s\mu_0}\right]^{-1},\overline{D}_z^H\Big|_{i,j,k}=\sigma_z^H\Big|_{i,j,k}\frac{2}{s\mu_0\Delta z} \tag{4.140}$$

用中心差分法近似式(4.126)～式(4.134)中的微分算子，并利用式(4.135)～式(4.140)，得到一组基于新高阶项的高效 PML 吸收边界条件的差分方程：

$$-\overline{D}_z^E\Big|_{i,j,k}\overline{D}_z^H\Big|_{i,j,k-1}E_x^{*q}\Big|_{i,j,k-1}-\overline{D}_z^E\Big|_{i,j,k}\overline{D}_z^H\Big|_{i,j,k}\cdot E_x^{*q}\Big|_{i,j,k+1}+$$
$$(1+\overline{D}_z^E\Big|_{i,j,k}\overline{D}_z^H\Big|_{i,j,k-1}+\overline{D}_z^E\Big|_{i,j,k}\overline{D}_z^H\Big|_{i,j,k})E_x^{*q}\Big|_{i,j,k}$$
$$=-2\sigma_y^E\Big|_{i,j,k}\sum_{k=0,q>0}^{q-1}E_x^ky\Big|_{i,j,k}-2\sigma_z^E\Big|_{i,j,k}\sum_{k=0,q>0}^{q-1}E_{xz}^k\Big|_{i,j,k}+$$
$$2\overline{D}_z^E\Big|_{i,j,k}\Big(\sum_{k=0,q>0}^{q-1}(\sigma_x^H\Big|_{i,j,k}H_{yx}^k\Big|_{i,j,k}-\sigma_x^H\Big|_{i,j,k-1}H_{yx}^k\Big|_{i,j,k-1})\Big)+$$
$$2\overline{D}_z^E\Big|_{i,j,k}\Big(\sum_{k=0,q>0}^{q-1}(\sigma_z^H\Big|_{i,j,k}H_{yz}^k\Big|_{i,j,k}-\sigma_z^H\Big|_{i,j,k-1}H_{yz}^k\Big|_{i,j,k-1})\Big)-$$
$$\overline{D}_y^E\Big|_{i,j,k}(H_z^{q-1}\Big|_{i,j,k}-H_z^{q-1}\Big|_{i,j-1,k})+\overline{D}_z^E\Big|_{i,j,k}\overline{D}_x^H\Big|_{i,j,k}(E_z^{q-1}\Big|_{i+1,j,k}-E_z^{q-1}\Big|_{i,j,k})+$$
$$\overline{D}_z^E\Big|_{i,j,k}\overline{D}_x^H\Big|_{i,j,k-1}(E_z^{q-1}\Big|_{i,j,k-1}-E_z^{q-1}\Big|_{i+1,j,k-1}) \tag{4.141}$$

$$
\begin{aligned}
&-\overline{D}_{x}^{E}\big|_{i,j,k}\overline{D}_{x}^{H}\big|_{i-1,j,k}E_{y}^{*q}\big|_{i-1,j,k}-\overline{D}_{x}^{E}\big|_{i,j,k}\overline{D}_{x}^{H}\big|_{i,j,k}E_{y}^{*q}\big|_{i+1,j,k}+\\
&(1+\overline{D}_{x}^{E}\big|_{i,j,k}\overline{D}_{x}^{H}\big|_{i-1,j,k}+\overline{D}_{x}^{E}\big|_{i,j,k}\overline{D}_{x}^{H}\big|_{i,j,k})E_{y}^{*q}\big|_{i,j,k}\\
=&-2\sigma_{x}^{E}\big|_{i,j,k}\sum_{k=0,q>0}^{q-1}E_{yx}^{k}\big|_{i,j,k}-2\sigma_{z}^{E}\big|_{i,j,k}\sum_{k=0,q>0}^{q-1}E_{yz}^{k}\big|_{i,j,k}+\\
&2\overline{D}_{x}^{E}\big|_{i,j,k}((\sum_{k=0,q>0}^{q-1}(\sigma_{x}^{H}\big|_{i,j,k}H_{zx}^{k}\big|_{i,j,k}-\sigma_{x}^{H}\big|_{i-1,j,k}H_{zx}^{k}\big|_{i-1,j,k}))+\\
&2\overline{D}_{x}^{E}\big|_{i,j,k}(\sum_{k=0,q>0}^{q-1}(\sigma_{y}^{H}\big|_{i,j,k}H_{zy}^{k}\big|_{i,j,k}-\sigma_{y}^{H}\big|_{i-1,j,k}H_{zy}^{k}\big|_{i-1,j,k}))-\\
&\overline{D}_{z}^{E}\big|_{i,j,k}(H_{x}^{q-1}\big|_{i,j,k}-H_{x}^{q-1}\big|_{i,j,k-1})+\overline{D}_{x}^{E}\big|_{i,j,k}\overline{D}_{y}^{H}\big|_{i,j,k}(E_{x}^{q-1}\big|_{i,j+1,k}-E_{x}^{q-1}\big|_{i,j,k})+\\
&\overline{D}_{x}^{E}\big|_{i,j,k}\overline{D}_{y}^{H}\big|_{i-1,j,k}(E_{x}^{q-1}\big|_{i-1,j,k}-E_{x}^{q-1}\big|_{i-1,j+1,k})
\end{aligned}\tag{4.142}
$$

$$
\begin{aligned}
&-\overline{D}_{y}^{E}\big|_{i,j,k}\overline{D}_{y}^{H}\big|_{i,j-1,k}E_{z}^{*q}\big|_{i,j-1,k}-\overline{D}_{y}^{E}\big|_{i,j,k}\overline{D}_{y}^{H}\big|_{i,j,k}E_{z}^{*q}\big|_{i,j+1,k}+\\
&(1+\overline{D}_{y}^{E}\big|_{i,j,k}\overline{D}_{y}^{H}\big|_{i,j-1,k}+\overline{D}_{y}^{E}\big|_{i,j,k}\overline{D}_{y}^{H}\big|_{i,j,k})E_{z}^{*q}\big|_{i,j,k}\\
=&-2\sigma_{x}^{E}\big|_{i,j,k}\sum_{k=0,q>0}^{q-1}E_{zx}^{k}\big|_{i,j,k}-2\sigma_{y}^{E}\big|_{i,j,k}\sum_{k=0,q>0}^{q-1}E_{zy}^{k}\big|_{i,j,k}+\\
&2\overline{D}_{y}^{E}\big|_{i,j,k}(\sum_{k=0,q>0}^{q-1}(\sigma_{y}^{H}\big|_{i,j,k}H_{xy}^{k}\big|_{i,j,k}-\sigma_{y}^{H}\big|_{i,j-1,k}H_{xy}^{k}\big|_{i,j-1,k}))+\\
&2\overline{D}_{y}^{E}\big|_{i,j,k}(\sum_{k=0,q>0}^{q-1}(\sigma_{z}^{H}\big|_{i,j,k}H_{xz}^{k}\big|_{i,j,k}-\sigma_{z}^{H}\big|_{i,j-1,k}H_{xz}^{k}\big|_{i,j-1,k}))-\\
&\overline{D}_{x}^{E}\big|_{i,j,k}(H_{y}^{q-1}\big|_{i,j,k}-H_{y}^{q-1}\big|_{i-1,j,k})+\overline{D}_{y}^{E}\big|_{i,j,k}\overline{D}_{z}^{H}\big|_{i,j,k}(E_{y}^{q-1}\big|_{i,j,k+1}-E_{y}^{q-1}\big|_{i,j,k})+\\
&\overline{D}_{y}^{E}\big|_{i,j,k}\overline{D}_{z}^{H}\big|_{i,j-1,k}(E_{y}^{q-1}\big|_{i,j-1,k}-E_{y}^{q-1}\big|_{i,j-1,k+1})
\end{aligned}\tag{4.143}
$$

$$
\begin{aligned}
&-\overline{D}_{y}^{E}\big|_{i,j,k}\overline{D}_{y}^{H}\big|_{i,j-1,k}E_{x}^{q}\big|_{i,j-1,k}-\overline{D}_{y}^{E}\big|_{i,j,k}\overline{D}_{y}^{H}\big|_{i,j,k}E_{x}^{q}\big|_{i,j+1,k}+\\
&(1+\overline{D}_{y}^{E}\big|_{i,j,k}\overline{D}_{y}^{H}\big|_{i,j-1,k}+\overline{D}_{y}^{E}\big|_{i,j,k}\overline{D}_{y}^{H}\big|_{i,j,k})E_{x}^{q}\big|_{i,j,k}\\
=&E_{x}^{*q}\big|_{i,j,k}+\overline{D}_{y}^{E}\big|_{i,j,k}(H_{z}^{q-1}\big|_{i,j,k}-H_{z}^{q-1}\big|_{i,j-1,k})-\\
&\overline{D}_{y}^{E}\big|_{i,j,k}(\overline{D}_{x}^{H}\big|_{i,j-1,k}E_{y}^{*q}\big|_{i,j-1,k}-\overline{D}_{x}^{H}\big|_{i,j,k}E_{y}^{*q}\big|_{i,j,k})-\\
&\overline{D}_{y}^{E}\big|_{i,j,k}(\overline{D}_{x}^{H}\big|_{i,j,k}E_{y}^{*q}\big|_{i+1,j,k}-\overline{D}_{x}^{H}\big|_{i,j-1,k}E_{y}^{*q}\big|_{i+1,j-1,k})-
\end{aligned}
$$

$$2\overline{D}_y^E\Big|_{i,j,k}\sum_{k=0,q>0}^{q-1}(\sigma_x^H\Big|_{i,j,k}H_{zx}^k\Big|_{i,j,k}-\sigma_x^H\Big|_{i,j-1,k}H_{zx}^k\Big|_{i,j-1,k})-$$
$$2\overline{D}_y^E\Big|_{i,j,k}\sum_{k=0,q>0}^{q-1}(\sigma_x^H\Big|_{i,j,k}H_{zy}^k\Big|_{i,j,k}-\sigma_x^H\Big|_{i,j-1,k}H_{zy}^k\Big|_{i,j-1,k}) \tag{4.144}$$

$$-\overline{D}_z^E\Big|_{i,j,k}\overline{D}_z^H\Big|_{i,j,k-1}E_y^q\Big|_{i,j,k-1}-\overline{D}_z^E\Big|_{i,j,k}\overline{D}_z^H\Big|_{i,j,k}E_y^q\Big|_{i,j,k+1}+$$
$$(1+\overline{D}_z^E\Big|_{i,j,k}\overline{D}_z^H\Big|_{i,j,k-1}+\overline{D}_z^E\Big|_{i,j,k}\overline{D}_z^H\Big|_{i,j,k})E_y^q\Big|_{i,j,k}$$
$$=E_y^{*q}\Big|_{i,j,k}+\overline{D}_z^E\Big|_{i,j,k}(H_x^{q-1}\Big|_{i,j,k}-H_x^{q-1}\Big|_{i,j,k-1})-$$
$$\overline{D}_z^E\Big|_{i,j,k}(\overline{D}_y^H\Big|_{i,j,k-1}E_z^{*q}\Big|_{i,j,k-1}-\overline{D}_x^H\Big|_{i,j,k}E_z^{*q}\Big|_{i,j,k})-$$
$$\overline{D}_z^E\Big|_{i,j,k}(\overline{D}_y^H\Big|_{i,j,k}E_z^{*q}\Big|_{i,j+1,k}-\overline{D}_y^H\Big|_{i,j,k-1}E_z^{*q}\Big|_{i,j+1,k-1})-$$
$$2\overline{D}_z^E\Big|_{i,j,k}\sum_{k=0,q>0}^{q-1}(\sigma_y^H\Big|_{i,j,k}H_{xy}^k\Big|_{i,j,k}-\sigma_y^H\Big|_{i,j,k-1}H_{xy}^k\Big|_{i,j,k-1})-$$
$$2\overline{D}_z^E\Big|_{i,j,k}\sum_{k=0,q>0}^{q-1}(\sigma_y^H\Big|_{i,j,k}H_{xz}^k\Big|_{i,j,k}-\sigma_y^H\Big|_{i,j,k-1}H_{xz}^k\Big|_{i,j,k-1}) \tag{4.145}$$

$$-\overline{D}_x^E\Big|_{i,j,k}\overline{D}_x^H\Big|_{i-1,j,k}\cdot E_z^q\Big|_{i-1,j,k}-\overline{D}_x^E\Big|_{i,j,k}\overline{D}_x^H\Big|_{i,j,k}E_z^q\Big|_{i+1,j,k}+$$
$$(1+\overline{D}_x^E\Big|_{i,j,k}\overline{D}_x^H\Big|_{i-1,j,k}+\overline{D}_x^E\Big|_{i,j,k}\overline{D}_x^H\Big|_{i,j,k})E_z^q\Big|_{i,j,k}$$
$$=E_z^{*q}\Big|_{i,j,k}+\overline{D}_x^E\Big|_{i,j,k}(H_y^{q-1}\Big|_{i,j,k}-H_y^{q-1}\Big|_{i-1,j,k})-$$
$$\overline{D}_x^E\Big|_{i,j,k}(\overline{D}_z^H\Big|_{i-1,j,k}E_x^{*q}\Big|_{i-1,j,k}-\overline{D}_z^H\Big|_{i,j,k}E_x^{*q}\Big|_{i,j,k})-$$
$$\overline{D}_x^E\Big|_{i,j,k}(\overline{D}_z^H\Big|_{i,j,k}E_x^{*q}\Big|_{i,j,k+1}-\overline{D}_z^H\Big|_{i-1,j,k}E_x^{*q}\Big|_{i-1,j,k+1})-$$
$$2\overline{D}_x^E\Big|_{i,j,k}\sum_{k=0,q>0}^{q-1}(\sigma_x^H\Big|_{i,j,k}H_{yx}^k\Big|_{i,j,k}-\sigma_x^H\Big|_{i-1,j,k}H_{yx}^k\Big|_{i-1,j,k})-$$
$$2\overline{D}_x^E\Big|_{i,j,k}\sum_{k=0,q>0}^{q-1}(\sigma_x^H\Big|_{i,j,k}H_{yz}^k\Big|_{i,j,k}-\sigma_x^H\Big|_{i-1,j,k}H_{yz}^k\Big|_{i-1,j,k}) \tag{4.146}$$

$$
\begin{aligned}
H_x^q\big|_{i,j,k} = {} & \overline{D}_z^H\big|_{i,j,k}(E_y^q\big|_{i,j,k+1} - E_y^q\big|_{i,j,k}) - \\
& \overline{D}_y^H\big|_{i,j,k}(E_z^{*q}\big|_{i,j+1,k} - E_z^{*q}\big|_{i,j,k}) - \\
& 2\sigma_y^H\big|_{i,j,k}\sum_{k=0,q>0}^{q-1} H_{xy}^k\big|_{i,j,k} - 2\sigma_z^H\big|_{i,j,k}\sum_{k=0,q>0}^{q-1} H_{xz}^k\big|_{i,j,k}
\end{aligned}
\tag{4.147}
$$

$$
\begin{aligned}
H_y^q\big|_{i,j,k} = {} & \overline{D}_x^H\big|_{i,j,k}(E_z^q\big|_{i+1,j,k} - E_z^q\big|_{i,j,k}) - \\
& \overline{D}_z^H\big|_{i,j,k}(E_x^{*q}\big|_{i,j,k+1} - E_x^{*q}\big|_{i,j,k}) - \\
& 2\sigma_x^H\big|_{i,j,k}\sum_{k=0,q>0}^{q-1} H_{yx}^k\big|_{i,j,k} - 2\sigma_z^H\big|_{i,j,k}\sum_{k=0,q>0}^{q-1} H_{yz}^k\big|_{i,j,k}
\end{aligned}
\tag{4.148}
$$

$$
\begin{aligned}
H_z^q\big|_{i,j,k} = {} & \overline{D}_y^H\big|_{i,j,k}(E_x^q\big|_{i,j+1,k} - E_x^q\big|_{i,j,k}) - \\
& \overline{D}_x^H\big|_{i,j,k}(E_y^{*q}\big|_{i+1,j,k} - E_y^{*q}\big|_{i,j,k}) - \\
& 2\sigma_x^H\big|_{i,j,k}\sum_{k=0,q>0}^{q-1} H_{zx}^k\big|_{i,j,k} - 2\sigma_y^H\big|_{i,j,k}\sum_{k=0,q>0}^{q-1} H_{zy}^k\big|_{i,j,k}
\end{aligned}
\tag{4.149}
$$

式(4.141)～式(4.146)均为三对角型矩阵方程，结合新高效算法的差分方程，可以通过追赶法高效求解。式(4.147)～式(4.149)均为显式方程，可以直接求解。

4.5.2 与其他高效PML吸收边界条件的比较

由于拉盖尔基高效FDTD算法求解的是三对角矩阵方程，那些基于标准拉盖尔基FDTD算法的PML吸收边界条件[22-23]无法直接用于高效算法。因此，本文仅与文献[5-7]中的高效PML吸收边界条件进行比较。

文献[5]和[6]提出的高效PML吸收边界条件是基于Y. T. Duan等[3]的高效算法的，其中文献[5]是二维形式的高效*U*PML吸收边界条件，文献[6]是三维形式的Berenger分裂场高效PML吸收边界条件。但由于Y. T. Duan等[3]的高效算法的差分形式与本书所提出的高效算法的差分形式不同，这两种PML吸收边界条件均不能用于截断基于新高阶项高效算法的计算区域。

以三维情形为例，文献[6]给出的高效PML吸收边界条件中求解中间变量E_x^{*q}的基本方程为

$$
\begin{aligned}
&(1-ab\sigma_y^E D_y \sigma_y^H D_y)E_x^{*q} \\
&=2ab\sigma_z^E D_z \sigma_x^H D_x(\sigma_x^E \sum_{k=0,q>0}^{q-1} E_{zx}^k+\sigma_y^E \sum_{k=0,q>0}^{q-1} E_{zy}^k)- \\
&2\sigma_y^E \sum_{k=0,q>0}^{q-1} E_{xy}^k-2a\sigma_y^E D_y\left(\sigma_x^H \sum_{k=0,q>0}^{q-1} H_{zx}^k+\sigma_y^H \sum_{k=0,q>0}^{q-1} H_{zy}^k\right)- \\
&2\sigma_z^E \sum_{k=0,q>0}^{q-1} E_{xz}^k+2a\sigma_z^E D_z\left(\sigma_x^H \sum_{k=0,q>0}^{q-1} H_{yx}^k+\sigma_z^H \sum_{k=0,q>0}^{q-1} H_{yz}^k\right)+ \\
&2ab\sigma_y^E D_y \sigma_x^H D_x\left(\sigma_x^E \sum_{k=0,q>0}^{q-1} E_{yx}^k+\sigma_z^E \sum_{k=0,q>0}^{q-1} E_{yz}^k\right)- \\
&2ab\sigma_z^E D_z \sigma_z^H D_z\left(\sigma_y^E \sum_{k=0,q>0}^{q-1} E_{xy}^k+\sigma_z^E \sum_{k=0,q>0}^{q-1} E_{xz}^k\right)
\end{aligned}
\tag{4.150}
$$

为了便于论述，将上式简记为

$$
(1-ab\sigma_y^E(r)D_y\sigma_y^H(r)D_y)E_x^{*q}(r)=d(r) \tag{4.151}
$$

利用中心差分法离散式(4.151)，得到差分方程为

$$
\begin{aligned}
&-\bar{D}_y^E\big|_{i,j,k}\bar{D}_y^H\big|_{i,j-1,k}E_x^{*q}\big|_{i,j-1,k}+(1+\bar{D}_y^E\big|_{i,j,k}\bar{D}_y^H\big|_{i,j-1,k}+\bar{D}_y^E\big|_{i,j,k}\bar{D}_y^H\big|_{i,j,k})E_x^{*q}\big|_{i,j,k} \\
&-\bar{D}_y^E\big|_{i,j,k}\bar{D}_y^H\big|_{i,j,k}E_x^{*q}\big|_{i,j+1,k}=d_{i,j,k}
\end{aligned}
\tag{4.152}
$$

比较式(4.152)与基于新高阶项的高效 PML 吸收边界条件的差分方程(4.141)，可以发现虽然它们都是三对角矩阵方程，但未知量的排列方向是不一样的。在式(4.141)中未知量 E_x^{*q} 是沿着 z 方向差分的，而在式(4.152)里未知量 E_x^{*q} 是沿着 y 方向差分的，如图 4.13 所示。差分方向的不一致导致了式(4.152)无法与新高效算法构成一个三对角矩阵方程，故文献[5]和[6]提出的高效 PML 吸收边界条件不能用于截断新高效算法的计算区域。

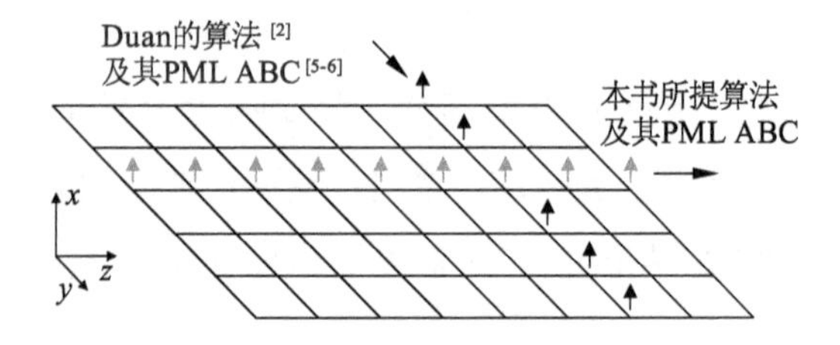

图 4.13　不同高效算法及其 PML 吸收边界条件的差分方向不同

文献[7]提出的高效 PML 吸收边界条件是基于 Z. Chen 等[4]的高效算

法的，是二维形式的 Berenger 分裂场高效 PML，可以推导出其三维形式的基本方程为

$$
\begin{aligned}
&(1-ab\sigma_z^E D_z\sigma_z^H D_z)E_x^{*q}\\
&=2ab\sigma_z^E D_z\sigma_x^H D_x\Big(\sigma_x^E\sum_{k=0,q>0}^{q-1}E_{zx}^k+\sigma_y^E\sum_{k=0,q>0}^{q-1}E_{zy}^k\Big)-\\
&2\sigma_y^E\sum_{k=0,q>0}^{q-1}E_{xy}^k-2a\sigma_y^E D_y\Big(\sigma_x^H\sum_{k=0,q>0}^{q-1}H_{zx}^k+\sigma_y^H\sum_{k=0,q>0}^{q-1}H_{zy}^k\Big)-\\
&2\sigma_z^E\sum_{k=0,q>0}^{q-1}E_{xz}^k+2\sigma_z^E aD_z\Big(\sigma_x^H\sum_{k=0,q>0}^{q-1}H_{yx}^k+\sigma_z^H\sum_{k=0,q>0}^{q-1}H_{yz}^k\Big)
\end{aligned}\tag{4.153}
$$

$$
\begin{aligned}
&(1-ab\sigma_x^E D_x\sigma_x^H D_x)E_y^{*q}\\
&=2ab\sigma_x^E D_x\sigma_y^H D_y\Big(\sigma_y^E\sum_{k=0,q>0}^{q-1}E_{xy}^k+\sigma_z^E\sum_{k=0,q>0}^{q-1}E_{xz}^k\Big)-\\
&2\sigma_z^E\sum_{k=0,q>0}^{q-1}E_{yz}^k-2a\sigma_z^E D_z\Big(\sigma_y^H\sum_{k=0,q>0}^{q-1}H_{xy}^k+\sigma_z^H\sum_{k=0,q>0}^{q-1}H_{xz}^k\Big)-\\
&2\sigma_x^E\sum_{k=0,q>0}^{q-1}E_{yx}^k+2a\sigma_x^E D_x\Big(\sigma_x^H\sum_{k=0,q>0}^{q-1}H_{zx}^k+\sigma_y^H\sum_{k=0,q>0}^{q-1}H_{zy}^k\Big)
\end{aligned}\tag{4.154}
$$

$$
\begin{aligned}
&(1-ab\sigma_y^E D_y\sigma_y^H D_y)E_z^{*q}\\
&=2ab\sigma_y^E D_y\sigma_z^H D_z\Big(\sigma_x^E\sum_{k=0,q>0}^{q-1}E_{yx}^k+\sigma_z^E\sum_{k=0,q>0}^{q-1}E_{yz}^k\Big)-\\
&2\sigma_x^E\sum_{k=0,q>0}^{q-1}E_{zx}^k-2a\sigma_x^E D_x\Big(\sigma_x^H\sum_{k=0,q>0}^{q-1}H_{yx}^k+\sigma_z^H\sum_{k=0,q>0}^{q-1}H_{yz}^k\Big)-\\
&2\sigma_y^E\sum_{k=0,q>0}^{q-1}E_{zy}^k+2a\sigma_y^E D_y\Big(\sigma_y^H\sum_{k=0,q>0}^{q-1}H_{xy}^k+\sigma_z^H\sum_{k=0,q>0}^{q-1}H_{xz}^k\Big)
\end{aligned}\tag{4.155}
$$

$$(1-ab\sigma_y^E D_y\sigma_y^H D_y)E_x^q=E_x^{*q}-ab\sigma_y^E D_y\sigma_x^H D_x E_y^{*q}\tag{4.156}$$

$$(1-ab\sigma_z^E D_z\sigma_z^H D_z)E_y^q=E_y^{*q}-ab\sigma_z^E D_z\sigma_y^H D_y E_z^{*q}\tag{4.157}$$

$$(1-ab\sigma_x^E D_x\sigma_x^H D_x)E_z^q=E_z^{*q}-ab\sigma_x^E D_x\sigma_z^H D_z E_x^{*q}\tag{4.158}$$

比较式(4.153)～式(4.158)与新高效 PML 的基本方程式(4.126)～式(4.131)，可以发现方程的左边相同，所以 Z. Chen 的三维高效 PML 也可以用于截断本节所提高效算法的计算区域。但由于 Z. Chen 等[4]的高效算法及其 PML 吸收边界条件是基于原高阶项 $AB(W^q-V^{q-1})$的，这导致方程

的右边不同，数值结果表明直接用 Z. Chen 的三维高效 PML 截断新高效算法的计算区域效果不佳(见 4.7 节)。

4.6 数值实例

下面对基于新高阶项高效 PML 吸收边界条件的吸收效能进行数值验证。计算区域为一个 $30\Delta x\times 30\Delta y\times 30\Delta z$ 的自由空间，网格尺寸取 $\Delta=\Delta x=\Delta y=\Delta z=1$ cm。在中心处加入一个 x 方向的正弦调制高斯脉冲：

$$J_x(t)=\exp\left(-\left(\frac{t-T_c}{T_d}\right)^2\right)\sin(2\pi f_c t) \tag{4.159}$$

式中：$f_c=2$ GHz、$T_d=1/(2f_c)$、$T_c=3T_d$。

观测点设置在距离边界两个网格的点$(15\Delta x, 2\Delta y, 15\Delta z)$处，观测时间为 $T_f=2.5$ ns。采用本书提出的新拉盖尔基高效 FDTD 算法进行计算，计算区域边界用新高效 PML 吸收边界条件截断，选择拉盖尔基最高展开阶数 $q=120$，时间标度因子 $s=2.0\times 10^{11}$[16,17]。

如文献[18]所述，选取 PML 材料的参数为

$$\sigma(x)=\frac{\sigma_{\max}\left|x-x_0\right|^m}{d^m} \tag{4.160}$$

$$\sigma(y)=\frac{\sigma_{\max}\left|y-y_0\right|^m}{d^m} \tag{4.161}$$

$$\sigma(z)=\frac{\sigma_{\max}\left|z-z_0\right|^m}{d^m} \tag{4.162}$$

式中：x_0 和 y_0 为计算空间边界处的坐标。

根据文献[21]，$\sigma_{\max}$的最佳取值为

$$\sigma_{\text{opt}}=\frac{(m+1)}{150\pi\Delta} \tag{4.163}$$

此处设 $\sigma_{\max}=\lambda\sigma_{\text{opt}}$，得到一个新的匹配层参数方程

$$\sigma(\Gamma)=\lambda\,\frac{(m+1)}{150\pi\Delta}\,\frac{\left|\Gamma-\Gamma_0\right|^m}{d^m} \tag{4.164}$$

式中：$\Gamma=x,y,z$。

定义相对反射误差为

$$R_{\mathrm{dB}}=20\log_{10}\left(\frac{\left|E_y^{\mathrm{test}}(t)-E_y^{\mathrm{ref}}(t)\right|}{\max\left|E_y^{\mathrm{ref}}(t)\right|}\right) \tag{4.165}$$

式中：$E_y^{\mathrm{test}}(t)$是被试空间的计算结果，$E_y^{\mathrm{ref}}(t)$是大空间的计算结果。图 4.14 给出了 $\lambda=1.0$ 且 $d=8$ cm 时，新高效 PML 的相对反射误差随 m 取值变化的情况。从图中可以看出 $m=3,4,5$ 时，相对反射误差较小；$m=1,7$ 时，相对反射误差较大。

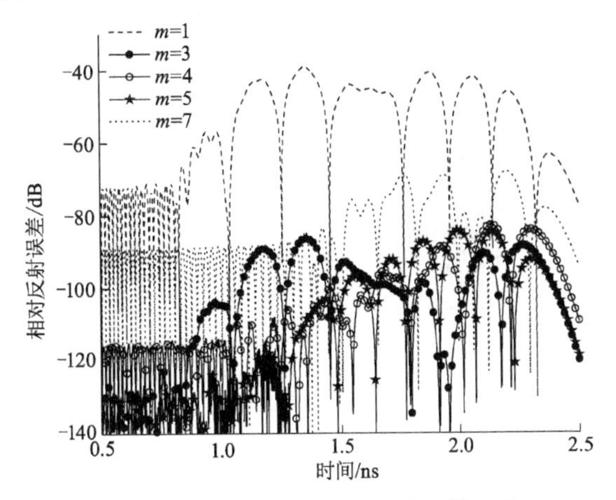

图 4.14　不同 m 值时 PML 吸收边界条件的相对反射误差，$\lambda=1.0$ 且 $d=8$ cm

图 4.15 给出了 $d=8$ cm 时，新高效 PML 吸收边界条件的最大相对反射误差随参数 λ 和 m 的变化情况。从图中可以看出当 $3\leqslant m\leqslant 5$ 且 $0.8\leqslant\lambda\leqslant 1.6$ 时，高效 PML 吸收边界条件的最大相对反射误差可以减小到 −82 dB。

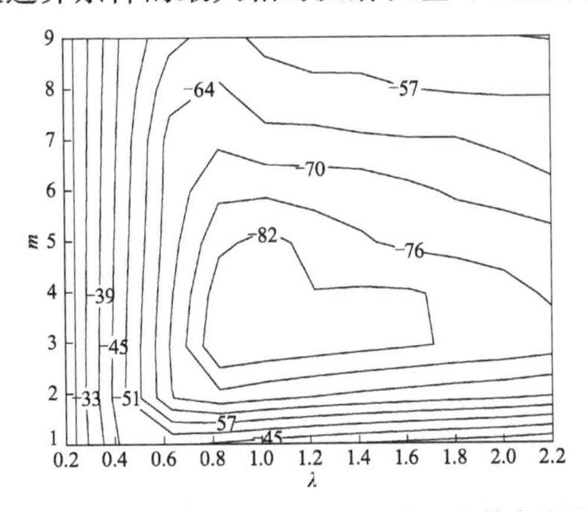

图 4.15　PML 吸收边界条件的最大相对反射误差等高线图($d=8$ cm)

为了比较新高效 PML 与其他吸收边界条件的优劣性，分别用 Mur 一阶吸收边界条件和 Z. Chen 等[7]的三维高效 PML 吸收边界条件截断计算区域。图 4.16 给出了不同吸收边界的相对反射误差，其中 $\lambda=1.0$ 且 $m=4$。可以看出本书提出的新高效 PML 边界条件的吸收效能优于另外两种吸收边界条件。另外，图 4.16 也表明了新高效 PML 的吸收效能随着匹配层数的增加而增大。

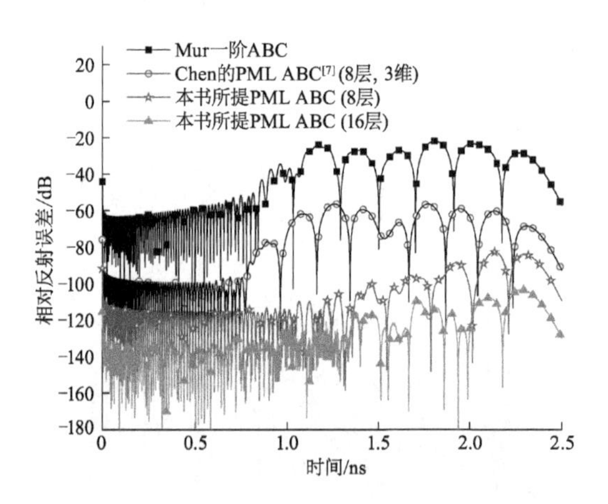

图 4.16　不同吸收边界条件的相对反射误差($\lambda=1.0$ 且 $m=4$)

4.7　基于新高阶项的高效 CPML 吸收边界条件

在无耗、各向同性介质中，三维 CPML 吸收边界条件的频域方程[22]为

$$j\omega\varepsilon E_x=\frac{1}{S_y}\frac{\partial H_z}{\partial y}-\frac{1}{S_z}\frac{\partial H_y}{\partial z} \tag{4.166}$$

$$j\omega\varepsilon E_y=\frac{1}{S_z}\frac{\partial H_x}{\partial z}-\frac{1}{S_x}\frac{\partial H_z}{\partial x} \tag{4.167}$$

$$j\omega\varepsilon E_z=\frac{1}{S_x}\frac{\partial H_y}{\partial x}-\frac{1}{S_y}\frac{\partial H_x}{\partial y} \tag{4.168}$$

$$-j\omega\mu H_x=\frac{1}{S_y}\frac{\partial E_z}{\partial y}-\frac{1}{S_z}\frac{\partial E_y}{\partial z} \tag{4.169}$$

$$-j\omega\mu H_y=\frac{1}{S_z}\frac{\partial E_x}{\partial z}-\frac{1}{S_x}\frac{\partial E_z}{\partial x} \tag{4.170}$$

$$-j\omega\mu H_z = \frac{1}{S_x}\frac{\partial E_y}{\partial x} - \frac{1}{S_y}\frac{\partial E_x}{\partial y} \tag{4.171}$$

式中：

$$S_x = k_x + \frac{\sigma_x}{\alpha_x + j\omega\varepsilon_0} \tag{4.172}$$

$$S_y = k_y + \frac{\sigma_y}{\alpha_y + j\omega\varepsilon_0} \tag{4.173}$$

$$S_z = k_z + \frac{\sigma_z}{\alpha_z + j\omega\varepsilon_0} \tag{4.174}$$

由式(4.172)～式(4.174)可以得出

$$\frac{1}{S_i} = \frac{1}{k_i} - \frac{A_i}{\beta_i + j\omega},\quad (i = x, y, z) \tag{4.175}$$

式中：

$$A_i = \frac{\sigma_i}{k_i^2\varepsilon_0},\beta_i = \frac{\sigma_i}{k_i\varepsilon_0} + \frac{\alpha_i}{\varepsilon_0},\quad (i = x, y, z) \tag{4.176}$$

利用式(4.175)和辅助变量，推导出式(4.166)～式(4.171)的时域表达式：

$$\varepsilon\frac{\partial E_x}{\partial t} = \frac{\partial H_z}{k_y\partial y} - \frac{\partial H_y}{k_z\partial z} + f_{xy} - f_{xz} \tag{4.177}$$

$$\frac{\partial f_{xy}}{\partial t} + \beta_y f_{xy} = -A_y\frac{\partial H_z}{\partial y} \tag{4.178}$$

$$\frac{\partial f_{xz}}{\partial t} + \beta_z f_{xz} = -A_z\frac{\partial H_y}{\partial z} \tag{4.179}$$

$$\varepsilon\frac{\partial E_y}{\partial t} = \frac{\partial H_x}{k_z\partial z} - \frac{\partial H_z}{k_x\partial x} + f_{yz} - f_{yx} \tag{4.180}$$

$$\frac{\partial f_{yz}}{\partial t} + \beta_z f_{yz} = -A_z\frac{\partial H_x}{\partial z} \tag{4.181}$$

$$\frac{\partial f_{yx}}{\partial t} + \beta_x f_{yx} = -A_x\frac{\partial H_z}{\partial x} \tag{4.182}$$

$$\varepsilon\frac{\partial E_z}{\partial t} = \frac{\partial H_y}{k_x\partial x} - \frac{\partial H_x}{k_y\partial y} + f_{zx} - f_{zy} \tag{4.183}$$

$$\frac{\partial f_{zx}}{\partial t}+\beta_x f_{zx}=-A_x\frac{\partial H_y}{\partial x}\tag{4.184}$$

$$\frac{\partial f_{zy}}{\partial t}+\beta_y f_z y=-A_y\frac{\partial H_x}{\partial y}\tag{4.185}$$

$$\mu\frac{\partial H_x}{\partial t}=\frac{\partial E_y}{k_z\partial z}-\frac{\partial E_z}{k_y\partial y}+\varphi_{xz}-\varphi_{xy}\tag{4.186}$$

$$\frac{\partial \varphi_{xy}}{\partial t}+\beta_y\varphi_{xy}=-A_y\frac{\partial E_z}{\partial y}\tag{4.187}$$

$$\frac{\partial \varphi_{xz}}{\partial t}+\beta_z\varphi_{xz}=-A_z\frac{\partial E_y}{\partial z}\tag{4.188}$$

$$\mu\frac{\partial H_y}{\partial t}=\frac{\partial E_z}{k_x\partial x}-\frac{\partial E_x}{k_z\partial z}+\varphi_{yx}-\varphi_{yz}\tag{4.189}$$

$$\frac{\partial \varphi_{yz}}{\partial t}+\beta_z\varphi_{yz}=-A_z\frac{\partial E_x}{\partial z}\tag{4.190}$$

$$\frac{\partial \varphi_{yx}}{\partial t}+\beta_x\varphi_{yx}=-A_x\frac{\partial E_z}{\partial x}\tag{4.191}$$

$$\mu\frac{\partial H_z}{\partial t}=\frac{\partial E_x}{k_y\partial y}-\frac{\partial E_y}{k_x\partial x}+\varphi_{zy}-\varphi_{zx}\tag{4.192}$$

$$\frac{\partial \varphi_{zx}}{\partial t}+\beta_x\varphi_{zx}=-A_x\frac{\partial E_y}{\partial x}\tag{4.193}$$

$$\frac{\partial \varphi_{zy}}{\partial t}+\beta_y\varphi_{zy}=-A_y\frac{\partial E_x}{\partial y}\tag{4.194}$$

式(4.177)～式(4.194)中每个电场、磁场分量方程均使用了两个辅助变量求解。参考基于新高阶项拉盖尔基高效 PML 吸收边界条件的推导过程，将式(4.177)～式(4.194)中电场、磁场分量方程写为矩阵形式：

$$\boldsymbol{W}_E^q=\boldsymbol{D}_H\boldsymbol{W}_H^q+\boldsymbol{V}_E^{q-1}\tag{4.195}$$

$$\boldsymbol{W}_H^q=\boldsymbol{D}_E\boldsymbol{W}_E^q+\boldsymbol{V}_H^{q-1}\tag{4.196}$$

式中：

$$\boldsymbol{W}_E^q=(E_x^q(\boldsymbol{r})\quad E_y^q(\boldsymbol{r})\quad E_z^q(\boldsymbol{r}))^{\mathrm{T}}\tag{4.197}$$

$$\boldsymbol{W}_H^q=(H_x^q(\boldsymbol{r})\quad H_y^q(\boldsymbol{r})\quad H_z^q(\boldsymbol{r}))^{\mathrm{T}}\tag{4.198}$$

$$\boldsymbol{V}_E^{q-1}=\begin{bmatrix}-2\sum_{k=0}^{q-1}E_x^k(\boldsymbol{r})-2aN_y\sum_{k=0}^{q-1}f_{xy}^k(\boldsymbol{r})+2aN_z\sum_{k=0}^{q-1}f_{xz}^k(\boldsymbol{r})\\-2\sum_{k=0}^{q-1}E_y^k(\boldsymbol{r})-2aN_z\sum_{k=0}^{q-1}f_{yz}^k(\boldsymbol{r})+2aN_x\sum_{k=0}^{q-1}f_{yx}^k(\boldsymbol{r})\\-2\sum_{k=0}^{q-1}E_z^k(\boldsymbol{r})-2aN_x\sum_{k=0}^{q-1}f_{zx}^k(\boldsymbol{r})+2aN_y\sum_{k=0}^{q-1}f_{zy}^k(\boldsymbol{r})\end{bmatrix} \tag{4.199}$$

$$\boldsymbol{V}_H^{q-1}=\begin{bmatrix}-2\sum_{k=0}^{q-1}H_x^k(\boldsymbol{r})-2bN_z\sum_{k=0}^{q-1}\varphi_{xz}^k(\boldsymbol{r})+2bN_y\sum_{k=0}^{q-1}\varphi_{xy}^k(\boldsymbol{r})\\-2\sum_{k=0}^{q-1}H_y^k(\boldsymbol{r})-2bN_x\sum_{k=0}^{q-1}\varphi_{yx}^k(\boldsymbol{r})+2bN_z\sum_{k=0}^{q-1}\varphi_{yz}^k(\boldsymbol{r})\\-2\sum_{k=0}^{q-1}H_z^k(\boldsymbol{r})-2bN_y\sum_{k=0}^{q-1}\varphi_{zy}^k(\boldsymbol{r})+2bN_x\sum_{k=0}^{q-1}\varphi_{zx}^k(\boldsymbol{r})\end{bmatrix} \tag{4.200}$$

$$\boldsymbol{D}_H=\begin{bmatrix}0 & -a(1+M_z)D'_z & a(1+M_y)D'_y\\a(1+M_z)D'_z & 0 & -a(1+M_x)D'_x\\-a(1+M_y)D'_y & a(1+M_x)D'_x & 0\end{bmatrix} \tag{4.201}$$

$$\boldsymbol{D}_E=\begin{bmatrix}0 & b(1-M_z)D'_z & -b(1-M_y)D'_y\\-b(1-M_z)D'_z & 0 & b(1-M_x)D'_x\\b(1-M_y)D'_y & -b(1-M_x)D'_x & 0\end{bmatrix} \tag{4.202}$$

$$a=\frac{2}{s\varepsilon},b=\frac{2}{s\mu},D'_i=\frac{D_i}{k_i}\quad(i=x,y,z) \tag{4.203}$$

$$M_i=2\left(1+\frac{2\beta_i}{s}\right)^{-1}\frac{A_ik_i}{s}\quad(i=x,y,z) \tag{4.204}$$

$$N_i=\left(1+\frac{2\beta_i}{s}\right)^{-1}\quad(i=x,y,z) \tag{4.205}$$

将式(4.195)和式(4.196)进一步合并成

$$\begin{pmatrix} \boldsymbol{W}_E^q \\ \boldsymbol{W}_H^q \end{pmatrix} = \begin{pmatrix} & \boldsymbol{D}_H \\ \boldsymbol{D}_E & \end{pmatrix} \begin{pmatrix} \boldsymbol{W}_E^q \\ \boldsymbol{W}_H^q \end{pmatrix} + \begin{pmatrix} \boldsymbol{V}_E^{q-1} \\ \boldsymbol{V}_H^{q-1} \end{pmatrix} \tag{4.206}$$

再令

$$\boldsymbol{W}^q = \begin{pmatrix} \boldsymbol{W}_E^q \\ \boldsymbol{W}_H^q \end{pmatrix}, \boldsymbol{V}_{EH}^{q-1} = \begin{pmatrix} \boldsymbol{V}_E^{q-1} \\ \boldsymbol{V}_H^{q-1} \end{pmatrix}, \boldsymbol{A}+\boldsymbol{B} = \begin{pmatrix} & \boldsymbol{D}_H \\ \boldsymbol{D}_E & \end{pmatrix} \tag{4.207}$$

则式(4.206)可写为

$$(\boldsymbol{I}-\boldsymbol{A}-\boldsymbol{B})\boldsymbol{W}^q = \boldsymbol{V}_{EH}^{q-1} \tag{4.208}$$

在式(4.208)中引入新高阶项 $\boldsymbol{AB}(\boldsymbol{W}^q+\boldsymbol{W}^{q-1})$，并分解为两步算法如下：

$$(\boldsymbol{I}-\boldsymbol{A})\boldsymbol{W}^{*q} = -\boldsymbol{B}\boldsymbol{W}^{q-1} + \boldsymbol{V}_{EH}^{q-1} \tag{4.209}$$

$$(\boldsymbol{I}-\boldsymbol{B})\boldsymbol{W}^q = \boldsymbol{W}^{*q} + \boldsymbol{B}\boldsymbol{W}^{q-1} \tag{4.210}$$

式中：$\boldsymbol{W}^{*q} = (\boldsymbol{W}_E^{*q} \quad \boldsymbol{W}_H^{*q})^{\mathrm{T}} = (E_x^{*q} \quad E_y^{*q} \quad E_z^{*q} \quad H_x^{*q} \quad H_y^{*q} \quad H_z^{*q})^{\mathrm{T}}$ 是非物理中间量。选择矩阵 $\boldsymbol{A}$、$\boldsymbol{B}$ 的形式如下：

$$\boldsymbol{A} = \begin{pmatrix} & \boldsymbol{D}_{Ha} \\ \boldsymbol{D}_{Ea} & \end{pmatrix} \tag{4.211}$$

$$\boldsymbol{B} = \begin{pmatrix} & \boldsymbol{D}_{Hb} \\ \boldsymbol{D}_{Eb} & \end{pmatrix} \tag{4.212}$$

式中：

$$\boldsymbol{D}_{Ea} = \begin{pmatrix} 0 & 0_z & -b(1-M_y)D'_y \\ -b(1-M_z)D'_z & 0 & 0_x \\ 0 & -b(1-M_x)D'_x & 0 \end{pmatrix} \tag{4.213}$$

$$\boldsymbol{D}_{Eb} = \begin{pmatrix} 0 & b(1-M_z)D'_z & 0_y \\ 0_z & 0 & b(1-M_x)D'_x \\ b(1-M_y)D'_y & 0 & 0 \end{pmatrix} \tag{4.214}$$

$$\boldsymbol{D}_{Ha} = \begin{pmatrix} 0 & -a(1+M_z)D'_z & 0 \\ 0 & 0 & -a(1+M_x)D'_x \\ -a(1+M_y)D'_y & 0 & 0 \end{pmatrix} \tag{4.215}$$

$$\boldsymbol{D}_{Hb}=\begin{bmatrix} 0 & 0_z & a(1+M_y)D'_y \\ a(1+M_z)D'_z & 0 & 0 \\ 0 & a(1+M_x)D'_x & 0 \end{bmatrix} \tag{4.216}$$

将式(4.211)和式(4.212)代入式(4.209)和式(4.210),并整理得

$$(\boldsymbol{I}-\boldsymbol{D}_{Ha}\boldsymbol{D}_{Ea})\boldsymbol{W}_E^{*q}=-\boldsymbol{D}_{Ha}\boldsymbol{D}_{Eb}\boldsymbol{W}_E^{q-1}+\boldsymbol{D}_{Ha}\boldsymbol{V}_H^{q-1}-\boldsymbol{D}_{Hb}\boldsymbol{W}_H^{q-1}+\boldsymbol{V}_E^{q-1} \tag{4.217}$$

$$(\boldsymbol{I}-\boldsymbol{D}_{Hb}\boldsymbol{D}_{Eb})\boldsymbol{W}_E^{q}=\boldsymbol{D}_{Hb}\boldsymbol{D}_{Ea}\boldsymbol{W}_E^{*q}+\boldsymbol{W}_E^{*q}+\boldsymbol{D}_{Hb}\boldsymbol{W}_H^{q}-1+\boldsymbol{D}_{Hb}\boldsymbol{V}_H^{q-1} \tag{4.218}$$

$$\boldsymbol{W}_H^{q}=\boldsymbol{D}_{Eb}\boldsymbol{W}_E^{q}+\boldsymbol{D}_{Ea}\boldsymbol{W}_E^{*q}+\boldsymbol{V}_H^{q-1} \tag{4.219}$$

将式(4.213)～式(4.216)代入式(4.217)～式(4.219)并整理得

$$\begin{aligned}&(1-ab\widehat{M}_z\breve{M}_zD'^2_z)E_x^{*q}\\ =&ab\widehat{M}_z\breve{M}_xD'_zD'_xE_z^{q-1}-a\widehat{M}_yD'_yH_z^{q-1}-\\ &a\widehat{M}_zD'_z\Big(-2\sum_{k=0}^{q-1}H_y^k(\boldsymbol{r})-2bN_x\sum_{k=0}^{q-1}\varphi_{yx}^k(\boldsymbol{r})+2bN_z\sum_{k=0}^{q-1}\varphi_{yz}^k(\boldsymbol{r})\Big)-\\ &2\sum_{k=0}^{q-1}E_x^k(\boldsymbol{r})-2aN_y\sum_{k=0}^{q-1}f_{xy}^k(\boldsymbol{r})+2aN_z\sum_{k=0}^{q-1}f_{xz}^k(\boldsymbol{r})\end{aligned} \tag{4.220}$$

$$\begin{aligned}&(1-ab\widehat{M}_x\breve{M}_xD'^2_x)E_y^{*q}\\ =&ab\widehat{M}_x\breve{M}_yD'_xD'_yE_x^{q-1}-a\widehat{M}_zD'_zH_x^{q-1}-\\ &a\widehat{M}_xD'_x\Big(-2\sum_{k=0}^{q-1}H_z^k(\boldsymbol{r})-2bN_y\sum_{k=0}^{q-1}\varphi_{zy}^k(\boldsymbol{r})+2bN_x\sum_{k=0}^{q-1}\varphi_{zx}^k(\boldsymbol{r})\Big)-\\ &2\sum_{k=0}^{q-1}E_y^k(\boldsymbol{r})-2aN_z\sum_{k=0}^{q-1}f_{yz}^k(\boldsymbol{r})+2aN_x\sum_{k=0}^{q-1}f_{yx}^k(\boldsymbol{r})\end{aligned} \tag{4.221}$$

$$\begin{aligned}&(1-ab\widehat{M}_y\breve{M}_yD'^2_y)E_z^{*q}\\ =&ab\widehat{M}_y\breve{M}_zD'_yD'_zE_y^{q-1}-a\widehat{M}_xD'_xH_y^{q-1}-\\ &a\widehat{M}_yD'_y\Big(-2\sum_{k=0}^{q-1}H_x^k(\boldsymbol{r})-2bN_z\sum_{k=0}^{q-1}\varphi_{xz}^k(\boldsymbol{r})+2bN_y\sum_{k=0}^{q-1}\varphi_{xy}^k(\boldsymbol{r})\Big)-\\ &2\sum_{k=0}^{q-1}E_z^k(\boldsymbol{r})-2aN_x\sum_{k=0}^{q-1}f_{zx}^k(\boldsymbol{r})+2aN_y\sum_{k=0}^{q-1}f_{zy}^k(\boldsymbol{r})\end{aligned} \tag{4.222}$$

$$(1-ab\widehat{M}_y\breve{M}_yD'^2_y)E_x^q$$
$$=E_x^{*q}-ab\widehat{M}_y\breve{M}_xD'_yD'_xE_y^{*q}+a\widehat{M}_yD'_y\Big(H_z^{q-1}-2\sum_{k=0}^{q-1}H_z^k(\boldsymbol{r})-$$
$$2bN_y\sum_{k=0}^{q-1}\varphi_{zy}^k(\boldsymbol{r})+2bN_x\sum_{k=0}^{q-1}\varphi_{zx}^k(\boldsymbol{r})\Big) \tag{4.223}$$

$$(1-abD'^2_z)E_y^q$$
$$=E_y^{*q}-abD'_zD'_zE_y^{*q}+a\widehat{M}_zD'_z\Big(H_x^{q-1}-2\sum_{k=0}^{q-1}H_x^k(\boldsymbol{r})-$$
$$2bN_z\sum_{k=0}^{q-1}\varphi_{xz}^k(\boldsymbol{r})+2bN_y\sum_{k=0}^{q-1}\varphi_{xy}^k(\boldsymbol{r})\Big) \tag{4.224}$$

$$(1-abD'^2_x)E_z^q$$
$$=E_z^{*q}-abD'_xD'_zE_x^{*q}+a\widehat{M}_xD'_x\Big(H_y^{q-1}-2\sum_{k=0}^{q-1}H_y^k(\boldsymbol{r})-$$
$$2bN_x\sum_{k=0}^{q-1}\varphi_{yx}^k(\boldsymbol{r})+2bN_z\sum_{k=0}^{q-1}\varphi_{yz}^k(\boldsymbol{r})\Big) \tag{4.225}$$

式中：

$$\widehat{M}_i=1+M_i,\breve{M}_i=1-M_i\quad(i=x,y,z) \tag{4.226}$$

用中心差分近似式(4.222)～式(4.228)中的微分算子，可以得到一组基于新高阶项的拉盖尔基高效CPML吸收边界条件的差分方程：

$$-ab\widehat{M}_z\breve{M}_zD'^E_z\big|_{i,j,k}D'^H_z\big|_{i,j,k-1}E_x^{*q}\big|_{i,j,k-1}-ab\widehat{M}_z\breve{M}_zD'^E_z\big|_{i,j,k}D'^H_z\big|_{i,j,k}E_x^{*q}\big|_{i,j,k+1}+$$
$$(1+ab\widehat{M}_z\breve{M}_zD'^E_z\big|_{i,j,k}D'^H_z\big|_{i,j,k-1}+ab\widehat{M}_z\breve{M}_zD'^E_z\big|_{i,j,k}D'^H_z\big|_{i,j,k})E_x^{*q}\big|_{i,j,k}$$
$$=ab\widehat{M}_z\breve{M}_xD'^E_z\big|_{i,j,k}D'^H_x\big|_{i,j,k-1}(E_z^{q-1}\big|_{i,j,k-1}-E_z^{q-1}\big|_{i+1,j,k-1})+$$
$$ab\widehat{M}_z\breve{M}_xD'^E_z\big|_{i,j,k}D'^H_x\big|_{i,j,k}(E_z^{q-1}\big|_{i+1,j,k}-E_z^{q-1}\big|_{i,j,k})+$$
$$2a\widehat{M}_zD'^E_z\big|_{i,j,k}\sum_{k=0}^{q-1}(H_y^k\big|_{i,j,k}-H_y^k\big|_{i,j,k-1})+$$
$$2ab\widehat{M}_zN_xD'^E_z\big|_{i,j,k}\sum_{k=0}^{q-1}(\varphi_{yx}^k\big|_{i,j,k}-\varphi_{yx}^k\big|_{i,j,k-1})-2\sum_{k=0}^{q-1}E_x^k\big|_{i,j,k}-$$
$$2ab\widehat{M}_zN_zD'^E_z\big|_{i,j,k}\sum_{k=0}^{q-1}(\varphi_{yz}^k\big|_{i,j,k}-\varphi_{yz}^k\big|_{i,j,k-1})-2aN_y\sum_{k=0}^{q-1}f_{xy}^k\big|_{i,j,k}-$$
$$a\widehat{M}_yD'^E_y\big|_{i,j,k}(H_z^{q-1}\big|_{i,j,k}-H_z^{q-1}\big|_{i,j-1,k})+2aN_z\sum_{k=0}^{q-1}f_{xz}^k\big|_{i,j,k} \tag{4.227}$$

$$
\begin{aligned}
&-ab\widehat{M}_x\breve{M}_xD_x^E\Big|_{i,j,k}D'^H_x\Big|_{i-1,j,k}E_y^{*q}\Big|_{i-1,j,k}-ab\widehat{M}_x\breve{M}_xD'^E_x\Big|_{i,j,k}D'^H_x\Big|_{i,j,k}E_y^{*q}\Big|_{i+1,j,k}+\\
&(1+ab\widehat{M}_x\breve{M}_xD'^E_x\Big|_{i,j,k}D'^H_x\Big|_{i-1,j,k}+ab\widehat{M}_x\breve{M}_xD'^E_x\Big|_{i,j,k}D'^H_x\Big|_{i,j,k})E_y^{*q}\Big|_{i,j,k}\\
=\ &ab\widehat{M}_x\breve{M}_yD'^E_x\Big|_{i,j,k}D'^H_y\Big|_{i-1,j,k}(E_x^{q-1}\Big|_{i-1,j,k}-E_x^{q-1}\Big|_{i-1,j+1,k})+\\
&2aN_x\sum_{k=0}^{q-1}f_{yx}^k\Big|_{i,j,k}+ab\widehat{M}_x\breve{M}_yD'^E_x\Big|_{i,j,k}D'^H_y\Big|_{i,j,k}(E_x^{q-1}\Big|_{i,j+1,k}-E_x^{q-1}\Big|_{i,j,k})+\\
&2a\widehat{M}_xD'^E_x\Big|_{i,j,k}\sum_{k=0}^{q-1}(H_z^k\Big|_{i,j,k}-H_z^k\Big|_{i-1,j,k})-\\
&a\widehat{M}_zD'^E_z\Big|_{i,j,k}(H_x^{q-1}\Big|_{i,j,k}-H_x^{q-1}\Big|_{i,j,k-1})+\\
&2ab\widehat{M}_xN_yD'^E_x\Big|_{i,j,k}\sum_{k=0}^{q-1}(\varphi_{zy}^k\Big|_{i,j,k}-\varphi_{zy}^k\Big|_{i-1,j,k})-2\sum_{k=0}^{q-1}E_y{}^k\Big|_{i,j,k}-\\
&2ab\widehat{M}_xN_xD'^E_x\Big|_{i,j,k}\sum_{k=0}^{q-1}(\varphi_{zx}^k\Big|_{i,j,k}-\varphi_{zx}^k\Big|_{i-1,j,k})-2aN_z\sum_{k=0}^{q-1}f_{yz}^k\Big|_{i,j,k}
\end{aligned}
\tag{4.228}
$$

$$
\begin{aligned}
&-ab\widehat{M}_y\breve{M}_yD'^E_y\Big|_{i,j,k}D'^H_y\Big|_{i,j-1,k}E_z^{*q}\Big|_{i,j-1,k}-\\
&ab\widehat{M}_y\breve{M}_yD'^E_y\Big|_{i,j,k}D'^H_y\Big|_{i,j,k}E_z^{*q}\Big|_{i,j+1,k}+(1+ab\widehat{M}_y\breve{M}_yD'^E_y\Big|_{i,j,k}D'^H_y\Big|_{i,j-1,k}+\\
&ab\widehat{M}_y\breve{M}_yD'^E_y\Big|_{i,j,k}D'^H_y\Big|_{i,j,k})E_z^{*q}\Big|_{i,j,k}\\
=\ &ab\widehat{M}_y\breve{M}_zD'^E_y\Big|_{i,j,k}D'^H_z\Big|_{i,j-1,k}(E_y^{q-1}\Big|_{i,j-1,k}-E_y^{q-1}\Big|_{i,j-1,k+1})+2aN_y\sum_{k=0}^{q-1}f_{zy}^k\Big|_{i,j,k}+\\
&ab\widehat{M}_y\breve{M}_zD'^E_y\Big|_{i,j,k}D'^H_z\Big|_{i,j,k}(E_y^{q-1}\Big|_{i,j,k+1}-E_y^{q-1}\Big|_{i,j,k})+\\
&2a\widehat{M}_yD'^E_y\Big|_{i,j,k}\sum_{k=0}^{q-1}(H_x^k\Big|_{i,j,k}-H_x^k\Big|_{i,j-1,k})-\\
&a\widehat{M}_xD'^E_x\Big|_{i,j,k}(H_y^{q-1}\Big|_{i,j,k}-H_y^{q-1}\Big|_{i-1,j,k})+\\
&2ab\widehat{M}_yN_zD'^E_y\Big|_{i,j,k}\sum_{k=0}^{q-1}(\varphi_{xz}^k\Big|_{i,j,k}-\varphi_{xz}^k\Big|_{i,j-1,k})-2\sum_{k=0}^{q-1}E_z^k\Big|_{i,j,k}-\\
&2ab\widehat{M}_yN_yD'^E_y\Big|_{i,j,k}\sum_{k=0}^{q-1}(\varphi_{xy}^k\Big|_{i,j,k}-\varphi_{xy}^k\Big|_{i,j-1,k})-2aN_x\sum_{k=0}^{q-1}f_{zx}^k\Big|_{i,j,k}
\end{aligned}
\tag{4.229}
$$

$$
\begin{aligned}
&-ab\widehat{M}_y\breve{M}_y D'^E_y\big|_{i,j,k}D'^H_y\big|_{i,j-1,k}E^q_x\big|_{i,j-1,k}-\\
&ab\widehat{M}_y\breve{M}_y D'^E_y\big|_{i,j,k}D'^H_y\big|_{i,j,k}E^q_x\big|_{i,j+1,k}+(1+\\
&ab\widehat{M}_y\breve{M}_y D'^E_y\big|_{i,j,k}D'^H_y\big|_{i,j-1,k}+ab\widehat{M}_y\breve{M}_y D'^E_y\big|_{i,j,k}D'^H_y\big|_{i,j,k})E^q_x\big|_{i,j,k}\\
=&E^{*q}_x\big|_{i,j,k}-ab\widehat{M}_y\breve{M}_x D'^E_y\big|_{i,j,k}(D'^H_x\big|_{i,j,k}E^{*q}_y\big|_{i+1,j,k}-D'^H_x\big|_{i,j-1,k}E^{*q}_y\big|_{i+1,j-1,k})-\\
&ab\widehat{M}_y\breve{M}_x D'^E_y\big|_{i,j,k}(D'^H_x\big|_{i,j-1,k}E^{*q}_y\big|_{i,j-1,k}-D'^H_x\big|_{i,j,k}E^{*q}_y\big|_{i,j,k})+\\
&a\widehat{M}_y D'^E_y\big|_{i,j,k}(H^{q-1}_z\big|_{i,j,k}-H^{q-1}_z\big|_{i,j-1,k})-2a\widehat{M}_y D'^E_y\big|_{i,j,k}\sum_{k=0}^{q-1}(H^k_z\big|_{i,j,k}-\\
&H^k_z\big|_{i,j-1,k})-2ab\widehat{M}_y N_y D'^E_y\big|_{i,j,k}\sum_{k=0}^{q-1}(\varphi^k_{zy}\big|_{i,j,k}-\varphi^k_{zy}\big|_{i,j-1,k})+\\
&2ab\widehat{M}_y N_x D'^E_y\big|_{i,j,k}\sum_{k=0}^{q-1}(\varphi^k_{zx}\big|_{i,j,k}-\varphi^k_{zx}\big|_{i,j-1,k})
\end{aligned}
\tag{4.230}
$$

$$
\begin{aligned}
&-ab\widehat{M}_z\breve{M}_z D'^E_z\big|_{i,j,k}D'^H_z\big|_{i,j,k-1}E^q_y\big|_{i,j,k-1}-\\
&ab\widehat{M}_z\breve{M}_z D'^E_z\big|_{i,j,k}D'^H_z\big|_{i,j,k}E^q_y\big|_{i,j,k+1}+\\
&(1+ab\widehat{M}_z\breve{M}_z D'^E_z\big|_{i,j,k}D'^H_z\big|_{i,j,k-1}+ab\widehat{M}_z\breve{M}_z D'^E_z\big|_{i,j,k}D'^H_z\big|_{i,j,k})E^q_y\big|_{i,j,k}\\
=&E^{*q}_y\big|_{i,j,k}-ab\widehat{M}_z\breve{M}_y D'^E_z\big|_{i,j,k}(D'^H_y\big|_{i,j,k}E^{*q}_z\big|_{i,j+1,k}-\\
&D'^H_y\big|_{i,j,k-1}E^{*q}_z\big|_{i,j+1,k-1})-ab\widehat{M}_z\breve{M}_y D'^E_z\big|_{i,j,k}(D'^H_y\big|_{i,j,k-1}E^{*q}_z\big|_{i,j,k-1}-\\
&D'^H_y\big|_{i,j,k}E^{*q}_z\big|_{i,j,k})+a\widehat{M}_z D'^E_z\big|_{i,j,k}(H^{q-1}_x\big|_{i,j,k}-\\
&H^{q-1}_x\big|_{i,j,k-1})-2a\widehat{M}_z D'^E_z\big|_{i,j,k}\sum_{k=0}^{q-1}(H^k_x\big|_{i,j,k}-H^k_x\big|_{i,j,k-1})-\\
&2ab\widehat{M}_z N_z D'^E_z\big|_{i,j,k}\sum_{k=0}^{q-1}(\varphi^k_{xz}\big|_{i,j,k}-\varphi^k_{xz}\big|_{i,j,k-1})+\\
&2ab\widehat{M}_z N_y D'^E_z\big|_{i,j,k}\sum_{k=0}^{q-1}(\varphi^k_{xy}\big|_{i,j,k}-\varphi^k_{xy}\big|_{i,j,k-1})
\end{aligned}
\tag{4.231}
$$

$$
\begin{aligned}
&-ab\widehat{M}_x \breve{M}_x D'^E_x\big|_{i,j,k} D'^H_x\big|_{i-1,j,k} E^q_z\big|_{i-1,j,k} - \\
&ab\widehat{M}_x \breve{M}_x D'^E_x\big|_{i,j,k} D'^H_x\big|_{i,j,k} E^q_z\big|_{i+1,j,k} + (1 + ab\widehat{M}_x \breve{M}_x D'^E_x\big|_{i,j,k} D'^H_x\big|_{i-1,j,k} + \\
&ab\widehat{M}_x \breve{M}_x D'^E_x\big|_{i,j,k} D'^H_x\big|_{i,j,k}) E^q_z\big|_{i,j,k} \\
&= E^{*q}_z\big|_{i,j,k} - ab\widehat{M}_x \breve{M}_z D'^E_x\big|_{i,j,k} (D'^H_z\big|_{i,j,k} E^{*q}_x\big|_{i,j,k+1} - \\
&D'^H_z\big|_{i-1,j,k} E^{*q}_x\big|_{i-1,j,k+1}) - ab\widehat{M}_x \breve{M}_z D'^E_x\big|_{i,j,k} (D'^H_z\big|_{i-1,j,k} E^{*q}_x\big|_{i-1,j,k} - \\
&D'^H_z\big|_{i,j,k} E^{*q}_x\big|_{i,j,k}) + aM_x D'^E_x\big|_{i,j,k} (H^{q-1}_y\big|_{i,j,k} - H^{q-1}_y\big|_{i-1,j,k}) - \\
&2aM_x D'^E_x\big|_{i,j,k} \sum_{k=0}^{q-1} (H^k_y\big|_{i,j,k} - H^k_y\big|_{i-1,j,k}) - 2abM_x N_x D'^E_x\big|_{i,j,k} \sum_{k=0}^{q-1} (\varphi^k_{yx}\big|_{i,j,k} - \\
&\varphi^k_{yx}\big|_{i-1,j,k}) + 2abM_x N_z D'^E_x\big|_{i,j,k} \sum_{k=0}^{q-1} (\varphi^k_{yz}\big|_{i,j,k} - \varphi^k_{yz}\big|_{i-1,j,k})
\end{aligned}
\tag{4.232}
$$

4.8　本章小结

本章提出了一种新的拉盖尔基高效 FDTD 算法及其相应的吸收边界条件，主要工作有以下几方面：

(1) 利用傅立叶变换和 Plancherel 关系式，在频域分析了原高阶项和新高阶项引入的误差大小，结果表明对于电磁场分量的高频部分，原高阶项引入的误差远大于新高阶项引入的误差。

(2) 提出了基于新高阶项的拉盖尔基高效 FDTD 算法，给出了空间差分方程，并在迭代算法中引入了 Gauss-Seide 迭代思想，数值结果表明在新高阶项和 Gauss-Seide 迭代法的共同作用下，新高效算法的效率和精度都高于原高效算法。

(3) 讨论了高效算法中的关键参数时间标度因子 s 和最高展开阶数 q 的取值问题，并针对高斯脉冲、微分高斯脉冲和调制高斯脉冲 3 种不同的激励源，给出了最佳时间标度因子的选择方法。

(4) 提出了基于新高阶项的高效 PML 吸收边界条件，并与其他高效 PML 吸收边界条件进行了比较，数值结果表明基于新高阶项的高效 PML 吸收边界条件具有更好的吸收效果。

(5) 研究了基于新高阶项的高效 PML 吸收边界条件与匹配层材料本构参数之间的关系,指出了匹配层材料参数的最佳选择范围。

(6) 提出了基于新高阶项的高效 CPML 吸收边界条件,并给出了差分方程。

参考文献

[1] Duan Yantao, Chen Bin, Yi Yun. Efficient Implementation for the Unconditionally Stable 2-D WLP-FDTD Method[J]. IEEE Microwave and Wireless Components Letters, 2009, 19(11): 677—678.

[2] Duan Yantao, Chen Bin, Fang Dagang, et al. Efficient implementation for 3-D Laguerre-based finite-difference time-domain method[J]. IEEE Transactions on Microwave Theory and Techniques, 2011, 59(1): 56—64.

[3] Chen Zheng, Duan Yantao, Zhang Yerong, et al. A new efficient algorithm for the unconditionally stable 2-D WLP-FDTD method[J]. IEEE Transactions on Antennas and Propagation, 2013, 61(7): 3712—3720.

[4] Chen Zheng, Duan Yantao, Zhang Yerong, et al. A new efficient algorithm for 3-D Laguerre-based FDTD method[J]. IEEE Transactions on Antennas and Propagation, 2014, 62(4): 2158—2164.

[5] Duan Yantao, Chen Bin, Chen Hailin, et al. Anisotropic medium PML for efficient Laguerre-based FDTD method[J]. Electronics Letters, 2010, 46(5):318—319.

[6] Taflove A, Johnson S G, Oskooi A. Advances in FDTD Computational Electrodynamics: Photonics and Nanotechnology[M]. Artech House, 2013.

[7] Chen Zheng, Duan Yantao, Zhang Yerong, et al. PML Implementation for a New and Efficient 2-D Laguerre-Based FDTD Method[J]. IEEE Antennas and Wireless Propagation Letters, 2013, 12: 1339—1342.

[8] Chung Y S, Sarkar T K, Jung B H, et al. An unconditionally stable scheme for the finite-difference time-domain method[J]. IEEE Transactions on Microwave Theory and Techniques, 2003, 51(3): 697—704.

[9] Arfken G B, Weber H J. Mathematical Methods for Physicists[M]. San Diego: Harcourt, 2001.

[10] Poularika A D. The Transforms and Applications Handbook[M]. New York: IEEE Press, 1996.

[11] Sun Guilin, Trueman C W. Unconditionally stable Crank-Nicolson scheme for solving the two-dimensional Maxwell's equations[J]. Electronics Letters, 2003, 39(7): 595—597.

[12] Sun Guilin, Trueman C W. Approximate Crank-Nicolson schemes for the 2-D finite-difference time-domain method for waves[J]. IEEE Transactions on Antennas and Propagation, 2004, 52(11): 2963—2972.

[13] Sun Guilin, Trueman C W. Efficient implementations of the Crank-Nicolson scheme for the finite-difference time-domain method[J]. IEEE Transactions on Microwave Theory and Techniques, 2006, 54(5): 2275—2284.

[14] Namiki T. 3-D ADI-FDTD method-unconditionally stable time-domain algorithm for solving full vector Maxwell's equations[J]. IEEE Transactions on Microwave Theory and Techniques, 2000, 48(10): 1743—1748.

[15] Mur G. Absorbing boundary conditions for the finite-difference approximation of the time-domain electromagnetic field equations[J]. IEEE Transactions on Electromagnetic Compatibility, 1981, EMC—23(4): 377—382.

[16] Mei Zicong, Zhang Yu, Zhao Xunwang, et al. Choice of the Scaling Factor in a Marching-on-in-Degree Time Domain Technique Based on

the Associated Laguerre Functions [J]. IEEE Transactions on Antennas and Propagation, 2012, 60(9): 4463—4467.

[17] Chen Weijun, Shao Wei, Li Jialin, et al. Numerical dispersion analysis and key parameter selection in Laguerre-FDTD method[J]. IEEE Microwave and Wireless Components Letters, 2013, 23(12): 629—631.

[18] Berenger J P. A perfectly matched layer for the absorption of electromagnetic waves [J]. Journal of Computational Physics, 1994, 114(2): 185—200.

[19] Liang Feng, Lin Hai, Wang Gaofeng. An unconditionally stable wave equation PML algorithm for truncating FDTD simulation[J]. Microwave & Optical Technology Letters, 2009, 51(4): 1028—1032.

[20] Mirzavand R, Abdipour A, Moradi G, et al. CFS-PML implementation for the unconditionally stable FDLTD method[J]. Journal of Electromagnetic Waves and Applications,, 2011, 25: 879—888.

[21] Gedney S D. An anisotropic perfectly matched layer-absorbing medium for the truncation of FDTD lattices [J]. IEEE Transactions on Antennas and Propagation, 1996, 44(12): 1630—1639.

[22] Roden J A, Gedney S D. Convolutional PML(CPML): an efficient FDTD implementation of the CFS-PML for arbitrary media[J]. Microwave and Optical Technology Letters , 2000, 27(5): 334—339.

第5章 二维组合拉盖尔基高效 FDTD 算法研究

标准拉盖尔基 FDTD 算法[1-8]是用一系列的加权拉盖尔多项式构成的基展开电磁场分量，但在实际数值模拟中只能用来计算有限阶数的展开系数。根据拉盖尔多项式的性质，标准拉盖尔基 FDTD 算法在靠近 $t=0$ 处存在较大的误差，这一点在高效算法中更加明显。本章在分析拉盖尔基 FDTD 算法零点误差的基础上，提出了组合拉盖尔基高效 FDTD 算法。组合拉盖尔基函数是由三个相邻阶数的加权拉盖尔多项式组合而成，基于这种新的时域基的 FDTD 算法仍然是无条件稳定的，并且在靠近零点处没有计算误差。

5.1 组合拉盖尔基函数

5.1.1 拉盖尔基 FDTD 算法的误差分析

拉盖尔基[1]为

$$\varphi_p(s \cdot t)=\mathrm{e}^{-s \cdot t/2} L_p(s \cdot t) \tag{5.1}$$

式中：p 为拉盖尔基的阶数，s 为时间标度因子。

$L_p(t)$满足如下递推公式：

$$L_0(t)=1 \tag{5.2}$$

$$L_1(t)=1-t \tag{5.3}$$

$$pL_p(t)=(2p-1-t)L_{p-1}(t)-(p-1)L_{p-2}(t), p\geqslant 2 \tag{5.4}$$

根据归纳法，对任意 $p\geqslant 0$ 有

$$L_p(0)=1 \tag{5.5}$$

把式(5.5)代入(5.1)，得

$$\varphi_p(s \cdot t)|_{t=0}=\varphi_p(0)=1 \tag{5.6}$$

对电磁场分量 $U(t)$，可用拉盖尔基展开为

$$U(\boldsymbol{r},t) = \sum_{p=0}^{\infty} \hat{U}^p(\boldsymbol{r})\varphi_p(st) \tag{5.7}$$

式中：$\hat{U}^p$ 为 p 阶展开系数。

当 $t=0$ 时，有

$$U(\boldsymbol{r},0) = \sum_{p=0}^{\infty} \hat{U}^p(\boldsymbol{r}) = 0 \tag{5.8}$$

在一个实际的数值模拟中，我们只能计算有限阶数的展开系数。设最大展开阶数为 $p_{\max}=N$，通过拉盖尔基 FDTD 算法得到的电磁场分量 $U(t)$ 在零点的值为

$$U(\boldsymbol{r},0) = \sum_{p=0}^{\infty} \hat{U}^p(\boldsymbol{r}) = -\sum_{p=N+1}^{\infty} \hat{U}^p(\boldsymbol{r}) \tag{5.9}$$

则计算结果在零点处的误差为

$$U_{\text{error}}(\boldsymbol{r},0) = -\sum_{p=N+1}^{\infty} \hat{U}^p(\boldsymbol{r}) \tag{5.10}$$

这个误差是无法避免的。不仅如此，这个误差在零点之后较长一段时间内都有影响，降低了计算精度。

5.1.2　组合拉盖尔基函数

为了消除零点附近的误差，本章提出了如下组合拉盖尔基函数

$$\phi_p(st)=\varphi_p(st)-2\varphi_{p+1}(st)+\varphi_{p+2}(st) \tag{5.11}$$

该时域基函数由 3 个相邻阶数的加权拉盖尔多项式组合而成。为了方便起见，本书将其称为组合基。

可将任一电磁场分量 $U(\boldsymbol{r},t)$ 用一系列组合基展开为

$$\begin{aligned} U(\boldsymbol{r},t) &= \sum_{p=0}^{\infty} U^p(\boldsymbol{r})\phi_p(st) \\ &= \sum_{p=0}^{\infty} U^p(\boldsymbol{r})(\varphi_p(st) - 2\phi_{p+1}(st) + \varphi_{p+2}(st)) \end{aligned} \tag{5.12}$$

当 $t=0$ 时，有

$$U(r,0) = \sum_{p=0}^{\infty} U^p(\boldsymbol{r})(\varphi_p(0) - 2\varphi_{p+1}(0) + \varphi_{p+2}(0)) = 0 \tag{5.13}$$

因此基于组合基的FDTD算法在时间零点处没有误差。

根据文献[8－9]，拉盖尔多项式满足如下关系：

$$\frac{\mathrm{d}}{\mathrm{d}x}(L_{p-1}(x)-L_p(x))=L_{p-1}(x) \tag{5.14}$$

则

$$\frac{\mathrm{d}}{\mathrm{d}x}L_p(x)=-L_{p-1}(x)+\frac{\mathrm{d}}{\mathrm{d}x}L_{p-1}(x) \tag{5.15}$$

根据递推关系，有

$$\frac{\mathrm{d}}{\mathrm{d}x}L_p(x)=-\sum_{j=0}^{p-1}L_j(x) \tag{5.16}$$

则

$$\frac{\mathrm{d}}{\mathrm{d}t}L_p(st)=-s\sum_{j=0}^{p-1}L_j(st) \tag{5.17}$$

利用式(5.1)和式(5.17)，可得加权拉盖尔基函数对时间的一阶导数为

$$\frac{\mathrm{d}}{\mathrm{d}t}\varphi_p(st)=-\frac{s}{2}\varphi_p(st)-s\sum_{j=0}^{p-1}\varphi_j(st) \tag{5.18}$$

利用式(5.12)和式(5.18)，可得电磁场分量对时间的一阶导数为

$$\frac{\mathrm{d}}{\mathrm{d}t}U(\boldsymbol{r},t)=\sum_{p=0}^{\infty}\frac{s}{2}U^p(\boldsymbol{r})[\varphi_p(st)-\varphi_{p+2}(st)] \tag{5.19}$$

式(5.19)在组合基FDTD算法的推导中需要用到。

5.2 二维组合基FDTD算法

5.2.1 二维组合基FDTD算法基本思想

以二维TE_z波为例，在各向同性、均匀的无耗介质中，麦氏方程组为

$$\frac{\partial E_x}{\partial t}=\frac{1}{\varepsilon}\left(\frac{\partial H_z}{\partial y}-J_x\right) \tag{5.20}$$

$$\frac{\partial E_y}{\partial t}=\frac{1}{\varepsilon}\left(-\frac{\partial H_z}{\partial x}-J_y\right) \tag{5.21}$$

$$\frac{\partial H_z}{\partial t}=\frac{1}{\mu}\left(\frac{\partial E_x}{\partial y}-\frac{\partial E_y}{\partial x}\right) \tag{5.22}$$

式中：ε和μ分别为介质的介电常数和磁导率。

将式(5.20)～式(5.22)中的场量用组合拉盖尔基展开，得

$$E_x(\boldsymbol{r},t) = \sum_{p=0}^{\infty} E_x^p(\boldsymbol{r})\phi_p(st) \tag{5.23}$$

$$E_y(\boldsymbol{r},t) = \sum_{p=0}^{\infty} E_y^p(\boldsymbol{r})\phi_p(st) \tag{5.24}$$

$$H_z(\boldsymbol{r},t) = \sum_{p=0}^{\infty} H_z^p(\boldsymbol{r})\phi_p(st) \tag{5.25}$$

根据式(5.19)，式(5.20)～式(5.22)左边对时间的一阶偏导数为

$$\frac{\mathrm{d}}{\mathrm{d}t}E_x(\boldsymbol{r},t) = \sum_{p=0}^{\infty} \frac{s}{2}E_x^p(\boldsymbol{r})[\varphi_p(st) - \varphi_{p+2}(st)] \tag{5.26}$$

$$\frac{\mathrm{d}}{\mathrm{d}t}E_y(\boldsymbol{r},t) = \sum_{p=0}^{\infty} \frac{s}{2}E_y^p(\boldsymbol{r})[\varphi_p(st) - \varphi_{p+2}(st)] \tag{5.27}$$

$$\frac{\mathrm{d}}{\mathrm{d}t}H_z(\boldsymbol{r},t) = \sum_{p=0}^{\infty} \frac{s}{2}E_z^p(\boldsymbol{r})[\varphi_p(st) - \varphi_{p+2}(st)] \tag{5.28}$$

将式(5.23)～式(5.28)代入式(5.20)～式(5.22)，并令

$$D_x=\frac{\partial}{\partial x},D_y=\frac{\partial}{\partial y} \tag{5.29}$$

$$a=\frac{2}{s\varepsilon},b=\frac{2}{s\mu} \tag{5.30}$$

得

$$\sum_{p=0}^{\infty} E_x^p(\boldsymbol{r})[\varphi_p(st) - \varphi_{p+2}(st)] = aD_y\sum_{p=0}^{\infty} H_z^p(\boldsymbol{r})\phi_p(st) - aJ_x(\boldsymbol{r}) \tag{5.31}$$

$$\sum_{p=0}^{\infty} E_y^p(\boldsymbol{r})[\varphi_p(st) - \varphi_{p+2}(st)] =- aD_x\sum_{p=0}^{\infty} H_z^p(\boldsymbol{r})\phi_p(st) - aJ_y(\boldsymbol{r}) \tag{5.32}$$

$$\sum_{p=0}^{\infty} H_z^p(\boldsymbol{r})[\varphi_p(st) - \varphi_{p+2}(st)] = bD_y\sum_{p=0}^{\infty} E_x^p(\boldsymbol{r})\phi_p(st) - bD_x\sum_{p=0}^{\infty} E_y^p(\boldsymbol{r})\phi_p(st) \tag{5.33}$$

从式(5.31)～式(5.33)可以看出，基于组合基的 FDTD 算法，消去了标准拉盖尔基 FDTD 算法中的 0～$q-1$ 阶的累加项 $\sum_{k=0}^{q-1}E_x^k$ 等。将式(5.11)代

入式(5.31)～式(5.33)，并按照 $\phi_p(st)$ 的阶数重新排列，得

$$\sum_{p=0}^{\infty}[E_x^p(\boldsymbol{r})-E_x^{p-2}(\boldsymbol{r})]\varphi_p(st)$$
$$=aD_y\sum_{p=0}^{\infty}[H_z^p(\boldsymbol{r})-2H_z^{p-1}(\boldsymbol{r})+H_z^{p-2}(\boldsymbol{r})]\varphi_p(st)-aJ_x(\boldsymbol{r}) \tag{5.34}$$

$$\sum_{p=0}^{\infty}[E_y^p(\boldsymbol{r})-E_y^{p-2}(\boldsymbol{r})]\varphi_p(st)$$
$$=-aD_x\sum_{p=0}^{\infty}[H_z^p(\boldsymbol{r})-2H_z^{p-1}(\boldsymbol{r})+H_z^{p-2}(\boldsymbol{r})]\varphi_p(st)-aJ_y(\boldsymbol{r}) \tag{5.35}$$

$$\sum_{p=0}^{\infty}[H_z^p(\boldsymbol{r})-H_z^{p-2}(\boldsymbol{r})]\varphi_p(st)$$
$$=bD_y\sum_{p=0}^{\infty}[E_x^p(\boldsymbol{r})-2E_x^{p-1}(\boldsymbol{r})+E_x^{p-2}(\boldsymbol{r})]\varphi_p(st)-$$
$$bD_x\sum_{p=0}^{\infty}[E_y^p(\boldsymbol{r})-2E_y^{p-1}(\boldsymbol{r})+E_y^{p-2}(\boldsymbol{r})]\varphi_p(st) \tag{5.36}$$

式中：

$$E_x^{-2}(\boldsymbol{r})=E_x^{-1}(\boldsymbol{r})=0 \tag{5.37}$$

$$E_y^{-2}(\boldsymbol{r})=E_y^{-1}(\boldsymbol{r})=0 \tag{5.38}$$

$$H_z^{-2}(\boldsymbol{r})=H_z^{-1}(\boldsymbol{r})=0 \tag{5.39}$$

在式(5.34)～式(5.36)两边同时乘以 $\phi_q(st)$，并在 $\bar{t}=[0,\infty)$ 积分，利用拉盖尔基函数的正交性消去式中的时间项，得

$$E_x^q(\boldsymbol{r})-E_x^{q-2}(\boldsymbol{r})=aD_y[H_z^p(\boldsymbol{r})-2H_z^{q-1}(\boldsymbol{r})+H_z^{q-2}(\boldsymbol{r})]-aJ_x^q(\boldsymbol{r}) \tag{5.40}$$

$$E_y^q(\boldsymbol{r})-E_y^{q-2}(\boldsymbol{r})=aD_x[H_z^q(\boldsymbol{r})-2H_z^{q-1}(\boldsymbol{r})+H_z^{q-2}(\boldsymbol{r})]-aJ_y^q(\boldsymbol{r}) \tag{5.41}$$

$$H_z^q(\boldsymbol{r})-H_z^{q-2}(\boldsymbol{r})=bD_y[E_x^q(\boldsymbol{r})-2E_x^{q-1}(\boldsymbol{r})+E_x^{q-2}(\boldsymbol{r})]-$$
$$bD_x[E_y^q(\boldsymbol{r})-2E_y^{q-1}(\boldsymbol{r})+E_y^{q-2}(\boldsymbol{r})] \tag{5.42}$$

式中：

$$J_x^q(\boldsymbol{r})=\int_0^{\infty}J_x(\boldsymbol{r},t)\varphi_q(st)\mathrm{d}(st) \tag{5.43}$$

$$J_y^q(\boldsymbol{r})=\int_0^{\infty}J_y(\boldsymbol{r},t)\varphi_q(st)\mathrm{d}(st) \tag{5.44}$$

式(5.40)～式(5.42)可以整理为

$$E_x^q(\boldsymbol{r})=aD_y[H_z^p(\boldsymbol{r})-2H_z^{q-1}(\boldsymbol{r})+H_z^{q-2}(\boldsymbol{r})]-aJ_x^q(\boldsymbol{r})+E_x^{q-2}(\boldsymbol{r}) \tag{5.45}$$

$$E_y^q(\boldsymbol{r})=-aD_x[H_z^q(\boldsymbol{r})-2H_z^{q-1}(\boldsymbol{r})+H_z^{q-2}(\boldsymbol{r})]-aJ_y^q(\boldsymbol{r})+E_y^{q-2}(\boldsymbol{r}) \tag{5.46}$$

$$\begin{aligned}H_z^q(\boldsymbol{r})=&bD_y[E_x^q(\boldsymbol{r})-2E_x^{q-1}(\boldsymbol{r})+E_x^{q-2}(\boldsymbol{r})]-\\&bD_x[E_y^q(\boldsymbol{r})-2E_y^{q-1}(\boldsymbol{r})+E_y^{q-2}(\boldsymbol{r})]+H_z^{q-2}(\boldsymbol{r})\end{aligned} \tag{5.47}$$

将式(5.47)代入式(5.45)和式(5.46)并整理，得到一组二维组合基FDTD算法的基本方程：

$$\begin{aligned}&(1-aD_ybD_y)E_x^q(\boldsymbol{r})+aD_ybD_xE_y^q(\boldsymbol{r})\\=&-2aD_ybD_yE_x^{q-1}(\boldsymbol{r})+2aD_ybD_xE_y^{q-1}(\boldsymbol{r})+aD_ybD_yE_x^{q-2}(\boldsymbol{r})-\\&aD_ybD_xE_y^{q-2}(\boldsymbol{r})+2aD_yH_z^{q-2}(\boldsymbol{r})-2aD_yH_z^{q-1}(\boldsymbol{r})+E_x^{q-2}(\boldsymbol{r})-aJ_x^q(\boldsymbol{r})\end{aligned} \tag{5.48}$$

$$\begin{aligned}&(1-aD_xbD_x)E_y^q(\boldsymbol{r})+aD_xbD_yE_x^q(\boldsymbol{r})\\=&2aD_xbD_yE_x^{q-1}(\boldsymbol{r})-2aD_xbD_xE_y^{q-1}(\boldsymbol{r})-aD_xbD_yE_x^{q-2}(\boldsymbol{r})+\\&aD_xbD_xE_y^{q-2}(\boldsymbol{r})-2aD_xH_z^{q-2}(\boldsymbol{r})+2aD_xH_z^{q-1}(\boldsymbol{r})+E_y^{q-2}(\boldsymbol{r})-aJ_y^q(\boldsymbol{r})\end{aligned} \tag{5.49}$$

式(5.48)和式(5.49)左边均为未知量，右边均为已知量，解线性方程组(5.48)和方程组(5.49)，可以求出电场分量 $E_x^q(\boldsymbol{r})$ 和 $E_y^q(\boldsymbol{r})$。再根据式(5.47)，可以求出磁场分量 $H_z^q(\boldsymbol{r})$。

5.2.2 二维组合基 FDTD 算法的差分方程

定义如下参数：

$$\overline{C}_x^E\Big|_i=\frac{2}{s\varepsilon\Delta\overline{x}_i} \tag{5.50}$$

$$\overline{C}_y^E\Big|_j=\frac{2}{s\varepsilon\Delta\overline{y}_j} \tag{5.51}$$

$$\overline{C}_x^H\Big|_i=\frac{2}{s\mu\Delta x_i} \tag{5.52}$$

$$\overline{C}_y^H\Big|_j=\frac{2}{s\mu\Delta y_j} \tag{5.53}$$

式中：$\Delta\overline{x}$ 和 $\Delta\overline{y}$ 为相邻的两个磁场分量所在位置之间的距离，Δx 和 Δy 为相邻的两个电场分量所在位置之间的距离。

将中心差分法应用到式(5.47)～式(5.49)，可以推导出二维组合基 FDTD 算法的基本差分方程：

$$\begin{aligned}
&-\overline{C}_y^H\Big|_{j-1}E_x^q\Big|_{i,j-1}+\left(\frac{1}{\overline{C}_y^E\Big|_j}+\overline{C}_y^H\Big|_j+\overline{C}_y^H\Big|_{j-1}\right)E_x^q\Big|_{i,j}-\overline{C}_y^H\Big|_jE_x^q\Big|_{i,j+1}-\\
&\overline{C}_x^H\Big|_iE_y^q\Big|_{i+1,j-1}+\overline{C}_x^H\Big|_iE_y^q\Big|_{i,j-1}-\overline{C}_x^H\Big|_iE_y^q\Big|_{i,j}+\overline{C}_x^H\Big|_iE_y^q\Big|_{i+1,j}\\
=&\overline{C}_y^H\Big|_jE_x^{q-2}\Big|_{i,j+1}-(\overline{C}_y^H\Big|_j+\overline{C}_y^H\Big|_{j-1})E_x^{q-2}\Big|_{i,j}+\overline{C}_y^H\Big|_{j-1}E_x^{q-2}\Big|_{i,j-1}-\\
&2\Big[\overline{C}_y^H\Big|_jE_x^{q-1}\Big|_{i,j+1}-(\overline{C}_y^H\Big|_j+\overline{C}_y^H\Big|_{j-1})E_x^{q-1}\Big|_{i,j}+\overline{C}_y^H\Big|_{j-1}E_x^{q-1}\Big|_{i,j-1}\Big]-\\
&\overline{C}_x^H\Big|_i(E_y^{q-2}\Big|_{i+1,j}-E_y^{q-2}\Big|_{i+1,j-1}-E_y^{q-2}\Big|_{i,j}+E_y^{q-2}\Big|_{i,j-1})+\\
&2\overline{C}_x^H\Big|_i(E_y^{q-1}\Big|_{i+1,j}-E_y^{q-1}\Big|_{i+1,j-1}-E_y^{q-1}\Big|_{i,j}+E_y^{q-1}\Big|_{i,j-1})+\frac{1}{\overline{C}_y^E}\Big|_jE_x^{q-2}\Big|_{i,j}+\\
&2(H_z^{q-2}\Big|_{i,j}-H_z^{q-2}\Big|_{i,j-1})-2(H_z^{q-1}\Big|_{i,j}-H_z^{q-1}\Big|_{i,j-1})-\Delta y_jJ_x^q\Big|_{i,j}
\end{aligned} \tag{5.54}$$

$$\begin{aligned}
&-\overline{C}_x^H\Big|_{i-1}E_y^q\Big|_{i-1,j}+\left(\frac{1}{\overline{C}_x^E\Big|_i}+\overline{C}_x^H\Big|_i+\overline{C}_x^H\Big|_{i-1}\right)E_y^q\Big|_{i,j}-\overline{C}_x^H\Big|_iE_y^q\Big|_{i+1,j}+\\
&\overline{C}_y^H\Big|_jE_x^q\Big|_{i,j+1}-\overline{C}_y^H\Big|_jE_x^q\Big|_{i-1,j+1}-\overline{C}_y^H\Big|_jE_x^q\Big|_{i,j}+\overline{C}_y^H\Big|_jE_x^q\Big|_{i-1,j}\\
=&\overline{C}_x^H\Big|_iE_y^{q-2}\Big|_{i+1,j}-(\overline{C}_x^H\Big|_i+\overline{C}_x^H\Big|_{i-1})E_y^{q-2}\Big|_{i,j}+\overline{C}_x^H\Big|_{i-1}E_y^{q-2}\Big|_{i-1,j}-\\
&2\Big[\overline{C}_x^H\Big|_iE_y^{q-1}\Big|_{i+1,j}-(\overline{C}_x^H\Big|_i+\overline{C}_x^H\Big|_{i-1})E_y^{q-1}\Big|_{i,j}+\overline{C}_x^H\Big|_{i-1}E_y^{q-1}\Big|_{i-1,j}\Big]-\\
&\overline{C}_y^H\Big|_j(E_x^{q-2}\Big|_{i,j+1}-E_x^{q-2}\Big|_{i-1,j+1}-E_x^{q-2}\Big|_{i,j}+E_x^{q-2}\Big|_{i-1,j})+\\
&+2\,\overline{C}_y^H\Big|_j(E_x^{q-2}\Big|_{i,j+1}-E_x^{q-2}\Big|_{i-1,j+1}-E_x^{q-2}\Big|_{i,j}+E^{q-2}{}_x\Big|_{i-1,j})+\frac{1}{\overline{C}_x^E\Big|_i}E_y^{q-2}\Big|_{i,j}-\\
&2(H_z^{q-2}\Big|_{i,j}-H_z^{q-2}\Big|_{i-1,j})+2(H_z^{q-1}\Big|_{i,j}-H_z^{q-1}\Big|_{i-1,j})-\Delta x_iJ_y^q\Big|_{i,j}
\end{aligned} \tag{5.55}$$

$$H_z^q\big|_{i,j}=\overline{C}_y^H\big|_j(E_x^q\big|_{i,j+1}-E_x^q\big|_{i,j})-2\overline{C}_y^H\big|_j(E_x^{q-1}\big|_{i,j+1}-E_x^{q-1}\big|_{i,j})+H_z^{q-2}\big|_{i,j}+\overline{C}_y^H\big|_j(E_x^{q-2}\big|_{i,j+1}-E_x^{q-2}\big|_{i,j})-\overline{C}_x^H\big|_i(E_y^q\big|_{i+1,j}-E_y^q\big|_{i,j})+2\overline{C}_x^H\big|_i(E_y^{q-1}\big|_{i+1,j}-E_y^{q-1}\big|_{i,j})-\overline{C}_x^H\big|_i(E_y^{q-2}\big|_{i+1,j}-E_y^{q-2}\big|_{i,j}) \tag{5.56}$$

式(5.54)和式(5.55)左边均有 7 个待求的未知场量，右边均只有激励源和$q-1$阶、$q-2$阶的已知量，根据式(5.54)～式(5.56)可以求出每一阶的电磁场分量，再根据式(5.12)可以还原到时域波形。

5.3 二维组合基高效 FDTD 算法

与二维拉盖尔基 FDTD 算法相似，5.3 节提出的二维组合基 FDTD 算法需要求解大型稀疏矩阵方程，不仅要占用很多内存，而且计算效率不高。为了解决这个问题，本节提出了二维组合基高效 FDTD 算法及其迭代算法。

5.3.1 二维组合基高效 FDTD 算法基本思想

以均匀无耗介质中的二维 TE_z 波为例，令

$$\boldsymbol{W}_E^q=(E_x^q(\boldsymbol{r})\ \ E_y^q(r))^{\mathrm{T}},\boldsymbol{W}_H^q=(H_z^q(\boldsymbol{r})) \tag{5.57}$$

$$\boldsymbol{D}_H=(D_y-D_x)^{\mathrm{T}},\boldsymbol{D}_E=(D_y-D_x) \tag{5.58}$$

$$\boldsymbol{J}_E^q=(-J_x^q(\boldsymbol{r})\ \ -J_y^q(\boldsymbol{r})) \tag{5.59}$$

则式(5.45)～式(5.47)可以合并为以下矩阵方程：

$$\boldsymbol{W}_E^q=\boldsymbol{W}_E^{q-2}+a\boldsymbol{D}_H\boldsymbol{W}_H^q+a\boldsymbol{D}_H\boldsymbol{W}_H^{q-2}-2a\boldsymbol{D}_H\boldsymbol{W}_H^{q-1}-a\boldsymbol{J}_E^q \tag{5.60}$$

$$\boldsymbol{W}_H^q=\boldsymbol{W}_H^{q-2}+b\boldsymbol{D}_E\boldsymbol{W}_E^q+b\boldsymbol{D}_E\boldsymbol{W}_E^{q-2}-2b\boldsymbol{D}_E\boldsymbol{W}_E^{q-1} \tag{5.61}$$

再令

$$\boldsymbol{W}^q=(\boldsymbol{W}_E^q\quad \boldsymbol{W}_H^q)^{\mathrm{T}} \tag{5.62}$$

$$\boldsymbol{J}^q=(\boldsymbol{J}_E^q\quad \boldsymbol{0})^{\mathrm{T}} \tag{5.63}$$

$$\boldsymbol{A}+\boldsymbol{B}=\begin{pmatrix}\boldsymbol{0} & a\boldsymbol{D}_H\\ b\boldsymbol{D}_E & \boldsymbol{0}\end{pmatrix} \tag{5.64}$$

则式(5.60)和式(5.61)可以进一步写成

$$\boldsymbol{W}^q=\boldsymbol{W}^{q-2}+(\boldsymbol{A}+\boldsymbol{B})\boldsymbol{W}^q+(\boldsymbol{A}+\boldsymbol{B})\boldsymbol{W}^{q-2}-2(\boldsymbol{A}+\boldsymbol{B})\boldsymbol{W}^{q-1}-a\boldsymbol{J}^q \tag{5.65}$$

式(5.65)可以整理为

$$(\boldsymbol{I}-\boldsymbol{A}-\boldsymbol{B})\boldsymbol{W}^q=(\boldsymbol{I}+\boldsymbol{A}+\boldsymbol{B})\boldsymbol{W}^{q-2}-2(\boldsymbol{A}+\boldsymbol{B})\boldsymbol{W}^{q-1}-a\boldsymbol{J}^q \tag{5.66}$$

式(5.66)是二维组合基高效FDTD算法的矩阵方程，现在式(5.66)中引入一个高阶项$\boldsymbol{AB}(\boldsymbol{W}^q-\boldsymbol{W}^{q-2})$，得

$$(\boldsymbol{I}-\boldsymbol{A})(\boldsymbol{I}-\boldsymbol{B})\boldsymbol{W}^q=\boldsymbol{AB}\boldsymbol{W}^{q-2}+(\boldsymbol{I}+\boldsymbol{A}+\boldsymbol{B})\boldsymbol{W}^{q-2}-2(\boldsymbol{A}+\boldsymbol{B})\boldsymbol{W}^{q-1}-\boldsymbol{J}^q \tag{5.67}$$

式中：

$$\boldsymbol{A}=\begin{pmatrix} & a\boldsymbol{D}_{Ha} \\ b\boldsymbol{D}_{Ea} & \end{pmatrix} \tag{5.68}$$

$$\boldsymbol{B}=\begin{pmatrix} & a\boldsymbol{D}_{Hb} \\ b\boldsymbol{D}_{Eb} & \end{pmatrix} \tag{5.69}$$

$$\boldsymbol{D}_{Ha}=(0 \quad -D_x)^{\mathrm{T}},\boldsymbol{D}_{Hb}=(D_y \quad 0)^{\mathrm{T}} \tag{5.70}$$

$$\boldsymbol{D}_{Ea}=(0 \quad -D_x),\boldsymbol{D}_{Eb}=(D_y \quad 0) \tag{5.71}$$

采用 Factorization-Splitting 法[9-11]，可以将式(5.67)分解成两步算法得

$$(\boldsymbol{I}-\boldsymbol{A})\boldsymbol{W}^{*q}=\boldsymbol{B}\boldsymbol{W}^{q-2}+(\boldsymbol{I}+\boldsymbol{A}+\boldsymbol{B})\boldsymbol{W}^{q-2}-2(\boldsymbol{A}+\boldsymbol{B})\boldsymbol{W}^{q-1}-\boldsymbol{J}^q \tag{5.72}$$

$$(\boldsymbol{I}-\boldsymbol{B})\boldsymbol{W}^q=\boldsymbol{W}^{*q}-\boldsymbol{B}\boldsymbol{W}^{q-2} \tag{5.73}$$

利用式(5.68)和式(5.69)展开式(5.72)和式(5.73)，得

$$\boldsymbol{W}_E^{*q}-a\boldsymbol{D}_{Ha}\boldsymbol{W}_H^{*q}=a\boldsymbol{D}_{Hb}\boldsymbol{W}_H^{q-2}+\boldsymbol{W}_E^{q-2}+a\boldsymbol{D}_H\boldsymbol{W}_H^{q-2}-2a\boldsymbol{D}_H\boldsymbol{W}_H^{q-1}-\boldsymbol{J}_E^q \tag{5.74}$$

$$-b\boldsymbol{D}_{Ea}\boldsymbol{W}_E^{*q}+\boldsymbol{W}_H^{*q}=b\boldsymbol{D}_{Eb}\boldsymbol{W}_E^{q-2}+b\boldsymbol{D}_E\boldsymbol{W}_E^{q-2}+\boldsymbol{W}_H^{q-2}-2b\boldsymbol{D}_E\boldsymbol{W}_E^{q-1} \tag{5.75}$$

$$\boldsymbol{W}_E^q-a\boldsymbol{D}_{Hb}\boldsymbol{W}_H^q=\boldsymbol{W}_E^{*q}-a\boldsymbol{D}_{Hb}\boldsymbol{W}_H^{q-2} \tag{5.76}$$

$$-b\boldsymbol{D}_{Eb}\boldsymbol{W}_E^q+\boldsymbol{W}_H^q=\boldsymbol{W}_H^{*q}-b\boldsymbol{D}_{Eb}\boldsymbol{W}_E^{q-2} \tag{5.77}$$

利用式(5.70)和式(5.71)进一步展开式(5.74)～式(5.77)，并消去中间变量得

$$(1-abD_x^2)E_y^q=-abD_xD_yE_x^{q-2}+V_{Ey}^{q-1} \tag{5.78}$$

$$(1-abD_y^2)E_x^q=-abD_yD_xE_y^q+V_{Ex}^{q-1} \tag{5.79}$$

$$H_z^q = bD_y E_x^q - bD_x E_y^q + V_{Hz}^{q-1} \tag{5.80}$$

式中：

$$V_{Ey}^{q-1} = -abD_xD_yE_x^{q-2} + abD_x^2E_y^{q-2} - 2aD_xH_z^{q-2} + 2abD_xD_yE_x^{q-1} - 2abD_x{}^2E_y^{q-1} + E_y^{q-2} + 2aD_xH_z^{q-1} - J_y^q \tag{5.81}$$

$$V_{Ex}^{q-1} = -abD_yD_x E_y^{q-2} + abD_y^2E_x^{q-2} + 2aD_y H_z^{q-2} + 2abD_yD_xE_y^{q-1} - 2abD_y^2E_x^{q-1} + E_x^{q-2} - 2aD_yH_z^{q-1} - J_x^q \tag{5.82}$$

$$V_{Hz}^{q-1} = bD_yE_x^{q-2} - bD_xE_y^{q-2} + H_z^{q-2} - 2bD_yE_x^{q-1} + 2bD_xE_y^{q-1} \tag{5.83}$$

运用中心差分法离散式(5.78)～式(5.80)中的空间微分算子，可以得到二维组合基高效 FDTD 算法的空间差分方程：

$$-C_x^E\big|_i C_x^H\big|_{i-1} E_y^q\big|_{i-1,j} - C_x^E\big|_i C_x^H\big|_i E_y^q\big|_{i+1,j} + (1 + C_x^E\big|_i C_x^H\big|_{i-1} + C_x^E\big|_i C_x^H\big|_i) E_y^q\big|_{i,j} = -C_x^E\big|_i C_y^H\big|_j (E_x^{q-2}\big|_{i,j+1} - E_x^{q-2}\big|_{i-1,j+1} - E_x^{q-2}\big|_{i,j} + E_x^{q-2}\big|_{i-1,j}) + V_{Ey}^{q-1}\big|_{i,j} \tag{5.84}$$

$$-C_y^E\big|_j C_y^H\big|_{j-1} E_x^q\big|_{i,j-1} - C_y^E\big|_j C_y^H\big|_j E_x^q\big|_{i,j+1} + (1 + C_y^E\big|_j C_y^H\big|_{j-1} + C_y^E\big|_j C_y^H\big|_j) E_x^q\big|_{i,j} = -C_y^E\big|_j C_x^H\big|_i (E_y^q\big|_{i+1,j} - E_y^q\big|_{i+1,j-1} - E_y^q\big|_{i,j} + E_y^q\big|_{i,j-1}) + V_{Ex}^{q-1}\big|_{i,j} \tag{5.85}$$

$$H_z^q\big|_{i,j} = C_y^H\big|_j (E_x^q\big|_{i,j} - E_x^q\big|_{i,j-1}) - C_x^H\big|_i (E_y^q\big|_{i,j} - E_y^q\big|_{i-1,j}) + V_{Hz}^{q-1}\big|_{i,j} \tag{5.86}$$

式中：

$$\begin{aligned} V_{Ey}^{q-1}\big|_{i,j} = {} & (E_y^{q-2}\big|_{i,j} - J_y^q\big|_{i,j} - C_x^E\big|_i C_y^H\big|_j (E_x^{q-2}\big|_{i,j+1} - E_x^{q-2}\big|_{i-1,j+1} - E_x^{q-2}\big|_{i,j} + E_x^{q-2}\big|_{i-1,j}) + \\ & C_x^E\big|_i C_x^H\big|_{i-1} (E_y^{q-2}\big|_{i-1,j} - E_y^{q-2}\big|_{i,j}) + C_x^E\big|_i C_x^H\big|_i (E_y^{q-2}\big|_{i+1,j} - E_y^{q-2}\big|_{i,j}) + \\ & 2C_x^E\big|_i C_y^H\big|_j (E_x^{q-1}\big|_{i,j+1} - E_x^{q-1}\big|_{i-1,j+1} - E_x^{q-1}\big|_{i,j} + E_x^{q-1}\big|_{i-1,j}) - \\ & 2C_x^E\big|_i C_x^H\big|_{i-1} (E_y^{q-1}\big|_{i-1,j} - E_y^{q-1}\big|_{i,j}) - 2C_x^E\big|_i C_x^H\big|_i (E_y^{q-1}\big|_{i+1,j} - E_y^{q-1}\big|_{i,j}) - \\ & 2C_x^E\big|_i (H_z^{q-2}\big|_{i,j} - H_z^{q-2}\big|_{i-1,j}) + 2C_x^E\big|_i (H_z^{q-1}\big|_{i,j} - H_z^{q-1}\big|_{i-1,j}) \end{aligned} \tag{5.87}$$

$$V_{Ex}^{q-1}\Big|_{i,j}=-C_y^E\Big|_jC_x^H\Big|_i(E_y^{q-2}\Big|_{i+1,j}-E_y^{q-2}\Big|_{i+1,j-1}-E_y^{q-2}\Big|_{i,j}+E_y^{q-2}\Big|_{i,j-1})+E_x^{q-2}\Big|_{i,j}-J_x^q\Big|_{i,j}+C_y^E\Big|_jC_y^H\Big|_{j-1}(E_x^{q-2}\Big|_{i,j-1}-E_x^{q-2}\Big|_{i,j})+C_y^E\Big|_jC_y^H\Big|_j(E_x^{q-2}\Big|_{i,j+1}-E_x^{q-2}\Big|_{i,j})+2C_y^E\Big|_jC_x^H\Big|_i(E_y^{q-1}\Big|_{i+1,j}-E_y^{q-1}\Big|_{i+1,j-1}-E_y^{q-1}\Big|_{i,j}+E_y^{q-1}\Big|_{i,j-1})-2C_y^E\Big|_jC_y^H\Big|_{j-1}(E_x^{q-1}\Big|_{i,j-1}-E_x^{q-1}\Big|_{i,j})-2C_y^E\Big|_jC_y^H\Big|_j(E_x^{q-1}\Big|_{i,j+1}-E_x^{q-1}\Big|_{i,j})+2C_y^E\Big|_j(H_z^{q-2}\Big|_{i,j}-H_z^{q-2}\Big|_{i,j-1})-2C_y^E\Big|_j(H_z^{q-1}\Big|_{i,j}-H_z^{q-1}\Big|_{i,j-1}) \tag{5.88}$$

$$V_{Hz}^{q-1}\Big|_{i,j}=C_y^H\Big|_j(E_x^{q-2}\Big|_{i,j+1}-E_x^{q-2}\Big|_{i,j})-C_x^H\Big|_i(E_y^{q-2}\Big|_{i+1,j}-E_y^{q-2}\Big|_{i,j})+H_z^{q-2}\Big|_{i,j}-2C_y^H\Big|_j(E_x^{q-1}\Big|_{i,j+1}-E_x^{q-1}\Big|_{i,j})+2C_x^H\Big|_i(E_y^{q-1}\Big|_{i+1,j}-E_y^{q-1}\Big|_{i,j}) \tag{5.89}$$

式(5.84)和式(5.85)是两个三对角型矩阵方程，可以利用追赶法进行求解。需要注意的是由于式(5.85)的右边含有未知量 E_y^q，所以未知量的求解顺序应为 E_y^q、E_x^q、H_z^q。求出各阶电磁场分量的展开系数后，可以用式(5.23)～式(5.25)还原成时域波形。

5.3.2　二维组合基高效FDTD算法的迭代算法

二维组合基高效FDTD算法中引入了高阶项 $\boldsymbol{AB}(\boldsymbol{W}^q-\boldsymbol{W}^{q-2})$，提高了计算效率，但同时也引入了高阶项误差。为了减小误差，本节提出了二维组合基高效FDTD算法的迭代算法。

设式(5.67)的解为 $\boldsymbol{W}_0^q$，重新构造一个高阶项 $\boldsymbol{AB}(\boldsymbol{W}_1^q-\boldsymbol{W}_0^q)$，用相同的方法引入到式(5.66)中，可以得到一个新的矩阵方程：

$$(\boldsymbol{I}-\boldsymbol{A})(\boldsymbol{I}-\boldsymbol{B})\boldsymbol{W}_1^q=\boldsymbol{ABW}_0^q+(\boldsymbol{I}+\boldsymbol{A}+\boldsymbol{B})\boldsymbol{W}^{q-2}-2(\boldsymbol{A}+\boldsymbol{B})\boldsymbol{W}^{q-1}-\boldsymbol{J}^q \tag{5.90}$$

不断地重复以上步骤，就构造了二维组合基高效FDTD算法的迭代算法

$$(\boldsymbol{I}-\boldsymbol{A})(\boldsymbol{I}-\boldsymbol{B})\boldsymbol{W}_{m+1}^q=\boldsymbol{ABW}_m^q+(\boldsymbol{I}+\boldsymbol{A}+\boldsymbol{B})\boldsymbol{W}^{q-2}-2(\boldsymbol{A}+\boldsymbol{B})\boldsymbol{W}^{q-1}-\boldsymbol{J}^q \tag{5.91}$$

式中：m 表示迭代次数。

式(5.91)可以分解为两步算法：

$$(\boldsymbol{I}-\boldsymbol{A})\boldsymbol{W}_{m+1}^{*q}=\boldsymbol{B}\boldsymbol{W}_{m}^{q}+(\boldsymbol{I}+\boldsymbol{A}+\boldsymbol{B})\boldsymbol{W}^{q-2}-2(\boldsymbol{A}+\boldsymbol{B})\boldsymbol{W}^{q-1}-\boldsymbol{J}^{q} \tag{5.92}$$

$$(\boldsymbol{I}-\boldsymbol{B})\boldsymbol{W}_{m+1}^{q}=\boldsymbol{W}_{m+1}^{*q}-\boldsymbol{B}\boldsymbol{W}_{m}^{q} \tag{5.93}$$

利用矩阵 $\boldsymbol{A}$、$\boldsymbol{B}$ 的定义，展开式(5.92)和式(5.93)并消除中间变量，得到二维组合基高效 FDTD 算法迭代算法的基本方程：

$$(1-abD_x^2)E_{y,m+1}^{q}=-abD_x D_y E_{x,m}^{q}+V_{Ey}^{q-1} \tag{5.94}$$

$$(1-abD_y^2)E_{x,m+1}^{q}=-abD_y D_x E_{y,m+1}^{q}+V_{Ex}^{q-1} \tag{5.95}$$

$$H_{z,m+1}^{q}=aD_yE_{x,m+1}^{q}-bD_x E_{y,m+1}^{*q}+V_{Hz}^{q-1} \tag{5.96}$$

式中的 V_{Ey}^{q-1}、V_{Ex}^{q-1}、V_{Hz}^{q-1} 与式(5.81)～式(5.83)中的相同。

运用中心差分法离散式(5.94)～式(5.96)中的空间微分算子，可以得到二维组合基高效 FDTD 算法迭代算法的空间差分方程：

$$\begin{aligned}&-C_x^E\big|_iC_x^H\big|_{i-1}E_{y,m+1}^{q}\big|_{i-1,j}-C_x^E\big|_iC_x^H\big|_iE_{y,m+1}^{q}\big|_{i+1,j}+\\&(1+C_x^E\big|_iC_x^H\big|_{i-1}+C_x^E\big|_iC_x^H\big|_i)E_{y,m+1}^{q}\big|_{i,j}\\=&-C_x^E\big|_iC_y^H\big|_j(E_{x,m}^{q}\big|_{i,j+1}-E_{x,m}^{q}\big|_{i-1,j+1}-E_{x,m}^{q}\big|_{i,j}+E_{x,m}^{q}\big|_{i-1,j})+V_{Ey}^{q-1}\big|_{i,j}\end{aligned} \tag{5.97}$$

$$\begin{aligned}&-C_y^E\big|_jC_y^H\big|_{j-1}E_{x,m+1}^{q}\big|_{i,j-1}-C_y^E\big|_jC_y^H\big|_jE_{x,m+1}^{q}\big|_{i,j+1}+\\&(1+C_y^E\big|_jC_y^H\big|_{j-1}+C_y^E\big|_jC_y^H\big|_j)E_{x,m+1}^{q}\big|_{i,j}\\=&-C_y^E\big|_jC_x^H\big|_i(E_{y,m+1}^{q}\big|_{i+1,j}-E_{y,m+1}^{q}\big|_{i+1,j-1}-\\&E_{y,m+1}^{q}\big|_{i,j}+E_{y,m+1}^{q}\big|_{i,j-1})+V_{Ex}^{q-1}\big|_{i,j}\end{aligned} \tag{5.98}$$

$$H_z^q\big|_{i,j}=C_y^H\big|_j(E_{y,m+1}^{q}\big|_{i,j}-E_{y,m+1}^{q}\big|_{i,j-1})-C_x^H\big|_i(E_{y,m+1}^{q}\big|_{i,j}-E_{y,m+1}^{q}\big|_{i-1,j})+V_{Hz}^{q-1}\big|_{i,j} \tag{5.99}$$

通过迭代算法可以有效减小高阶项引入的误差。

5.4 二维组合基高效 FDTD 算法的数值验证

以下对二维组合基高效 FDTD 算法的计算精度和效率进行数值验证。

第一个例子是一个二维平行板电容器[6]，如图 5.1 所示。

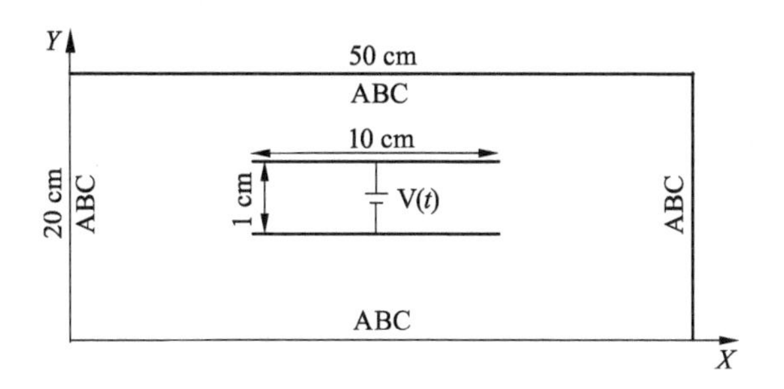

图 5.1　二维平行板电容器仿真结构示意图

计算空间的尺寸为 20 cm×50 cm，四条边分别用 Mur 一阶吸收边界[12]截断。平行板的长度为 10 cm，两板之间的距离为 1 cm，负极到下边界的距离为 10 cm。采用均匀网格，网格尺寸为$\Delta x=\Delta y=1$ cm。在两个平行板之间采用高斯脉冲作为激励源，频率范围为 500 MHz。为了便于叙述，这里定义一个稳定性因子 $CFLN=\Delta t_{\mathrm{ADI,LOD}}/\Delta t_{\mathrm{ADI,LOD}}$，式中 Δt_{FDTD} 和 Δt_{FDTD}，式中 Δt_{FDTD}、Δt_{ADI} 和 Δt_{LOD} 分别为传统 FDTD 算法、ADI-FDTD 算法和 LOD-FDTD 算法的时间步长。

分别采用如下 5 种方式进行数值模拟：

(1) 传统 FDTD 算法，取 $\Delta t_{\mathrm{FDTD}}=16.7$ ps；

(2) ADI-FDTD 算法，分别取 $CFLN=1,8,16$；

(3) LOD-FDTD 算法，分别取 $CFLN=1,8,16$；

(4) 拉盖尔基高效 FDTD 算法[6]，最高展开阶数 $q=65$，时间标度因子取$s=2\times 10^{10}$[13-14]；

(5) 组合基高效 FDTD 算法，最高展开阶数 $q=65$，时间标度因子取 $s=2\times 10^{10}$。

根据文献[6]的处理方法，可以对计算结果进行傅立叶变换，并作归一化处理。图 5.2 给出了平行板电容器中心线不同位置处(沿 x 方向)的电场分量 E_y 的归一化频域值($f=0$ Hz)。从图中可以看出，组合基高效 FDTD 算法的计算结果与传统 FDTD 算法的计算结果吻合得很好。而对于 ADI-DFTD 算法和 LOD-FDTD 算法，在 $CFLN=1$ 时计算精度才能得到保证；当 $CFLN$ 的值增大时，计算精度迅速下降。

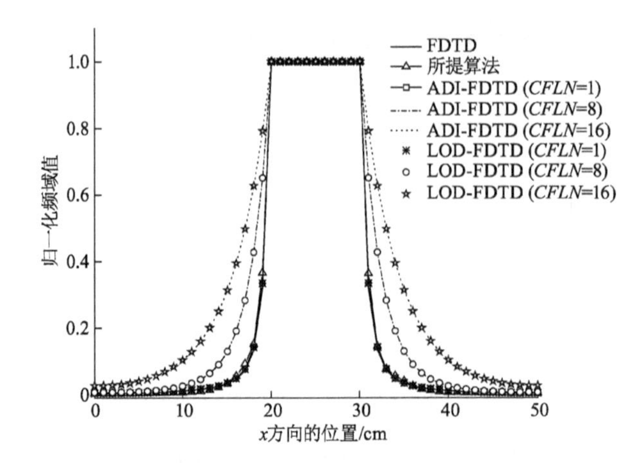

图 5.2　平行板电容器中线沿 x 方向不同位置处电场分量 E_y 的归一化频域值($f=0$ Hz)

图 5.3 给出了采用组合基高效 FDTD 算法、拉盖尔基高效 FDTD 算法和传统 FDTD 算法时，观测点($15\Delta x$，$11\Delta y$)处电场分量 E_y 的时域波形。为了使计算结果充分收敛，采用组合基高效 FDTD 算法和拉盖尔基高效 FDTD 算法时均使用了 20 次整体迭代。从图中可以看出采用不同方法得到的时域波形基本吻合。为了进一步比较计算精度，定义相对误差如下：

$$E_{x,\mathrm{error}}=|E_{x,\mathrm{num}}-E_{x,\mathrm{FDTD}}| \tag{5.100}$$

式中：$E_{x,\mathrm{FDTD}}$为传统 FDTD 算法的计算结果，$E_{x,\mathrm{num}}$为被测试算法的计算结果。

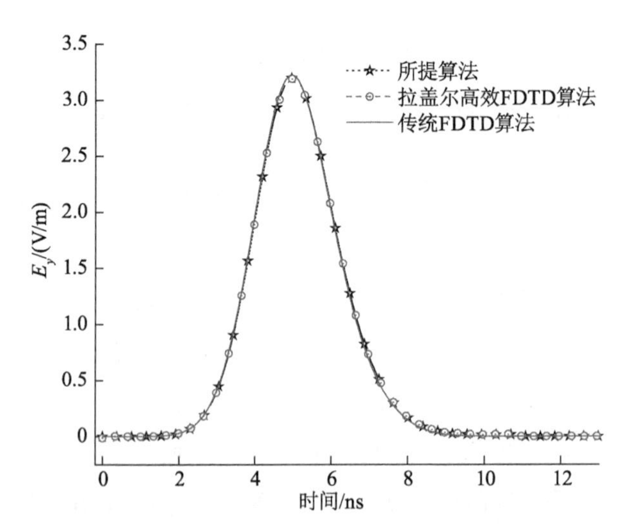

图 5.3　观测点处电场分量 E_y 的时域波形

图 5.4 给出了组合基高效 FDTD 算法和拉盖尔基高效 FDTD 算法在观测点处的相对误差。可以看出，组合基高效 FDTD 算法的计算结果在 $t=0$ 点附近基本没有误差，且整体计算精度高于拉盖尔基高效 FDTD 算法。

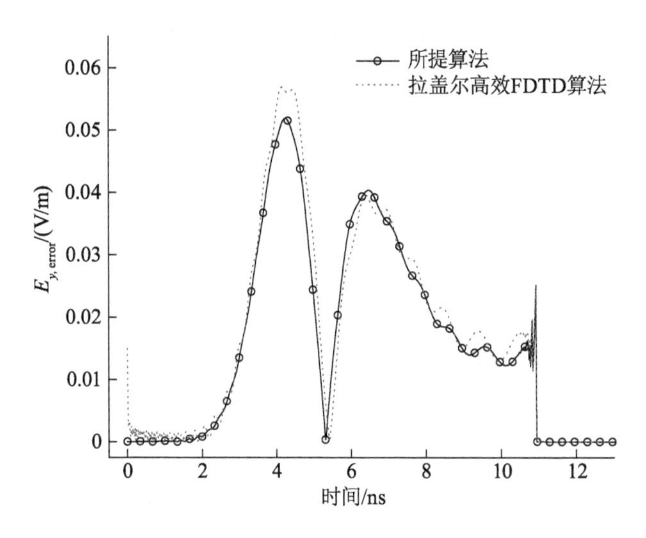

图 5.4　观测点处电场分量 E_y 的相对误差

第二个例子是一个带有窄缝的平行板波导结构，如图 5.5 所示。波导的中心位置设有薄金属板，金属板中间带有宽度为 0.2 mm 的窄缝。整个计算空间划分为 $250\Delta x \times 130\Delta y$ 个网格，x 方向采用均匀网格，y 方向在窄缝中心处开始采用扩展网格，最小网格尺寸为 5 mm×10 μm，扩展系数为 1.07。在 $x=80\Delta x$ 处采用如下调制高斯脉冲作为激励源：

$$J_y(t)=\exp\left(-\left(\frac{t-T_c}{T_d}\right)^2\right)\sin(2\pi f_c t) \tag{5.101}$$

式中：$T_d=1/(2f_c)$，$T_c=3T_d$，$f_c=4$ GHz。

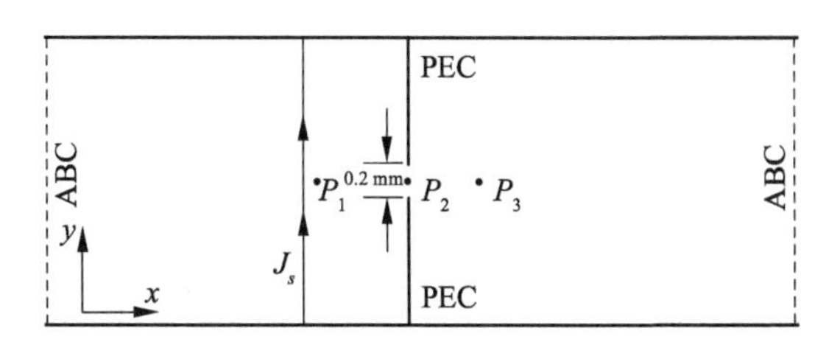

图 5.5　带有窄缝的平行板波导示意图

分别采用如下四种方式进行数值模拟：

(1) 传统 FDTD 算法，取 $\Delta t_{\mathrm{FDTD}}=25$ fs；

(2) ADI-FDTD 算法，分别取 $CFLN=20,40$；

(3) LOD-FDTD 算法，分别取 $CFLN=20,40$；

(4) 组合基高效 FDTD 算法，取展开阶数 $q=80$，时间标度因子 $s=1.2\times10^{11}$，在窄缝附近的 10×10 个网格采用 10 次局部迭代，再采用 3 次整体迭代。

图 5.6 给出了采用不同计算方法时，观测点 $P_1(82\Delta x,65\Delta y)$ 处的电场分量 E_y 的时域波形。图 5.7 给出了这些方法的计算结果在点 P_1 处的相对误差。

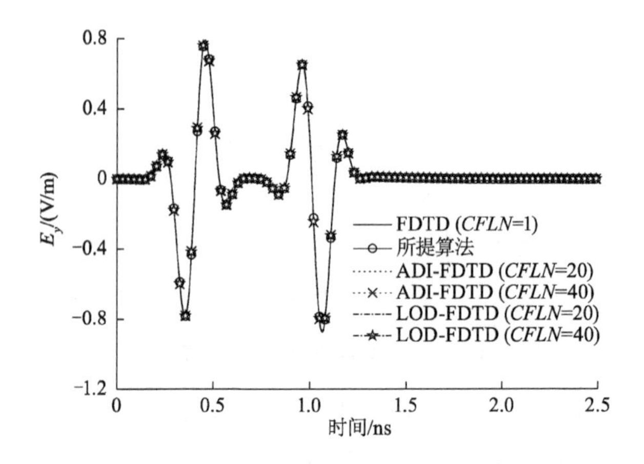

图 5.6　观察点 P_1 处电场分量 E_y 的时域波形

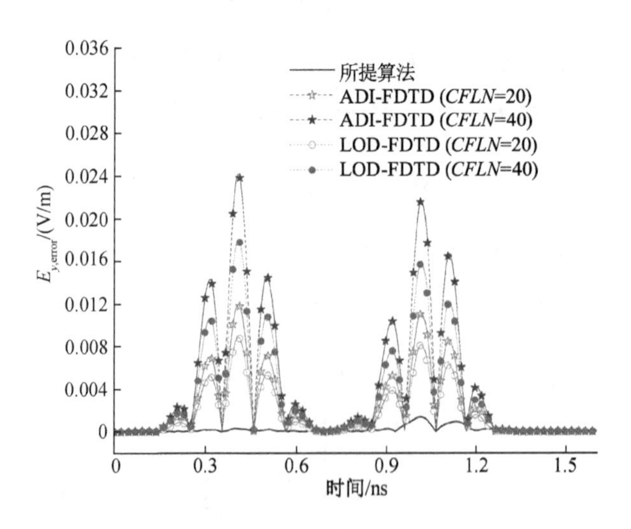

图 5.7　观察点 P_1 处电场分量 E_y 的相对误差

从图中可以看出，相比于 ADI-FDTD 算法和 LOD-FDTD 算法，组合基高效 FDTD 算法的精度更高。表 5.1 给出了不同的计算方法消耗的 CPU 时间和计算机内存。从时间上看，组合基高效 FDTD 算法耗时最短，只要 4.3 s，仅相当于传统 FDTD 算法的 1.5%，ADI-FDTD($CFLN=20$)算法的 5.4%、LOD-FDTD($CFLN=20$)算法的 5.8%。从占用内存的角度来看，组合基高效 FDTD 算法消耗的内存较大，不过与其他 3 种算法仍处于同一个数量级。

表 5.1　不同算法消耗的计算资源

算法	Δt	步数/阶数	计算时间/s	内存消耗/MB
FDTD	25 fs	160 000	293.6	1.41
所提算法	1.0 ps	81	4.3	1.98
ADI-FDTD	20×25 fs	8000	79.3	1.69
LOD-FDTD	20×25 fs	8000	74.2	1.69
ADI-FDTD	40×25 fs	4000	40.1	1.69
LOD-FDTD	40×25 fs	4000	37.2	1.69

5.5　本章小结

本章在分析标准拉盖尔基引入的零点误差的基础上，提出了组合拉盖尔基，并推导了基于组合基的二维高效 FDTD 算法。数值计算表明，组合基高效 FDTD 算法的计算结果不仅消除了标准拉盖尔基 FDTD 算法中存在的零点误差，而且整体精度更高。相比于 ADI-FDTD 算法、LOD-FDTD 算法等，组合基高效 FDTD 算法在计算具有精细结构的电磁场问题时效率更高。

参考文献

[1] Chung Y S, Sarkar T K, Jung B H, et al. An unconditionally stable

scheme for the finite-difference time-domain method[J]. IEEE Transactions on Microwave Theory and Techniques, 2003, 51(3): 697—704.

[2] Duan Yantao, Chen Bin, Yi Yun. Efficient Implementation for the Unconditionally Stable 2-D WLP-FDTD Method [J]. IEEE Microwave and Wireless Components Letters, 2009, 19(11): 677—678.

[3] Duan Yantao, Chen Bin, Chen Hailin, et al. Anisotropic medium PML for efficient Laguerre-based FDTD method[J]. Electronics Letters, 2010, 46(5):318—319.

[4] Duan Yantao, Chen Bin, Fang Dagang, et al. Efficient implementation for 3-D Laguerre-based finite-difference time-domain method[J]. IEEE Transactions on Microwave Theory and Techniques, 2011, 59(1): 56—64.

[5] 段艳涛.基于加权拉盖尔多项式的时域有限差分法算法研究[D].解放军理工大学工程兵工程学院博士论文,2010.

[6] Chen Zheng, Duan Yantao, Zhang Yerong, et al. A new efficient algorithm for the unconditionally stable 2-D WLP-FDTD method[J]. IEEE Transactions on Antennas and Propagation,2013,61(7):3712—3720.

[7] Chen Zheng, Duan Yantao, Zhang Yerong, et al. PML Implementation for a New and Efficient 2-D Laguerre-Based FDTD Method[J]. IEEE Antennas and Wireless Propagation Letters, 2013, 12: 1339—1342.

[8] Chen Zheng, Duan Yantao, Zhang Yerong, et al. A new efficient algorithm for 3-D Laguerre-based FDTD method[J]. IEEE Transactions on Antennas and Propagation, 2014, 62(4): 2158—2164.

[9] Sun Guilin, Trueman C W. Unconditionally stable Crank-Nicolson scheme for solving the two-dimensional Maxwell's equations[J]. Electronics Letters, 2003, 39(7): 595—597

[10] Sun Guilin, Trueman C W. Approximate Crank-Nicolson schemes for the 2-D finite-difference time-domain method for waves[J]. IEEE

Transactions on Antennas and Propagation, 2004, 52(11): 2963-2972.

[11] Sun Guilin, Trueman C W. Efficient implementations of the Crank-Nicolson scheme for the finite-difference time-domain method[J]. IEEE Transactions on Microwave Theory and Techniques, 2006, 54(5): 2275-2284.

[12] Mur G. Absorbing boundary conditions for the finite-difference approximation of the time-domain electromagnetic field equations[J]. IEEE Transactions on Electromagnetic Compatibility, 1981, EMC-23(4): 377-382.

[13] Mei Zicong, Zhang Yu, Zhao Xunwang, et al. Choice of the Scaling Factor in a Marching-on-in-Degree Time Domain Technique Based on the Associated Laguerre Functions[J]. IEEE Transactions on Antennas and Propagation, 2012, 60(9): 4463-4467.

[14] Chen Weijun, Shao Wei, Li Jialin, et al. Numerical dispersion analysis and key parameter selection in Laguerre-FDTD method[J]. IEEE Microwave and Wireless Components Letters, 2013, 23(12): 629-631.

第 6 章　三维组合基高效 FDTD 算法研究

第 5 章提出了二维组合基高效 FDTD 算法及其 PML 吸收边界条件，本章把该算法推广到三维情形，并给出了相应的三维高效 PML 吸收边界条件。与二维情形不同的是，在三维高效算法中非物理中间变量是无法消除的。数值结果表明三维组合基高效 FDTD 算法的计算结果与传统 FDTD 算法吻合得很好，与拉盖尔基高效 FDTD 算法相比，不仅在 $t=0$ 附近基本没有误差，而且整体精度更高。

6.1　三维组合基高效 FDTD 算法

本节通过引入与二维情形相同的高阶项和 Factorization-Splitting 方法[1-3]，推导了三维组合基高效 FDTD 算法的基本方程，并给出了空间差分格式。

6.1.1　三维组合基 FDTD 算法的矩阵形式

将无耗、均匀、各向同性材料中的三维麦克斯韦方程组重写为[4]

$$\frac{\partial E_x}{\partial t}=\frac{1}{\varepsilon}\left(\frac{\partial H_z}{\partial y}-\frac{\partial H_y}{\partial z}-J_x\right) \tag{6.1}$$

$$\frac{\partial E_y}{\partial t}=\frac{1}{\varepsilon}\left(\frac{\partial H_x}{\partial z}-\frac{\partial H_z}{\partial x}-J_y\right) \tag{6.2}$$

$$\frac{\partial E_z}{\partial t}=\frac{1}{\varepsilon}\left(\frac{\partial H_y}{\partial x}-\frac{\partial H_x}{\partial y}-J_z\right) \tag{6.3}$$

$$\frac{\partial H_x}{\partial t}=\frac{1}{\mu}\left(\frac{\partial E_y}{\partial z}-\frac{\partial E_z}{\partial y}\right) \tag{6.4}$$

$$\frac{\partial H_y}{\partial t}=\frac{1}{\mu}\left(\frac{\partial E_z}{\partial x}-\frac{\partial E_x}{\partial z}\right) \tag{6.5}$$

$$\frac{\partial H_z}{\partial t}=\frac{1}{\mu}\left(\frac{\partial E_x}{\partial y}-\frac{\partial E_y}{\partial x}\right) \tag{6.6}$$

采用组合基将式(6.1)～式(6.6)中的电磁场分量展开，得

$$E_x(\boldsymbol{r},t) = \sum_{p=0}^{\infty} E_x^p(\boldsymbol{r})\varphi_p(st) \tag{6.7}$$

$$E_y(\boldsymbol{r},t) = \sum_{p=0}^{\infty} E_y^p(\boldsymbol{r})\varphi_p(st) \tag{6.8}$$

$$E_z(\boldsymbol{r},t) = \sum_{p=0}^{\infty} E_z^p(\boldsymbol{r})\varphi_p(st) \tag{6.9}$$

$$H_x(\boldsymbol{r},t) = \sum_{p=0}^{\infty} H_x^p(\boldsymbol{r})\varphi_p(st) \tag{6.10}$$

$$H_y(\boldsymbol{r},t) = \sum_{p=0}^{\infty} H_y^p(\boldsymbol{r})\varphi_p(st) \tag{6.11}$$

$$H_z(\boldsymbol{r},t) = \sum_{p=0}^{\infty} H_z^p(\boldsymbol{r})\varphi_p(st) \tag{6.12}$$

根据式(5.19)，式(6.1)～式(6.6)左边的电磁场分量对时间的一阶微分为

$$\frac{\mathrm{d}}{\mathrm{d}t}E_x(\boldsymbol{r},t) = \sum_{p=0}^{\infty} \frac{s}{2}E_x^p(\boldsymbol{r})[\varphi_p(st)-\varphi_{p+2}(st)] \tag{6.13}$$

$$\frac{\mathrm{d}}{\mathrm{d}t}E_y(\boldsymbol{r},t) = \sum_{p=0}^{\infty} \frac{s}{2}E_y^p(\boldsymbol{r})[\varphi_p(st)-\varphi_{p+2}(st)] \tag{6.14}$$

$$\frac{\mathrm{d}}{\mathrm{d}t}H_z(\boldsymbol{r},t) = \sum_{p=0}^{\infty} \frac{s}{2}H_z^p(\boldsymbol{r})[\varphi_p(st)-\varphi_{p+2}(st)] \tag{6.15}$$

$$\frac{\mathrm{d}}{\mathrm{d}t}E_x(\boldsymbol{r},t) = \sum_{p=0}^{\infty} \frac{s}{2}E_x^p(\boldsymbol{r})[\varphi_p(st)-\varphi_{p+2}(st)] \tag{6.16}$$

$$\frac{\mathrm{d}}{\mathrm{d}t}E_y(\boldsymbol{r},t) = \sum_{p=0}^{\infty} \frac{s}{2}E_y^p(\boldsymbol{r})[\varphi_p(st)-\varphi_{p+2}(st)] \tag{6.17}$$

$$\frac{\mathrm{d}}{\mathrm{d}t}H_z(\boldsymbol{r},t) = \sum_{p=0}^{\infty} \frac{s}{2}H_z^p(\boldsymbol{r})[\varphi_p(st)-\varphi_{p+2}(st)] \tag{6.18}$$

将式(6.7)～式(6.18)代入式(6.1)～式(6.6)，得

$$\sum_{p=0}^{\infty} E_x^p(r)[\varphi_p(st)-\varphi_{p+2}(st)] = a\sum_{p=0}^{\infty}[D_yH_z^p(r)-D_zH_y^p(r)-J_x^p]\phi_p(st) \tag{6.19}$$

$$\sum_{p=0}^{\infty} E_y^p(r)[\varphi_p(st)-\varphi_{p+2}(st)] = a\sum_{p=0}^{\infty}[D_z H_x^p(r) - D_x H_z^p(r) - J_y^p]\phi_p(st) \tag{6.20}$$

$$\sum_{p=0}^{\infty} E_z^p(r)[\varphi_p(st)-\varphi_{p+2}(st)] = a\sum_{p=0}^{\infty}[D_x H_y^p(r) - D_y H_x^p(r) - J_z^p]\phi_p(st) \tag{6.21}$$

$$\sum_{p=0}^{\infty} H_x^p(r)[\varphi_p(st)-\varphi_{p+2}(st)] = b\sum_{p=0}^{\infty}[D_z E_y^p(r) - D_y E_z^p(r)]\phi_p(st) \tag{6.22}$$

$$\sum_{p=0}^{\infty} H_y^p(r)[\varphi_p(st)-\varphi_{p+2}(st)] = b\sum_{p=0}^{\infty}[D_x E_z^p(r) - D_z E_x^p(r)]\phi_p(st) \tag{6.23}$$

$$\sum_{p=0}^{\infty} H_z^p(r)[\varphi_p(st)-\varphi_{p+2}(st)] = b\sum_{p=0}^{\infty}[D_y E_x^p(r) - D_x E_y^p(r)]\phi_p(st) \tag{6.24}$$

式中：

$$D_x=\frac{\partial}{\partial x}, D_y=\frac{\partial}{\partial y}, D_z=\frac{\partial}{\partial z} \tag{6.25}$$

$$a=\frac{2}{s\varepsilon}, b=\frac{2}{s\mu} \tag{6.26}$$

将 $\phi_p(st)=[\varphi_p(st)-2\varphi_{p+1}(st)+\varphi_{p+2}(st)]$ 代入式(6.19)～式(6.24)，并按$\varphi_p(st)$的阶数重新整理得

$$\begin{aligned}&\sum_{p=0}^{\infty}[E_x^p(r)-E_x^{p-2}(r)]\varphi_p(st)\\ &= a\sum_{p=0}^{\infty}[D_y(H_z^p(r)-2H_z^{p-1}(r)+H_z^{p-2}(r))-D_z(H_y^p(r)-2H_y^{p-1}(r)+\\ &\quad H_y^{p-2}(r))-(J_x^p(r)-2J_x^{p-1}(r)+J_x^{p-2}(r))]\varphi_p(st)\end{aligned} \tag{6.27}$$

$$\sum_{p=0}^{\infty}[E_x^p(r)-E_x^{p-2}(r)]\varphi_p(st)$$
$$=a\sum_{p=0}^{\infty}[D_z(H_x^p(r)-2H_x^{p-1}(r)+H_x^{p-2}(r))-D_x(H_z^p(r)-2H_z^{p-1}(r)+$$
$$H_z^{p-2}(r))-(J_y^p(r)-2J_y^{p-1}(r)+J_y^{p-2}(r))]\varphi_p(st) \tag{6.28}$$

$$\sum_{p=0}^{\infty}[E_z^p(r)-E_z^{p-2}(r)]\varphi_p(st)$$
$$=a\sum_{p=0}^{\infty}[D_x(H_y^p(r)-2H_y^{p-1}(r)+H_y^{p-2}(r))-D_y(H_x^p(r)-$$
$$2H_x^{p-1}(r)+H_x^{p-2}(r))-(J_z^p(r)-2J_z^{p-1}(r)+J_z^{p-2}(r))]\varphi_p(st) \tag{6.29}$$

$$\sum_{p=0}^{\infty}[H_x^p(r)-H_x^{p-2}(r)]\varphi_p(st)$$
$$=b\sum_{p=0}^{\infty}[D_z(E_y^p(r)-2E_y^{p-1}(r)+E_y^{p-2}(r))-D_y(E_z^p(r)-$$
$$2E_z^{p-1}(r)+E_z^{p-2}(r))]\varphi_p(st) \tag{6.30}$$

$$\sum_{p=0}^{\infty}[H_y^p(r)-H_y^{p-2}(r)]\varphi_p(st)$$
$$=b\sum_{p=0}^{\infty}[D_x(E_z^p(r)-2E_z^{p-1}(r)+E_z^{p-2}(r))-D_z(E_x^p(r)-$$
$$2E_x^{p-1}(r)+E_x^{p-2}(r))]\varphi_p(st) \tag{6.31}$$

$$\sum_{p=0}^{\infty}[H_z^p(r)-H_z^{p-2}(r)]\varphi_p(st)$$
$$=b\sum_{p=0}^{\infty}[D_y(E_x^p(r)-2E_x^{p-1}(r)+E_x^{p-2}(r))-D_x(E_y^p(r)-$$
$$2E_y^{p-1}(r)+E_y^{p-2}(r))]\varphi_p(st) \tag{6.32}$$

式中：$E_x^{-2}=E_x^{-1}=0$，其他各电磁场分量也有类似的定义。

将式(6.27)～式(6.32)两边同时乘以 $\varphi_q(st)$，在 $st=[0,\infty)$ 积分并利用拉盖尔基的正交性[5-6]得

$$E_x^q(r)-E_x^{q-2}(r)=a(D_yH_z^q(r)-D_zH_y^q(r))-2a(D_yH_z^{q-1}(r)-D_zH_y^{q-1}(r))+$$
$$a(D_yH_z^{q-2}(r)-D_zH_y^{q-2}(r))-a(J_x^q(r)-2J_x^{q-1}(r)+J_x^{q-2}(r)) \tag{6.33}$$

$$E_y^q(r)-E_y^{q-2}(r)=a(D_zH_x^q(r)-D_xH_z^q(r))-2a(D_zH_x^{q-1}(r)-D_xH_z^{q-1}(r))+\\ a(D_zH_x^{q-2}(r)-D_xH_z^{q-2}(r))-a(J_y^q(r)-2J_y^{q-1}(r)+J_y^{q-2}(r)) \tag{6.34}$$

$$E_z^q(r)-E_z^{q-2}(r)=a(D_xH_y^q(r)-D_yH_x^q(r))-2a(D_xH_y^{q-1}(r)-D_yH_x^{q-1}(r))+\\ a(D_xH_y^{q-2}(r)-D_yH_x^{q-2}(r))-a(J_z^q(r)-2J_z^{q-1}(r)+J_z^{q-2}(r)) \tag{6.35}$$

$$H_x^q(r)-H_x^{q-2}(r)=b(D_zE_y^q(r)-D_yE_z^q(r))-2b(D_zE_y^{q-1}(r)-D_yE_z^{q-1}(r))+\\ b(D_zE_y^{q-2}(r)-D_yE_z^{q-2}(r)) \tag{6.36}$$

$$H_y^q(r)-H_y^{q-2}(r)=b(D_xE_z^q(r)-D_zE_x^q(r))-2b(D_xE_z^{q-1}(r)-D_zE_x^{q-1}(r))+\\ b(D_xE_z^{q-2}(r)-D_zE_x^{q-2}(r)) \tag{6.37}$$

$$H_z^q(r)-H_z^{q-2}(r)=b(D_yE_x^q(r)-D_xE_y^q(r))-2b(D_yE_x^{q-1}(r)-D_xE_y^{q-1}(r))+\\ b(D_yE_x^{q-2}(r)-D_xE_y^{q-2}(r)) \tag{6.38}$$

式中：

$$J_x^q=\int_0^\infty J_x\,\varphi_q(st)\mathrm{d}(st) \tag{6.39}$$

$$J_y^q=\int_0^\infty J_y\,\varphi_q(st)\mathrm{d}(st) \tag{6.40}$$

$$J_z^q=\int_0^\infty J_z\,\varphi_q(st)\mathrm{d}(st) \tag{6.41}$$

从式(6.33)～式(6.38)可以看出，组合基 FDTD 算法中没有标准拉盖尔基 FDTD 算法[6]中的累加项 $\sum_{k=0}^{q-1}E_x^k(r)$ 等，给计算带来了方便。式(6.33)～式(6.38)可以写成矩阵形式：

$$\boldsymbol{W}_E^q=\boldsymbol{W}_E^{q-2}+a\boldsymbol{D}_H\boldsymbol{W}_H^q+a\boldsymbol{D}_H\boldsymbol{W}_H^{q-2}-2a\boldsymbol{D}_H\boldsymbol{W}_H^{q-1}-a\boldsymbol{J}_E^q \tag{6.42}$$

$$\boldsymbol{W}_H^q=\boldsymbol{W}_H^{q-2}+b\boldsymbol{D}_E\boldsymbol{W}_E^q+b\boldsymbol{D}_E\boldsymbol{W}_E^{q-2}-2b\boldsymbol{D}_E\boldsymbol{W}_E^{q-1} \tag{6.43}$$

式中：

$$\boldsymbol{D}_H=\begin{pmatrix}0 & -D_z & D_y\\ D_z & 0 & -D_x\\ -D_y & D_x & 0\end{pmatrix},D_E=\begin{pmatrix}0 & D_z & -D_y\\ -D_z & 0 & D_x\\ D_y & -D_x & 0\end{pmatrix} \tag{6.44}$$

$$\boldsymbol{D}_H = D_E^{\mathrm{T}}, \boldsymbol{J}_E^q = (J_x^q \quad J_y^q \quad J_z^q)^{\mathrm{T}} \tag{6.45}$$

$$\boldsymbol{W}_E^q = (E_x^q(r) \quad E_y^q(r) \quad E_z^q(r))^{\mathrm{T}} \tag{6.46}$$

$$\boldsymbol{W}_H^q = (H_x^q(r) \quad H_y^q(r) \quad H_z^q(r))^{\mathrm{T}} \tag{6.47}$$

再令

$$\boldsymbol{W}^q = (W_E^q \quad W_H^q)^{\mathrm{T}} \tag{6.48}$$

$$\boldsymbol{J}^q = (\boldsymbol{J}_E^q \quad \boldsymbol{0})^{\mathrm{T}} \tag{6.49}$$

$$\boldsymbol{A}+\boldsymbol{B} = \begin{pmatrix} & a\boldsymbol{D}_H \\ b\boldsymbol{D}_E & \end{pmatrix} \tag{6.50}$$

则式(6.42)～式(6.43)可以进一步写成

$$\boldsymbol{W}^q = \boldsymbol{W}^{q-2} + (\boldsymbol{A}+\boldsymbol{B})\boldsymbol{W}^q + (\boldsymbol{A}+\boldsymbol{B})\boldsymbol{W}^{q-2} - 2(\boldsymbol{A}+\boldsymbol{B})\boldsymbol{W}^{q-1} - a\boldsymbol{J}^q \tag{6.51}$$

式(6.51)可以整理为

$$(\boldsymbol{I}-\boldsymbol{A}-\boldsymbol{B})\boldsymbol{W}^q = (\boldsymbol{I}+\boldsymbol{A}+\boldsymbol{B})\boldsymbol{W}^{q-2} - 2(\boldsymbol{A}+\boldsymbol{B})\boldsymbol{W}^{q-1} - a\boldsymbol{J}^q \tag{6.52}$$

式(6.52)是三维组合基 FDTD 算法的矩阵形式，与标准拉盖尔基 FDTD 算法类似，直接求解式(6.52)导出的方程组会产生一个大型稀疏矩阵，计算过程需要占用大量的内存和时间，不利于三维问题的求解。

6.1.2　三维组合基高效 FDTD 算法

为了降低内存，提高计算效率，本节推导了三维组合基高效算法。在式(6.52)中引入高阶项 $\boldsymbol{AB}(\boldsymbol{W}^q - \boldsymbol{W}^{q-2})$ 得

$$(\boldsymbol{I}-\boldsymbol{A})(\boldsymbol{I}-\boldsymbol{B})\boldsymbol{W}^q = \boldsymbol{ABW}^{q-2} + (\boldsymbol{I}+\boldsymbol{A}+\boldsymbol{B})\boldsymbol{W}^{q-2} - 2(\boldsymbol{A}+\boldsymbol{B})\boldsymbol{PW}^{q-1} - \boldsymbol{J}^q \tag{6.53}$$

式中：

$$\boldsymbol{A} = \begin{pmatrix} & -a\boldsymbol{D} \\ -b\boldsymbol{D}^{\mathrm{T}} & \end{pmatrix} \tag{6.54}$$

$$\boldsymbol{B} = \begin{pmatrix} & a\boldsymbol{D}^{\mathrm{T}} \\ b\boldsymbol{D} & \end{pmatrix} \tag{6.55}$$

$$\boldsymbol{D}=\begin{pmatrix} & \boldsymbol{D}_z & \\ & & \boldsymbol{D}_x \\ \boldsymbol{D}_y & & \end{pmatrix} \tag{6.56}$$

$$\boldsymbol{D}^{\mathrm{T}}=\begin{pmatrix} & & \boldsymbol{D}_y \\ \boldsymbol{D}_z & & \\ & \boldsymbol{D}_x & \end{pmatrix} \tag{6.57}$$

运用 Factorization-Splitting 方法[1-3]，式(6.53)可以分解为两步算法：

$$(\boldsymbol{I}-\boldsymbol{A})\boldsymbol{W}^{*q}=\boldsymbol{B}\boldsymbol{W}^{q-2}+(\boldsymbol{I}+\boldsymbol{A}+\boldsymbol{B})\boldsymbol{W}^{q-2}-2(\boldsymbol{A}+\boldsymbol{B})\boldsymbol{W}^{q-1}-\boldsymbol{J}^{q} \tag{6.58}$$

$$(\boldsymbol{I}-\boldsymbol{B})\boldsymbol{W}^{q}=\boldsymbol{W}^{*q}-\boldsymbol{B}\boldsymbol{W}^{q-2} \tag{6.59}$$

式中：$\boldsymbol{W}^{*q}=(\boldsymbol{W}_E^{*q}\quad \boldsymbol{W}_H^{*q})^{\mathrm{T}}=(E_x^{*q}\quad E_y^{*q}\quad E_z^{*q}\quad H_x^{*q}\quad H_y^{*q}\quad H_z^{*q})^{\mathrm{T}}$ 是非物理中间变量。

利用式(6.54)和式(6.55)展开式(6.58)和式(6.59)，并消去 $\boldsymbol{W}_H^{*q}$ 得

$$\begin{aligned}(\boldsymbol{I}-ab\boldsymbol{D}\boldsymbol{D}^{\mathrm{T}})\boldsymbol{W}_E^{*q}=&-ab\boldsymbol{D}^2\boldsymbol{W}_E^{q-2}+a\boldsymbol{D}^{\mathrm{T}}\boldsymbol{W}_H^{q-2}+(\boldsymbol{I}-ab\boldsymbol{D}\boldsymbol{D}_E)\boldsymbol{W}_E^{q-2}+\\&a(\boldsymbol{D}_H-\boldsymbol{D})\boldsymbol{W}_H^{q-2}+2ab\boldsymbol{D}\boldsymbol{D}_E\boldsymbol{W}_E^{q-1}-2a\boldsymbol{D}_H\boldsymbol{W}_H^{q-1}-a\boldsymbol{J}_E^{q}\end{aligned} \tag{6.60}$$

$$\begin{aligned}(\boldsymbol{I}-ab\boldsymbol{D}^{\mathrm{T}}\boldsymbol{D})\boldsymbol{W}_E^{q}=&\boldsymbol{W}_E^{*q}-a\boldsymbol{D}^{\mathrm{T}}\boldsymbol{W}_H^{q-2}-ab\boldsymbol{D}^{\mathrm{T}}\boldsymbol{D}^{\mathrm{T}}\boldsymbol{W}_E^{*q}+ab\boldsymbol{D}^{\mathrm{T}}\boldsymbol{D}_E\boldsymbol{W}_E^{q-2}+\\&a\boldsymbol{D}^{\mathrm{T}}\boldsymbol{W}_H^{q-2}-2ab\boldsymbol{D}^{\mathrm{T}}\boldsymbol{D}_E\boldsymbol{W}_E^{q-1}\end{aligned} \tag{6.61}$$

$$\boldsymbol{W}_H^{q}=b\boldsymbol{D}\boldsymbol{W}_E^{q}-b\boldsymbol{D}^{\mathrm{T}}\boldsymbol{W}_E^{*q}+b\boldsymbol{D}_E\boldsymbol{W}_E^{q-2}+\boldsymbol{W}_H^{q-2}-2b\boldsymbol{D}_E\boldsymbol{W}_E^{q-1} \tag{6.62}$$

再利用式(6.56)和式(6.57)展开式(6.60)～式(6.62)，得到三维组合基高效 FDTD 算法的基本方程：

$$(1-abD_z^2)E_x^{*q}=-abD_zD_xE_z^{q-2}+aD_yH_z^{q-2}+V_{Ex}^{*q} \tag{6.63}$$

$$(1-abD_x^2)E_y^{*q}=-abD_xD_yE_x^{q-2}+aD_zH_x^{q-2}+V_{Ey}^{*q} \tag{6.64}$$

$$(1-abD_y^2)E_z^{*q}=-abD_yD_zE_y^{q-2}+aD_xH_y^{q-2}+V_{Ez}^{*q} \tag{6.65}$$

$$(1-abD_y^2)E_x^{q}=E_x^{*q}-aD_yH_z^{q-2}-abD_yD_xE_y^{*q}+V_{Ex}^{q} \tag{6.66}$$

$$(1-abD_z^2)E_y^{q}=E_y^{*q}-aD_zH_x^{q-2}-abD_zD_yE_z^{*q}+V_{Ey}^{q} \tag{6.67}$$

$$(1-abD_x^2)E_z^{q}=E_z^{*q}-aD_xH_y^{q-2}-abD_xD_zE_x^{*q}+V_{Ez}^{q} \tag{6.68}$$

$$H_x^{q}=bD_zE_y^{q}-bD_yE_z^{*q}+V_{Hx}^{q} \tag{6.69}$$

$$H_y^q = bD_x E_z^q - bD_z E_x^{*q} + V_{Hy}^q \tag{6.70}$$

$$H_z^q = bD_y E_x^q - bD_x E_y^{*q} + V_{Hz}^q \tag{6.71}$$

式中：

$$V_{Ex}^{*q} = (1+abD_z^2)E_x^{q-2} - abD_z D_x E_z^{q-2} - 2abD_z^2 E_x^{q-1} - 2aD_z H_y^{q-2} + aD_y H_z^{q-2} + 2abD_z D_x E_z^{q-1} + 2aD_z H_y^{q-1} - 2aD_y H_z^{q-1} - aJ_x^q \tag{6.72}$$

$$V_{Ey}^{*q} = (1+abD_x^2)E_y^{q-2} - abD_x D_y E_x^{q-2} - 2abD_x^2 E_y^{q-1} - 2aD_x H_z^{q-2} + aD_z H_x^{q-2} + 2abD_x D_y E_x^{q-1} + 2aD_x H_z^{q-1} - 2aD_z H_x^{q-1} - aJ_y^q \tag{6.73}$$

$$V_{Ez}^{*q} = (1+abD_y^2)E_z^{q-2} - abD_y D_z E_y^{q-2} - 2abD_y^2 E_z^{q-1} - 2aD_y H_x^{q-2} + aD_x H_y^{q-2} + 2abD_y D_z E_y^{q-1} + 2aD_y H_x^{q-1} - 2aD_x H_y^{q-1} - aJ_z^q \tag{6.74}$$

$$V_{Ex}^q = abD_y^2 E_x^{q-2} - abD_y D_x E_y^{q-2} + aD_y H_z^{q-2} - 2abD_y^2 E_x^{q-1} + 2abD_y D_x E_y^{q-1} \tag{6.75}$$

$$V_{Ey}^q = abD_z^2 E_y^{q-2} - abD_z D_y E_z^{q-2} + aD_z H_x^{q-2} - 2abD_z^2 E_y^{q-1} + 2abD_z D_y E_z^{q-1} \tag{6.76}$$

$$V_{Ez}^q = abD_x^2 E_z^{q-2} - abD_x D_z E_x^{q-2} + aD_x H_y^{q-2} - 2abD_x^2 E_z^{q-1} + 2abD_x D_z E_x^{q-1} \tag{6.77}$$

$$V_{Hx}^q = bD_z E_y^{q-2} - bD_y E_z^{q-2} + H_x^{q-2} - 2bD_z E_y^{q-1} + 2bD_y E_z^{q-1} \tag{6.78}$$

$$V_{Hy}^q = bD_x E_z^{q-2} - bD_z E_x^{q-2} + H_y^{q-2} - 2bD_x E_z^{q-1} + 2bD_z E_x^{q-1} \tag{6.79}$$

$$V_{Hz}^q = bD_y E_x^{q-2} - bD_x E_y^{q-2} + H_z^{q-2} - 2bD_y E_x^{q-1} + 2bD_x E_y^{q-1} \tag{6.80}$$

定义如下变量：

$$\overline{C}_x^E\Big|_i = \frac{2}{s\varepsilon\Delta\overline{x}_i}, \quad \overline{C}_x^H\Big|_i = \frac{2}{s\mu\Delta x_i} \tag{6.81}$$

$$\overline{C}_y^E\Big|_j = \frac{2}{s\varepsilon\Delta\overline{y}_j}, \quad \overline{C}_y^H\Big|_j = \frac{2}{s\mu\Delta y_j} \tag{6.82}$$

$$\overline{C}_z^E\Big|_k = \frac{2}{s\varepsilon\Delta\overline{z}_k}, \quad \overline{C}_z^H\Big|_k = \frac{2}{su\Delta z_k} \tag{6.83}$$

式中：$\Delta\overline{x}_i$、$\Delta\overline{y}_j$ 和 $\Delta\overline{z}_k$ 是两个网格中心之间的距离，Δx_i、Δy_j 和 Δz_k 是两个网格点之间的距离。

对式(6.63)～式(6.71)运用中心差分法，并利用式(6.81)～式(6.83)，可以得到三维组合基高效 FDTD 算法的差分方程：

$$
\begin{aligned}
&-\bar{C}_z^E\big|_k \bar{C}_z^H\big|_{k-1} E_x^{*q}\big|_{i,j,k-1}+\left(1+\bar{C}_z^E\big|_k \bar{C}_z^H\big|_k+\bar{C}_z^E\big|_k \bar{C}_z^H\big|_{k-1}\right) E_x^{*q}\big|_{i,j,k}- \\
&\bar{C}_z^E\big|_k \bar{C}_z^H\big|_k E_x^{*q}\big|_{i,j,k+1} \\
=&-\bar{C}_z^E\big|_k \bar{C}_x^H\big|_i\left(E_z^{q-2}\big|_{i+1,j,k}-E_z^{q-2}\big|_{i,j,k}-E_z^{q-2}\big|_{i+1,j,k-1}+E_z^{q-2}\big|_{i,j,k-1}\right)+ \\
&\bar{C}_y^E\big|_j\left(H_z^{q-2}\big|_{i,j,k}-H_z^{q-2}\big|_{i,j-1,k}\right)+V_{Ex}^{*q}\big|_{i,j,k}
\end{aligned}
\tag{6.84}
$$

$$
\begin{aligned}
&-\bar{C}_x^E\big|_i \bar{C}_x^H\big|_{i-1} E_y^{*q}\big|_{i-1,j,k}+\left(1+\bar{C}_x^E\big|_i \bar{C}_x^H\big|_i+\bar{C}_x^E\big|_i \bar{C}_x^H\big|_{i-1}\right) E_y^{*q}\big|_{i,j,k}- \\
&\bar{C}_x^E\big|_i \bar{C}_x^H\big|_i E_y^{*q}\big|_{i+1,j,k} \\
=&-\bar{C}_x^E\big|_i \bar{C}_y^H\big|_j\left(E_x^{q-2}\big|_{i,j+1,k}-E_x^{q-2}\big|_{i,j,k}-E_x^{q-2}\big|_{i-1,j+1,k}+E_x^{q-2}\big|_{i-1,j,k}\right)+ \\
&\bar{C}_z^E\big|_k\left(H_x^{q-2}\big|_{i,j,k}-H_x^{q-2}\big|_{i,j,k-1}\right)+V_{Ey}^{*q}\big|_{i,j,k}
\end{aligned}
\tag{6.85}
$$

$$
\begin{aligned}
&-\bar{C}_y^E\big|_j \bar{C}_y^H\big|_{j-1} E_z^{*q}\big|_{i,j-1,k}+\left(1+\bar{C}_y^E\big|_j \bar{C}_y^H\big|_j+\bar{C}_y^E\big|_j \bar{C}_y^H\big|_{j-1}\right) E_z^{*q}\big|_{i,j,k}- \\
&\bar{C}_y^E\big|_j \bar{C}_y^H\big|_j E_z^{*q}\big|_{i,j+1,k} \\
=&-\bar{C}_y^E\big|_j \bar{C}_z^H\big|_k\left(E_y^{q-2}\big|_{i,j,k+1}-E_y^{q-2}\big|_{i,j,k}-E_y^{q-2}\big|_{i,j-1,k+1}+E_y^{q-2}\big|_{i,j-1,k}\right)+ \\
&\bar{C}_x^E\big|_i\left(H_y^{q-2}\big|_{i,j,k}-H_y^{q-2}\big|_{i-1,j,k}\right)+V_{Ez}^{*q}\big|_{i,j,k}
\end{aligned}
\tag{6.86}
$$

$$
\begin{aligned}
&-\bar{C}_y^E\big|_j \bar{C}_y^H\big|_{j-1} E_x^{q}\big|_{i,j-1,k}+\left(1+\bar{C}_y^E\big|_j \bar{C}_y^H\big|_j+\bar{C}_y^E\big|_j \bar{C}_y^H\big|_{j-1}\right) E_x^{q}\big|_{i,j,k}- \\
&\bar{C}_y^E\big|_j \bar{C}_y^H\big|_j E_x^{q}\big|_{i,j+1,k} \\
=&E_x^{*q}\big|_{i,j,k}-\bar{C}_y^E\big|_j \bar{C}_x^H\big|_i\left(E_y^{*q}\big|_{i+1,j,k}-E_y^{*q}\big|_{i+1,j-1,k}-E_y^{*q}\big|_{i,j,k}+E_y^{*q}\big|_{i,j-1,k}\right)- \\
&\bar{C}_y^E\big|_j\left(H_z^{q-2}\big|_{i,j,k}-H_z^{q-2}\big|_{i,j-1,k}\right)+V_{Ex}^{q}\big|_{i,j,k}
\end{aligned}
\tag{6.87}
$$

$$
\begin{aligned}
&-\bar{C}_z^E\big|_k \bar{C}_z^H\big|_{k-1} E_y^{q}\big|_{i,j,k-1}+\left(1+\bar{C}_z^E\big|_k \bar{C}_z^H\big|_k+\bar{C}_z^E\big|_k \bar{C}_z^H\big|_{k-1}\right) E_y^{q}\big|_{i,j,k}- \\
&\bar{C}_z^E\big|_k \bar{C}_z^H\big|_k E_y^{q}\big|_{i,j,k+1} \\
=&E_y^{*q}\big|_{i,j,k}-\bar{C}_z^E\big|_k \bar{C}_y^H\big|_j\left(E_z^{*q}\big|_{i,j+1,k}-E_z^{*q}\big|_{i,j+1,k-1}-E_z^{*q}\big|_{i,j,k}+E_z^{*q}\big|_{i,j,k-1}\right)- \\
&\bar{C}_z^E\big|_k\left(H_x^{q-2}\big|_{i,j,k}-H_x^{q-2}\big|_{i,j,k-1}\right)+V_{Ey}^{q}\big|_{i,j,k}
\end{aligned}
\tag{6.88}
$$

$$-\overline{C}_x^E\big|_i\overline{C}_x^H\big|_{i-1}E_z^q\big|_{i-1,j,k}+(1+\overline{C}_x^E\big|_i\overline{C}_x^H\big|_i+\overline{C}_x^E\big|_i\overline{C}_x^H\big|_{i-1})E_z^q\big|_{i,j,k}-$$
$$\overline{C}_x^E\big|_i\overline{C}_x^H\big|_iE_z^q\big|_{i+1,j,k}$$
$$=E_z^{*q}\big|_{i,j,k}-\overline{C}_x^E\big|_i\overline{C}_z^H\big|_k(E_x^{*q}\big|_{i,j,k+1}-E_x^{*q}\big|_{i-1,j,k+1}-E_x^{*q}\big|_{i,j,k}+E_x^{*q}\big|_{i-1,j,k})-$$
$$\overline{C}_x^E\big|_i(H_y^{q-2}\big|_{i,j,k}-H_y^{q-2}\big|_{i-1,j,k})+V_{Ez}^q\big|_{i,j,k}\tag{6.89}$$

$$H_x^q\big|_{i,j,k}=\overline{C}_z^H\big|_k(E_y^q\big|_{i,j,k+1}-E_y^q\big|_{i,j,k})-\overline{C}_y^H\big|_j(E_z^{*q}\big|_{i,j+1,k}-E_z^{*q}\big|_{i,j,k})+V_{Hx}^q\big|_{i,j,k}\tag{6.90}$$

$$H_y^q\big|_{i,j,k}=\overline{C}_x^H\big|_i(E_z^q\big|_{i+1,j,k}-E_z^q\big|_{i,j,k})-\overline{C}_z^H\big|_k(E_x^{*q}\big|_{i,j,k+1}-E_x^{*q}\big|_{i,j,k})+V_{Hy}^q\big|_{i,j,k}\tag{6.91}$$

$$H_z^q\big|_{i,j,k}=\overline{C}_y^H\big|_j(E_x^q\big|_{i,j+1,k}-E_x^q\big|_{i,j,k})-\overline{C}_x^H\big|_i(E_y^{*q}\big|_{i+1,j,k}-E_y^{*q}\big|_{i,j,k})+V_{Hz}^q\big|_{i,j,k}\tag{6.92}$$

式中：

$$V_{Ex}^{*q}\big|_{i,j,k}=2\overline{C}_z^E\big|_k(H_y^{q-1}\big|_{i,j,k}-H_y^{q-1}\big|_{i,j,k-1})-2\overline{C}_y^E\big|_j(H_z^{q-1}\big|_{i,j,k}-H_z^{q-1}\big|_{i,j-1,k})+$$
$$\overline{C}_z^E\big|_k[\overline{C}_z^H\big|_k(E_x^{q-2}\big|_{i,j,k+1}-E_x^{q-2}\big|_{i,j,k})-\overline{C}_z^H\big|_{k-1}(E_x^{q-2}\big|_{i,j,k}-E_x^{q-2}\big|_{i,j,k-1})]-$$
$$\overline{C}_z^E\big|_k\overline{C}_x^H\big|_i(E_z^{q-2}\big|_{i+1,j,k}-E_z^{q-2}\big|_{i,j,k}-E_z^{q-2}\big|_{i+1,j,k-1}+E_z^{q-2}\big|_{i,j,k-1})-$$
$$2\overline{C}_z^E\big|_k[\overline{C}_z^H\big|_k(E_x^{q-1}\big|_{i,j,k+1}-E_x^{q-1}\big|_{i,j,k})-\overline{C}_z^H\big|_{k-1}(E_x^{q-1}\big|_{i,j,k}-E_x^{q-1}\big|_{i,j,k-1})]+$$
$$2\overline{C}_z^E\big|_k\overline{C}_x^H\big|_i(E_z^{q-1}\big|_{i+1,j,k}-E_z^{q-1}\big|_{i,j,k}-E_z^{q-1}\big|_{i+1,j,k-1}+E_z^{q-1}\big|_{i,j,k-1})-$$
$$2\overline{C}_z^E\big|_k(H_y^{q-2}\big|_{i,j,k}-H_y^{q-2}\big|_{i,j,k-1})+\overline{C}_y^E\big|_j(H_z^{q-2}\big|_{i,j,k}-H_z^{q-2}\big|_{i,j-1,k})+$$
$$E_x^{q-2}\big|_{i,j,k}-aJ_x^q\big|_{i,j,k}\tag{6.93}$$

$$V_{Ey}^{*q}\big|_{i,j,k}=2\overline{C}_x^E\big|_i(H_z^{q-1}\big|_{i,j,k}-H_z^{q-1}\big|_{i-1,j,k})-2\overline{C}_z^E\big|_k(H_x^{q-1}\big|_{i,j,k}-H_x^{q-1}\big|_{i,j,k-1})+$$
$$\overline{C}_x^E\big|_i[\overline{C}_x^H\big|_i(E_y^{q-2}\big|_{i+1,j,k}-E_y^{q-2}\big|_{i,j,k})-\overline{C}_x^H\big|_{i-1}(E_y^{q-2}\big|_{i,j,k}-E_y^{q-2}\big|_{i-1,j,k})]-$$
$$\overline{C}_x^E\big|_i\overline{C}_y^H\big|_j(E_x^{q-2}\big|_{i,j+1,k}-E_x^{q-2}\big|_{i,j,k}-E_x^{q-2}\big|_{i-1,j+1,k}+E_x^{q-2}\big|_{i-1,j,k})-$$
$$2\overline{C}_x^E\big|_i[\overline{C}_x^H\big|_i(E_y^{q-1}\big|_{i+1,j,k}-E_y^{q-1}\big|_{i,j,k})-\overline{C}_x^H\big|_{i-1}(E_y^{q-1}\big|_{i,j,k}-E_y^{q-1}\big|_{i-1,j,k})+$$
$$2\overline{C}_x^E\big|_i\overline{C}_y^H\big|_j(E_x^{q-1}\big|_{i,j+1,k}-E_x^{q-1}\big|_{i,j,k}-E_x^{q-1}\big|_{i-1,j+1,k}+E_x^{q-1}\big|_{i-1,j,k})-$$

$$2\overline{C}_x^E\big|_i\left(H_z^{q-2}\big|_{i,j,k}-H_z^{q-2}\big|_{i-1,j,k}\right)+\overline{C}_z^E\big|_k\left(H_x^{q-2}\big|_{i,j,k}-H_x^{q-2}\big|_{i,j,k-1}\right)+$$
$$E_y^{q-2}\big|_{i,j,k}-a\,J_y^q\big|_{i,j,k} \tag{6.94}$$

$$V_{Ez}^{*q}\big|_{i,j,k}=2\overline{C}_y^E\big|_j\left(H_x^{q-1}\big|_{i,j,k}-H_x^{q-1}\big|_{i,j-1,k}\right)-2\overline{C}_x^E\big|_i\left(H_y^{q-1}\big|_{i,j,k}-H_y^{q-1}\big|_{i-1,j,k}\right)+$$
$$\overline{C}_y^E\big|_j[\overline{C}_y^H\big|_j\left(E_z^{q-2}\big|_{i,j+1,k}-E_z^{q-2}\big|_{i,j,k}\right)-\overline{C}_y^H\big|_{j-1}\left(E_z^{q-2}\big|_{i,j,k}-E_z^{q-2}\big|_{i,j-1,k}\right)]-$$
$$\overline{C}_y^E\big|_j\,\overline{C}_z^H\big|_k\left(E_y^{q-2}\big|_{i,j,k+1}-E_y^{q-2}\big|_{i,j,k}-E_y^{q-2}\big|_{i,j-1,k+1}+E_y^{q-2}\big|_{i,j-1,k}\right)-$$
$$2\overline{C}_y^E\big|_j[\overline{C}_y^H\big|_j\left(E_z^{q-1}\big|_{i,j+1,k}-E_z^{q-1}\big|_{i,j,k}\right)-\overline{C}_y^H\big|_{j-1}$$
$$\left(E_z^{q-1}\big|_{i,j,k}-E_z^{q-1}\big|_{i,j-1,k}\right)]+$$
$$2\overline{C}_y^E\big|_j\,\overline{C}_z^H\big|_k\left(E_y^{q-1}\big|_{i,j,k+1}-E_y^{q-1}\big|_{i,j,k}-E_y^{q-1}\big|_{i,j-1,k+1}+E_y^{q-1}\big|_{i,j-1,k}\right)-$$
$$2\overline{C}_y^E\big|_j\left(H_x^{q-2}\big|_{i,j,k}-H_x^{q-2}\big|_{i,j-1,k}\right)+\overline{C}_x^E\big|_i\left(H_y^{q-2}\big|_{i,j,k}-H_y^{q-2}\big|_{i-1,j,k}\right)+$$
$$E_z^{q-2}\big|_{i,j,k}-a\,J_z^q\big|_{i,j,k} \tag{6.95}$$

$$V_{Ex}^{q}\big|_{i,j,k}=\overline{C}_y^E\big|_j\left(H_z^{q-2}\big|_{i,j,k}-H_z^{q-2}\big|_{i,j-1,k}\right)+$$
$$\overline{C}_y^E\big|_j[\overline{C}_y^H\big|_j\left(E_x^{q-2}\big|_{i,j+1,k}-E_x^{q-2}\big|_{i,j,k}\right)-\overline{C}_y^H\big|_{j-1}\left(E_x^{q-2}\big|_{i,j,k}-E_x^{q-2}\big|_{i,j-1,k}\right)]-$$
$$\overline{C}_y^E\big|_j\,\overline{C}_x^H\big|_i\left(E_y^{q-2}\big|_{i+1,j,k}-E_y^{q-2}\big|_{i,j,k}-E_y^{q-2}\big|_{i+1,j-1,k}+E_y^{q-2}\big|_{i,j-1,k}\right)-$$
$$2\overline{C}_y^E\big|_j[\overline{C}_y^H\big|_j\left(E_x^{q-1}\big|_{i,j+1,k}-E_x^{q-1}\big|_{i,j,k}\right)-\overline{C}_y^H\big|_{j-1}\left(E_x^{q-1}\big|_{i,j,k}-E_x^{q-1}\big|_{i,j-1,k}\right)]+$$
$$2\overline{C}_y^E\big|_j\,\overline{C}_x^H\big|_i\left(E_y^{q-1}\big|_{i+1,j,k}-E_y^{q-1}\big|_{i,j,k}-E_y^{q-1}\big|_{i+1,j-1,k}+E_y^{q-1}\big|_{i,j-1,k}\right) \tag{6.96}$$

$$V_{Ey}^{q}\big|_{i,j,k}=\overline{C}_z^E\big|_k\left(H_x^{q-2}\big|_{i,j,k}-H_x^{q-2}\big|_{i,j,k-1}\right)+$$
$$\overline{C}_z^E\big|_k[\overline{C}_z^H\big|_k\left(E_y^{q-2}\big|_{i,j,k+1}-E_y^{q-2}\big|_{i,j,k}\right)-\overline{C}_z^H\big|_{k-1}\left(E_y^{q-2}\big|_{i,j,k}-E_y^{q-2}\big|_{i,j,k-1}\right)]-$$
$$\overline{C}_z^E\big|_k\,\overline{C}_y^H\big|_j\left(E_z^{q-2}\big|_{i,j+1,k}-E_z^{q-2}\big|_{i,j,k}-E_z^{q-2}\big|_{i,j+1,k-1}+E_z^{q-2}\big|_{i,j,k-1}\right)-$$
$$2\overline{C}_z^E\big|_k[\overline{C}_z^H\big|_k\left(E_y^{q-1}\big|_{i,j,k+1}-E_y^{q-1}\big|_{i,j,k}\right)-\overline{C}_z^H\big|_{k-1}\left(E_y^{q-1}\big|_{i,j,k}-E_y^{q-1}\big|_{i,j,k-1}\right)]+$$
$$2\overline{C}_z^E\big|_k\,\overline{C}_y^H\big|_j\left(E_z^{q-1}\big|_{i,j+1,k}-E_z^{q-1}\big|_{i,j,k}-E_z^{q-1}\big|_{i,j+1,k-1}+E_z^{q-1}\big|_{i,j,k-1}\right) \tag{6.97}$$

$$
\begin{aligned}
V_{Ez}^{q}\Big|_{i,j,k}=&\bar{C}_{x}^{E}\Big|_{i}\left(H_{y}^{q-2}\Big|_{i,j,k}-H_{y}^{q-2}\Big|_{i-1,j,k}\right)+\\
&\bar{C}_{x}^{E}\Big|_{i}\left[\bar{C}_{x}^{H}\Big|_{i}\left(E_{z}^{q-2}\Big|_{i+1,j,k}-E_{z}^{q-2}\Big|_{i,j,k}\right)-\bar{C}_{x}^{H}\Big|_{i-1}\left(E_{z}^{q-2}\Big|_{i,j,k}-E_{z}^{q-2}\Big|_{i-1,j,k}\right)\right]-\\
&\bar{C}_{x}^{E}\Big|_{i}\bar{C}_{z}^{H}\Big|_{k}\left(E_{x}^{q-2}\Big|_{i,j,k+1}-E_{x}^{q-2}\Big|_{i,j,k}-E_{x}^{q-2}\Big|_{i-1,j,k+1}+E_{x}^{q-2}\Big|_{i-1,j,k}\right)-\\
&2\bar{C}_{x}^{E}\Big|_{i}\left[\bar{C}_{x}^{H}\Big|_{i}\left(E_{z}^{q-1}\Big|_{i+1,j,k}-E_{z}^{q-1}\Big|_{i,j,k}\right)-\bar{C}_{x}^{H}\Big|_{i-1}\left(E_{z}^{q-1}\Big|_{i,j,k}-E_{z}^{q-1}\Big|_{i-1,j,k}\right)\right]+\\
&2\bar{C}_{x}^{E}\Big|_{i}\bar{C}_{z}^{H}\Big|_{k}\left(E_{x}^{q-1}\Big|_{i,j,k+1}-E_{x}^{q-1}\Big|_{i,j,k}-E_{x}^{q-1}\Big|_{i-1,j,k+1}+E_{x}^{q-1}\Big|_{i-1,j,k}\right)
\end{aligned}
\tag{6.98}
$$

$$
\begin{aligned}
V_{Hx}^{q}\Big|_{i,j,k}=&H_{x}^{q-2}\Big|_{i,j,k}+\bar{C}_{z}^{H}\Big|_{k}\left(E_{y}^{q-2}\Big|_{i,j,k+1}-E_{y}^{q-2}\Big|_{i,j,k}\right)-\bar{C}_{y}^{H}\Big|_{j}\left(E_{z}^{q-2}\Big|_{i,j+1,k}-E_{z}^{q-2}\Big|_{i,j,k}\right)-\\
&2\bar{C}_{z}^{H}\Big|_{k}\left(E_{y}^{q-1}\Big|_{i,j,k+1}-E_{y}^{q-1}\Big|_{i,j,k}\right)+\bar{C}_{y}^{H}\Big|_{j}\left(E_{z}^{q-1}\Big|_{i,j+1,k}-E_{z}^{q-1}\Big|_{i,j,k}\right)
\end{aligned}
\tag{6.99}
$$

$$
\begin{aligned}
V_{Hy}^{q}\Big|_{i,j,k}=&H_{y}^{q-2}\Big|_{i,j,k}+\bar{C}_{x}^{H}\Big|_{i}\left(E_{z}^{q-2}\Big|_{i+1,j,k}-E_{z}^{q-2}\Big|_{i,j,k}\right)-\bar{C}_{z}^{H}\Big|_{k}\left(E_{x}^{q-2}\Big|_{i,j,k+1}-E_{x}^{q-2}\Big|_{i,j,k}\right)-\\
&2\bar{C}_{x}^{H}\Big|_{i}\left(E_{z}^{q-1}\Big|_{i+1,j,k}-E_{z}^{q-1}\Big|_{i,j,k}\right)+\bar{C}_{z}^{H}\Big|_{k}\left(E_{x}^{q-1}\Big|_{i,j,k+1}-E_{x}^{q-1}\Big|_{i,j,k}\right)
\end{aligned}
\tag{6.100}
$$

$$
\begin{aligned}
V_{Hz}^{q}\Big|_{i,j,k}=&H_{z}^{q-2}\Big|_{i,j,k}+\bar{C}_{y}^{H}\Big|_{j}\left(E_{x}^{q-2}\Big|_{i,j+1,k}-E_{x}^{q-2}\Big|_{i,j,k}\right)-\bar{C}_{x}^{H}\Big|_{i}\left(E_{y}^{q-2}\Big|_{i+1,j,k}-E_{y}^{q-2}\Big|_{i,j,k}\right)-\\
&2\bar{C}_{y}^{H}\Big|_{j}\left(E_{x}^{q-1}\Big|_{i,j+1,k}-E_{x}^{q-1}\Big|_{i,j,k}\right)+\bar{C}_{x}^{H}\Big|_{i}\left(E_{y}^{q-1}\Big|_{i+1,j,k}-E_{y}^{q-1}\Big|_{i,j,k}\right)
\end{aligned}
\tag{6.101}
$$

式(6.84)～式(6.89)是 6 个三对角矩阵方程，可以利用追赶法高效求解。求解顺序为先求非物理中间变量 E_x^{*q}、E_y^{*q} 和 E_z^{*q}，再求电场分量 E_x^q、E_y^q 和 E_z^q，最后求磁场分量 H_x^q、H_y^q 和 H_z^q。求出各阶电磁场分量以后，可以根据式(6.7)～式(6.12)还原成时域波形。

6.2　三维组合基高效 FDTD 算法的迭代算法

高阶项的引入大大的提高了计算效率，但同时也引入了误差。为了减小误差，本节提出了三维组合基高效 FDTD 算法的迭代算法。为了方便说明，将三维组合基高效 FDTD 算法的推导过程重写如下：

三维组合基 FDTD 算法的矩阵形式方程为

$$(\boldsymbol{I}-\boldsymbol{A}-\boldsymbol{B})\boldsymbol{W}^{q}=(\boldsymbol{I}+\boldsymbol{A}+\boldsymbol{B})\boldsymbol{W}^{q-2}-2(\boldsymbol{A}+\boldsymbol{B})\boldsymbol{W}^{q-1}-a\boldsymbol{J}^{q} \tag{6.102}$$

在式(6.102)中引入高阶项 $\boldsymbol{AB}(\boldsymbol{W}^{q}-\boldsymbol{W}^{q-2})$，得到三维组合基高效 FDTD 算法的矩阵方程：

$$(\boldsymbol{I}-\boldsymbol{A})(\boldsymbol{I}-\boldsymbol{B})\boldsymbol{W}^{q}=\boldsymbol{AB}\boldsymbol{W}^{q-2}+(\boldsymbol{I}+\boldsymbol{A}+\boldsymbol{B})\boldsymbol{W}^{q-2}-2(\boldsymbol{A}+\boldsymbol{B})\boldsymbol{W}^{q-1}-\boldsymbol{J}^{q} \tag{6.103}$$

设式(6.103)的解为 $\boldsymbol{W}_{0}^{q}$，重新构造一个高阶项 $\boldsymbol{AB}(\boldsymbol{W}_{1}^{q}-\boldsymbol{W}_{0}^{q})$，用相同的方法引入到式(6.102)中，可以得到一个新的矩阵方程：

$$(\boldsymbol{I}-\boldsymbol{A})(\boldsymbol{I}-\boldsymbol{B})\boldsymbol{W}_{1}^{q}=\boldsymbol{AB}\boldsymbol{W}_{0}^{q}+(\boldsymbol{I}+\boldsymbol{A}+\boldsymbol{B})\boldsymbol{W}^{q-2}-2(\boldsymbol{A}+\boldsymbol{B})\boldsymbol{W}^{q-1}-\boldsymbol{J}^{q} \tag{6.104}$$

不断地重复以上步骤，就构造出了三维组合基高效 *FDTD* 算法的迭代算法：

$$(\boldsymbol{I}-\boldsymbol{A})(\boldsymbol{I}-\boldsymbol{B})\boldsymbol{W}_{m+1}^{q}=\boldsymbol{AB}\boldsymbol{W}_{m}^{q}+(\boldsymbol{I}+\boldsymbol{A}+\boldsymbol{B})\boldsymbol{W}^{q-2}-2(\boldsymbol{A}+\boldsymbol{B})\boldsymbol{W}^{q-1}-\boldsymbol{J}^{q} \tag{6.105}$$

式中：m 表示迭代次数。

式(6.105)可以分解为两步算法：

$$(\boldsymbol{I}-\boldsymbol{A})\boldsymbol{W}_{m+1}^{*q}=\boldsymbol{B}\boldsymbol{W}_{m}^{q}+(\boldsymbol{I}+\boldsymbol{A}+\boldsymbol{B})\boldsymbol{W}^{q-2}-2(\boldsymbol{A}+\boldsymbol{B})\boldsymbol{W}^{q-1}-\boldsymbol{J}^{q} \tag{6.106}$$

$$(\boldsymbol{I}-\boldsymbol{B})\boldsymbol{W}_{m+1}^{q}=\boldsymbol{W}_{m+1}^{*q}-\boldsymbol{B}\boldsymbol{W}_{m}^{q} \tag{6.107}$$

利用矩阵 $\boldsymbol{A}$、$\boldsymbol{B}$ 的定义，展开式(6.106)和式(6.107)，并消除中间变量 $\boldsymbol{H}_{m+1}^{*q}$ 得

$$\begin{aligned}(\boldsymbol{I}-ab\boldsymbol{D}\boldsymbol{D}^{\mathrm{T}})\boldsymbol{W}_{E,m+1}^{*q}=&-ab\boldsymbol{D}^{2}\boldsymbol{W}_{E,m}^{q}+a\boldsymbol{D}^{\mathrm{T}}\boldsymbol{W}_{H,m}^{q}+(I-ab\boldsymbol{D}\boldsymbol{D}_{E})\boldsymbol{W}_{E}^{q-2}+\\&a(\boldsymbol{D}_{H}-\boldsymbol{D})\boldsymbol{W}_{H}^{q-2}+2ab\boldsymbol{D}\boldsymbol{D}_{E}\boldsymbol{W}_{E}^{q-1}-2a\boldsymbol{D}_{H}\boldsymbol{W}_{H}^{q-1}-a\boldsymbol{J}_{E}^{q}\end{aligned} \tag{6.108}$$

$$\begin{aligned}(\boldsymbol{I}-ab\boldsymbol{D}^{\mathrm{T}}\boldsymbol{D})\boldsymbol{W}_{E,m+1}^{q}=&\boldsymbol{W}_{E,m+1}^{*q}-a\boldsymbol{D}^{\mathrm{T}}\boldsymbol{W}_{H,m}^{q}-ab\boldsymbol{D}^{\mathrm{T}}\boldsymbol{D}^{\mathrm{T}}\boldsymbol{W}_{E}^{*q}+ab\boldsymbol{D}^{\mathrm{T}}\boldsymbol{D}_{E}\boldsymbol{W}_{E}^{q-2}+\\&a\boldsymbol{D}^{\mathrm{T}}\boldsymbol{W}_{H}^{q-2}-2ab\boldsymbol{D}^{\mathrm{T}}\boldsymbol{D}_{E}\boldsymbol{W}_{E}^{q-1}\end{aligned} \tag{6.109}$$

$$\boldsymbol{W}_{H,m+1}^{q}=b\boldsymbol{D}\boldsymbol{W}_{E,m+1}^{q}-b\boldsymbol{D}^{\mathrm{T}}\boldsymbol{W}_{E,m+1}^{*q}+b\boldsymbol{D}_{E}\boldsymbol{W}_{E}^{q-2}+\boldsymbol{W}_{H}^{q-2}-2b\boldsymbol{D}_{E}\boldsymbol{W}_{E}^{q-1} \tag{6.110}$$

利用矩阵 $\boldsymbol{D}$、$\boldsymbol{D}_{H}$ 和 $\boldsymbol{D}_{E}$ 的定义，进一步展开式(6.108)～式(6.110)，得到三维组合基高效 FDTD 算法的迭代算法基本方程：

$$(1-abD_z^2)E_{x,m+1}^{*q}=-abD_zD_xE_{z,m}^q+aD_yH_{z,m}^q+V_{Ex}^{*q} \tag{6.111}$$

$$(1-abD_x^2)E_{y,m+1}^{*q}=-abD_xD_yE_{x,m}^q+aD_zH_{x,m}^q+V_{Ey}^{*q} \tag{6.112}$$

$$(1-abD_y^2)E_{z,m+1}^{*q}=-abD_yD_zE_{y,m}^q+aD_xH_{y,m}^q+V_{Ez}^{*q} \tag{6.113}$$

$$(1-abD_y^2)E_{x,m+1}^q=E_{x,m+1}^{*q}-aD_yH_{z,m}^q-abD_yD_xE_{y,m+1}^{*q}+V_{Ex}^q \tag{6.114}$$

$$(1-abD_z^2)E_{y,m+1}^q=E_{y,m+1}^{*q}-aD_zH_{x,m}^q-abD_zD_yE_{z,m+1}^{*q}+V_{Ey}^q \tag{6.115}$$

$$(1-abD_x^2)E_{z,m+1}^q=E_{z,m+1}^{*q}-aD_xH_{y,m}^q-abD_xD_zE_{x,m+1}^{*q}+V_{Ez}^q \tag{6.116}$$

$$H_{x,m+1}^q=bD_zE_{y,m+1}^q-bD_yE_{z,m+1}^{*q}+V_{Hx}^q \tag{6.117}$$

$$H_{y,m+1}^q=bD_xE_{z,m+1}^q-bD_zE_{x,m+1}^{*q}+V_{Hy}^q \tag{6.118}$$

$$H_{z,m+1}^q=bD_yE_{x,m+1}^q-bD_xE_{y,m+1}^{*q}+V_{Hz}^q \tag{6.119}$$

对式(6.111)～式(6.119)运用中心差分法并利用式(6.81)～式(6.83),可以得到三维组合基高效FDTD算法的迭代算法差分方程：

$$\begin{aligned}&-\overline{C}_z^E\big|_k\overline{C}_z^H\big|_{k-1}E_{x,m+1}^{*q}\big|_{i,j,k-1}+(1+\overline{C}_z^E\big|_k\overline{C}_z^H\big|_k+\overline{C}_z^E\big|_k\overline{C}_z^H\big|_{k-1})E_{x,m+1}^{*q}\big|_{i,j,k}-\\&\overline{C}_z^E\big|_k\overline{C}_z^H\big|_kE_{x,m+1}^{*q}\big|_{i,j,k+1}\\&=-\overline{C}_z^E\big|_k\overline{C}_x^H\big|_i(E_{z,m}^q\big|_{i+1,j,k}-E_{z,m}^q\big|_{i,j,k}-E_{z,m}^q\big|_{i+1,j,k-1}+E_{z,m}^q\big|_{i,j,k-1})+\\&\overline{C}_y^E\big|_j(H_{z,m}^q\big|_{i,j,k}-H_{z,m}^q\big|_{i,j-1,k})+V_{Ex}^{*q}\big|_{i,j,k}\end{aligned} \tag{6.120}$$

$$\begin{aligned}&-\overline{C}_x^E\big|_i\overline{C}_x^H\big|_{i-1}E_{y,m+1}^{*q}\big|_{i-1,j,k}+(1+\overline{C}_x^E\big|_i\overline{C}_x^H\big|_i+\overline{C}_x^E\big|_i\overline{C}_x^H\big|_{i-1})E_{y,m+1}^{*q}\big|_{i,j,k}-\\&\overline{C}_x^E\big|_i\overline{C}_x^H\big|_iE_{y,m+1}^{*q}\big|_{i+1,j,k}\\&=-\overline{C}_x^E\big|_i\overline{C}_y^H\big|_j(E_{x,m}^q\big|_{i,j+1,k}-E_{x,m}^q\big|_{i,j,k}-E_{x,m}^q\big|_{i-1,j+1,k}+E_{x,m}^q\big|_{i-1,j,k})+\\&\overline{C}_z^E\big|_k(H_{x,m}^q\big|_{i,j,k}-H_{x,m}^q\big|_{i,j,k-1})+V_{Ey}^{*q}\big|_{i,j,k}\end{aligned} \tag{6.121}$$

$$\begin{aligned}&-\overline{C}_y^E\big|_j\overline{C}_y^H\big|_{j-1}E_{z,m+1}^{*q}\big|_{i,j-1,k}+(1+\overline{C}_y^E\big|_j\overline{C}_y^H\big|_j+\overline{C}_y^E\big|_j\overline{C}_y^H\big|_{j-1})E_{z,m+1}^{*q}\big|_{i,j,k}-\\&\overline{C}_y^E\big|_j\overline{C}_y^H\big|_jE_{z,m+1}^{*q}\big|_{i,j+1,k}\\&=-\overline{C}_y^E\big|_j\overline{C}_z^H\big|_k(E_{y,m}^q\big|_{i,j,k+1}-E_{y,m}^q\big|_{i,j,k}-E_{y,m}^q\big|_{i,j-1,k+1}+E_{y,m}^q\big|_{i,j-1,k})+\\&\overline{C}_x^E\big|_i(H_{y,m}^q\big|_{i,j,k}-H_{y,m}^q\big|_{i-1,j,k})+V_{Ez}^{*q}\big|_{i,j,k}\end{aligned} \tag{6.122}$$

$$
\begin{aligned}
&-\overline{C}_y^E\big|_j \overline{C}_y^H\big|_{j-1} E_{x,m+1}^q\big|_{i,j-1,k} + \left(1+\overline{C}_y^E\big|_j \overline{C}_y^H\big|_j + \overline{C}_y^E\big|_j \overline{C}_y^H\big|_{j-1}\right) E_{x,m+1}^q\big|_{i,j,k} - \\
&\overline{C}_y^E\big|_j \overline{C}_y^H\big|_j E_{x,m+1}^q\big|_{i,j+1,k} \\
=& E_{x,m+1}^{*q}\big|_{i,j,k} - \overline{C}_y^E\big|_j \left(H_{z,m}^q\big|_{i,j,k} - H_{z,m}^q\big|_{i,j-1,k}\right) + V_{Ex}^q\big|_{i,j,k} - \\
&\overline{C}_y^E\big|_j \overline{C}_x^H\big|_i \left(E_{y,m+1}^{*q}\big|_{i+1,j,k} - E_{y,m+1}^{*q}\big|_{i+1,j-1,k} - E_{y,m+1}^{*q}\big|_{i,j,k} + E_{y,m+1}^{*q}\big|_{i,j-1,k}\right)
\end{aligned}
\tag{6.123}
$$

$$
\begin{aligned}
&-\overline{C}_z^E\big|_k \overline{C}_z^H\big|_{k-1} E_{y,m+1}^q\big|_{i,j,k-1} + \left(1+\overline{C}_z^E\big|_k \overline{C}_z^H\big|_k + \overline{C}_z^E\big|_k \overline{C}_z^H\big|_{k-1}\right) E_{y,m+1}^q\big|_{i,j,k} - \\
&\overline{C}_z^E\big|_k \overline{C}_z^H\big|_k E_{y,m+1}^q\big|_{i,j,k+1} \\
=& E_{y,m+1}^{*q}\big|_{i,j,k} - \overline{C}_z^E\big|_k \left(H_{x,m}^q\big|_{i,j,k} - H_{x,m}^q\big|_{i,j,k-1}\right) + V_{Ey}^q\big|_{i,j,k} - \\
&\overline{C}_z^E\big|_k \overline{C}_y^H\big|_j \left(E_{z,m+1}^{*q}\big|_{i,j+1,k} - E_{z,m+1}^{*q}\big|_{i,j+1,k-1} - E_{z,m+1}^{*q}\big|_{i,j,k} + E_{z,m+1}^{*q}\big|_{i,j,k-1}\right)
\end{aligned}
\tag{6.124}
$$

$$
\begin{aligned}
&-\overline{C}_x^E\big|_i \overline{C}_x^H\big|_{i-1} E_{z,m+1}^q\big|_{i-1,j,k} + \left(1+\overline{C}_x^E\big|_i \overline{C}_x^H\big|_i + \overline{C}_x^E\big|_i \overline{C}_x^H\big|_{i-1}\right) E_{z,m+1}^q\big|_{i,j,k} - \\
&\overline{C}_x^E\big|_i \overline{C}_x^H\big|_i E_{z,m+1}^q\big|_{i+1,j,k} \\
=& E_{z,m+1}^{*q}\big|_{i,j,k} - \overline{C}_x^E\big|_i \left(H_{y,m}^q\big|_{i,j,k} - H_{y,m}^q\big|_{i-1,j,k}\right) + V_{Ez}^q\big|_{i,j,k} - \\
&\overline{C}_x^E\big|_i \overline{C}_z^H\big|_k \left(E_{x,m+1}^{*q}\big|_{i,j,k+1} - E_{x,m+1}^{*q}\big|_{i-1,j,k+1} - E_{x,m+1}^{*q}\big|_{i,j,k} + E_{x,m+1}^{*q}\big|_{i-1,j,k}\right)
\end{aligned}
\tag{6.125}
$$

$$
\begin{aligned}
H_{x,m+1}^q\big|_{i,j,k} =& \overline{C}_z^H\big|_k \left(E_{y,m+1}^q\big|_{i,j,k+1} - E_{y,m+1}^q\big|_{i,j,k}\right) + V_{Hx}^q\big|_{i,j,k} - \\
&\overline{C}_y^H\big|_j \left(E_{z,m+1}^{*q}\big|_{i,j+1,k} - E_{z,m+1}^{*q}\big|_{i,j,k}\right)
\end{aligned}
\tag{6.126}
$$

$$
\begin{aligned}
H_{y,m+1}^q\big|_{i,j,k} =& \overline{C}_x^H\big|_i \left(E_{z,m+1}^q\big|_{i+1,j,k} - E_{z,m+1}^q\big|_{i,j,k}\right) + V_{Hy}^q\big|_{i,j,k} - \\
&\overline{C}_z^H\big|_k \left(E_{x,m+1}^{*q}\big|_{i,j,k+1} - E_{x,m+1}^{*q}\big|_{i,j,k}\right)
\end{aligned}
\tag{6.127}
$$

$$
\begin{aligned}
H_{z,m+1}^q\big|_{i,j,k} =& \overline{C}_y^H\big|_j \left(E_{x,m+1}^q\big|_{i,j+1,k} - E_{x,m+1}^q\big|_{i,j,k}\right) + V_{Hz}^q\big|_{i,j,k} - \\
&\overline{C}_x^H\big|_i \left(E_{y,m+1}^{*q}\big|_{i+1,j,k} - E_{y,m+1}^{*q}\big|_{i,j,k}\right)
\end{aligned}
\tag{6.128}
$$

6.3 三维组合基高效 FDTD 算法的数值验证

为了验证三维组合基高效 FDTD 算法的精度和效率，本节给出了两个数值算例。

第一个例子是一个自由空间中的三维平行板电容器，这个例子也曾被用来验证 ADI-FDTD 算法[7]和拉盖尔基高效 FDTD 算法[8-9]的精度问题。如图 6.1 所示，平行板电容器由两个大小为 10 cm×10 cm 的平行导板组成，两个导板之间的距离为 1 cm。整个计算区域的大小为 20 cm×50 cm×50 cm，采用均匀网格进行计算，空间网格尺寸为 $\Delta x=\Delta y=\Delta z=1$ cm。在计算区域边界处采用 Mur 一阶吸收边界[10]截断。平行板电容器位于平面 yOz 中心，x 方向下导板到下边界的距离为 9 cm。

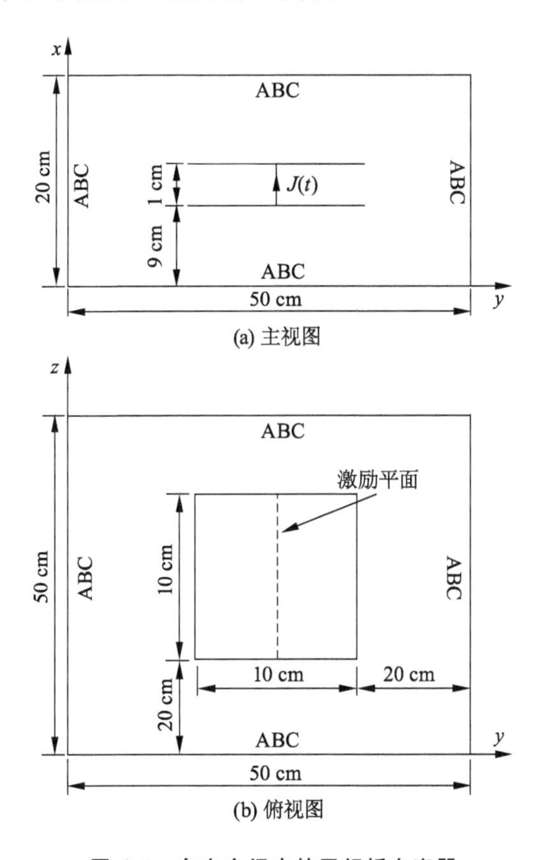

图 6.1　自由空间中的平行板电容器

采用如下高斯脉冲作为激励源：

$$J_x(t)=\exp\left(-\left(\frac{t-T_c}{T_d}\right)^2\right) \tag{6.129}$$

式中：$T_d=1$ ns、$T_c=3T_d$，计算时长 $T_f=10$ ns。激励源设置在平面 9 cm$\leqslant x<$ 10 cm，$y=25$ cm，20 cm$\leqslant z\leqslant$30 cm 处，均匀分布。分别采用传统 FDTD 算法、ADI-FDTD 算法[7]、Z. Chen 的高效拉盖尔基 FDTD 算法[9]和本章三维组合基高效 FDTD 算法进行计算。对于传统 FDTD 算法，设时间步长为 $\Delta t_{FDTD}=16.67$ ps。对于 ADI-FDTD 算法，设稳定性因子 $CFLN=1$、4 和 8，式中 $CFLN=\Delta t_{ADI}/\Delta t_{FDTD}$，$\Delta t_{ADI}$ 为 ADI-FDTD 算法的时间步长。对于 Z. Chen 的高效拉盖尔 FDTD 算法[9]和本章三维组合基高效 FDTD 算法，设时间标度因子 $s=4.0\times10^{10}$，最高展开系数 $q=52$[11-12]，迭代次数 $N=8$。

如文献[7]所述，对计算结果进行傅立叶变换和归一化处理。图 6.2 给出了采用不同计算方法时，平行板电容器中心线处（$x=9$ cm，0 cm$<y<$ 50 cm，$z=25$ cm）归一化频域电场 E_x 分布情况（$f=0$ Hz）。从图中可以看出，组合基高效 FDTD 算法的计算结果与传统 FDTD 算法、Z. Chen 的拉盖尔基高效 FDTD 算法[9]的计算结果吻合得很好。ADI-FDTD 算法只有在 $CFLN=1$ 时，计算精度才能得到保证，而随着 $CFLN$ 的增大，计算精度迅速降低。

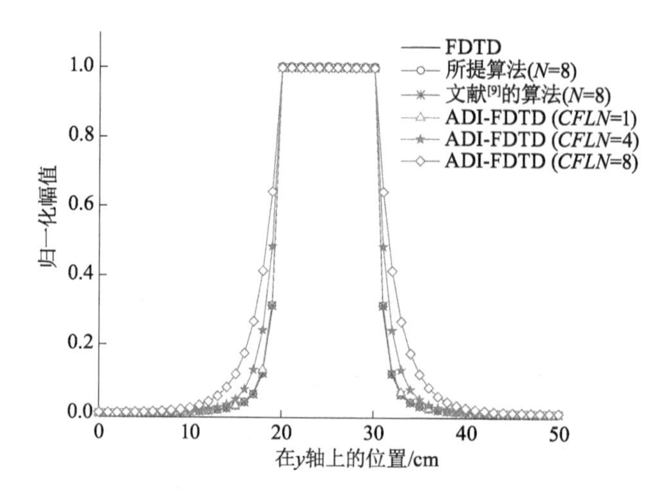

图 6.2　平行板电容器中线沿 y 方向不同位置处电场分量 E_y 的归一化频域值($f=0$ Hz)

第二个例子是一个不连续微带线[9,13]，如图 6.3 所示，微带线的整体尺寸为 2.4 mm×10.8 mm×25.6 mm，上下两个接地金属导板之间介质的介

电常数 $\varepsilon_r=4$。导带的宽度为 1.2 mm，导带中心处有一个宽度为 25 μm 的窄缝。在靠近窄缝处，电磁场的变化非常剧烈。微带线的其余 4 个表面全部用 Mur 一阶吸收边界截断。整个计算区域划分为 $6\Delta x\times54\Delta y\times76\Delta z$ 个网格。其中沿 x 和 y 方向为均匀网格，网格尺寸分别为 $\Delta x=0.4$ mm，$\Delta y=0.2$ mm。在 z 方向采用扩展网格来处理窄缝问题，在窄缝处设置了 4 个网格，最小网格尺寸为 $\Delta z_{\min}=0.00625$ mm。观察点设置在 $P_1(1\Delta x,\ 27\Delta y,\ 60\Delta z)$处。采用与式(6.129)相同的高斯脉冲作为激励源，其中 $T_d=6$ ps，$T_c=3T_d$，计算时长 $T_f=0.8$ ns。激励原设置在平面 $0\Delta x\leqslant x<3\Delta x$，$24\Delta y\leqslant y\leqslant30\Delta y$，$z=10\Delta z$ 处。

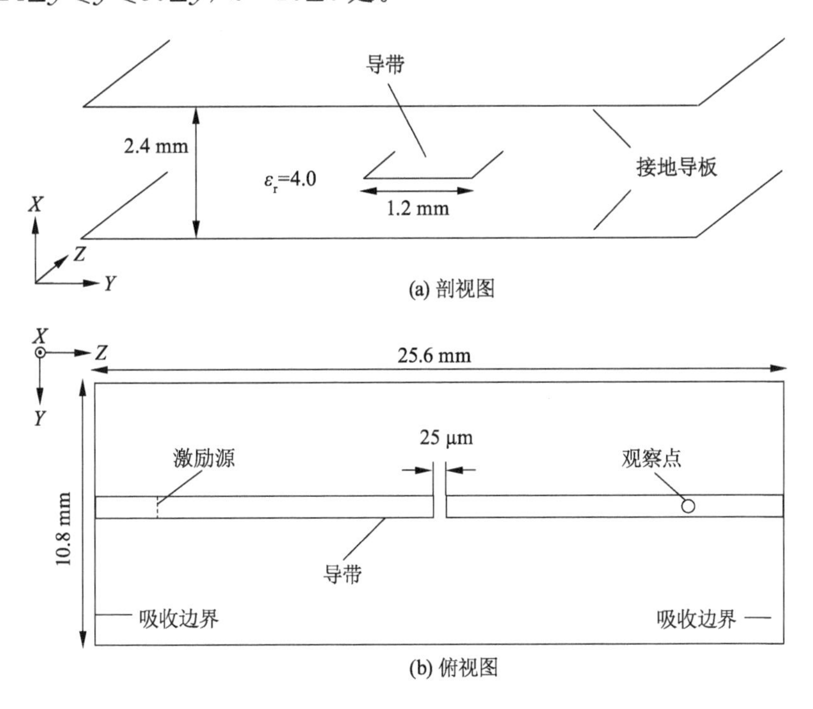

图 6.3　不连续微带线结构示意图

对于传统 FDTD 算法，设置时间步长 $\Delta t_{\mathrm{FDTD}}=40$ fs(CFL 稳定性条件的要求是 $\Delta t_{\mathrm{FDTD}}\leqslant41.6412$ fs)。对于 ADI-FDTD 算法，设置稳定性因子 $CFLN=10$。对于 Z. Chen 的高效拉盖尔基 FDTD 算法[9]和本章的组合基高效 FDTD 算法，设置时间标度因子 $s=7.0\times10^{11}$，最高展开系数 $q=80$[11,12]，整体迭代次数$N=8$。

图 6.4 给出了采用不同计算方法得到的观测点 P_1 处的电场分量 E_x 的时域波形图。可以看出组合基高效 FDTD 算法的计算结果与传统 FDTD 算法，ADI-DTD 算法（$CFLN=10$）吻合的很好。而从局部放大图来看，Z. Chen 的高效拉盖尔基 FDTD 算法[9]的计算结果在 $t=0$ ns 附近有较大的误差。为了进一步比较各算法计算精度，定义电场分量 E_x 的相对计算误差为

$$E_{x,\text{error}}=\left|\frac{(E_{x,\text{num}}-E_{x,\text{FDTD}})}{\max(E_{x,\text{FDTD}})}\right|\times 100\% \tag{6.130}$$

式中：$E_{x,\text{FDTD}}$为传统 FDTD 算法的计算结果；$E_{x,\text{num}}$为被测试算法的计算结果。

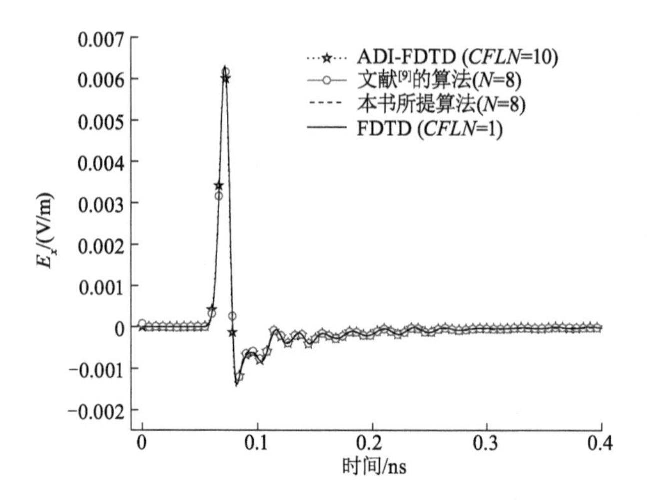

图 6.4　点 P_1 处电场分量 E_x 的时域波形

图 6.5 给出了组合基高效 FDTD 算法和 Z. Chen 的拉盖尔基高效 FDTD 算法[9]的相对误差。从图中可以看出组合基高效算法的最大相对误差为 1.98%，且在 $t=0$ ns 附近相对基本没有误差。而 Z. Chen 的高效拉盖尔基 FDTD 算法[9]的最大相对误差为 2.12%，且在 $t=0$ ns 附近相对误差较大。另外，图 6.6 表明可以通过增加迭代次数，进一步提高组合基高效 FDTD 算法的计算精度。

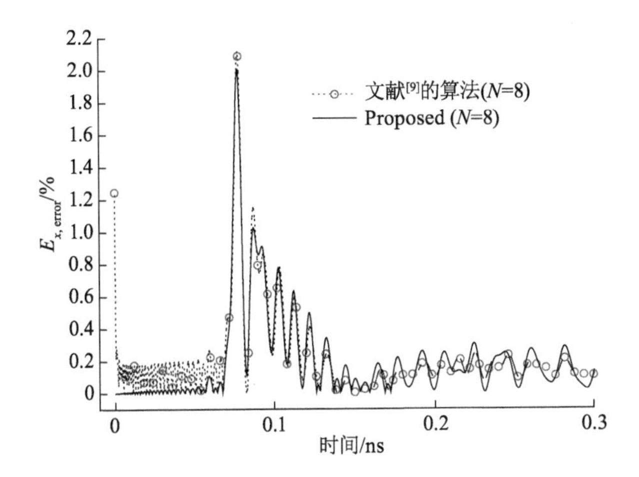

图 6.5　点 P_1 处电场分量 E_x 的相对误差

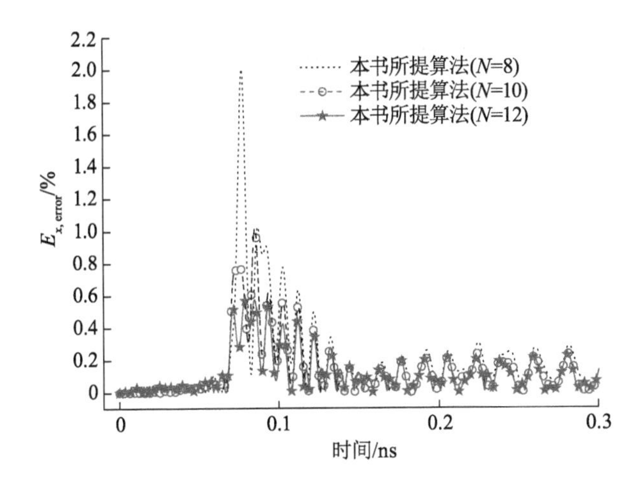

图 6.6　点 P_1 处电场分量 E_x 的相对误差随迭代次数的增加而减小

表 6.1 给出了不同计算方法消耗的计算机资源。从表中可以看出 8 次迭代的组合基高效 FDTD 算法的计算时间仅为 12.47 s，是传统 FDTD 算法的 15.9％、ADI-FDTD 算法的 21.4％、Z. Chen 的高效拉盖尔基 FDTD 算法[9]的 69.0％。从内存大小来看，传统 FDTD 算法占用的内存较小，为 1.98 MB。组合基高效 FDTD 算法由于要多存储一些额外的数组，因此占用的内存较大，为 3.98 MB。但这些算法占用的内存仍处于同一个量级，相比于标准拉盖尔基 FDTD 算法所需要的内存要小得多。

表 6.1　不同算法消耗的计算资源

算法	Δt	步数/阶数	计算时间/s	内存消耗/MB
FDTD	40 fs	20 000	78.25	1.98
ADI-FDTD	10×40 fs	2 000	58.14	2.37
文献 [9]的算法(8 次迭代)	40 ps	81	18.06	2.81
本书所提算法(8 次迭代)	40 ps	81	12.47	3.98
本书所提算法(12 次迭代)	40 ps	81	15.00	3.98
本书所提算法(16 次迭代)	40 ps	81	17.48	3.98

6.4　三维组合基高效 PML 吸收边界条件

在均匀、无耗介质中，三维 Berenger 分裂场 PML 吸收边界条件[14]时域方程组为

$$\frac{\partial E_{xy}}{\partial t}+\frac{\sigma_y}{\varepsilon_0}E_{xy}=\frac{1}{\varepsilon_0}\frac{\partial H_z}{\partial y},\frac{\partial E_{xz}}{\partial t}+\frac{\sigma_z}{\varepsilon_0}E_{xz}=-\frac{1}{\varepsilon_0}\frac{\partial H_y}{\partial z} \tag{6.131}$$

$$\frac{\partial E_{yz}}{\partial t}+\frac{\sigma_z}{\varepsilon_0}E_{yz}=\frac{1}{\varepsilon_0}\frac{\partial H_x}{\partial z},\frac{\partial E_{yx}}{\partial t}+\frac{\sigma_x}{\varepsilon_0}E_{yx}=-\frac{1}{\varepsilon_0}\frac{\partial H_z}{\partial x} \tag{6.132}$$

$$\frac{\partial E_{zx}}{\partial t}+\frac{\sigma_x}{\varepsilon_0}E_{zx}=\frac{1}{\varepsilon_0}\frac{\partial H_y}{\partial x},\frac{\partial E_{zy}}{\partial t}+\frac{\sigma_y}{\varepsilon_0}E_{zy}=-\frac{1}{\varepsilon_0}\frac{\partial H_x}{\partial y} \tag{6.133}$$

$$\frac{\partial H_{xy}}{\partial t}+\frac{\rho_y}{\mu_0}H_{xy}=-\frac{1}{\mu_0}\frac{\partial E_z}{\partial y},\frac{\partial H_{xz}}{\partial t}+\frac{\rho_z}{\mu_0}H_{xz}=\frac{1}{\mu_0}\frac{\partial E_y}{\partial z} \tag{6.134}$$

$$\frac{\partial H_{yz}}{\partial t}+\frac{\rho_z}{\mu_0}H_{yz}=-\frac{1}{\mu_0}\frac{\partial E_x}{\partial z},\frac{\partial H_{yx}}{\partial t}+\frac{\rho_x}{\mu_0}H_{yx}=\frac{1}{\mu_0}\frac{\partial E_z}{\partial x} \tag{6.135}$$

$$\frac{\partial H_{zx}}{\partial t}+\frac{\rho_x}{\mu_0}H_{zx}=-\frac{1}{\mu_0}\frac{\partial E_y}{\partial x},\frac{\partial H_{zy}}{\partial t}+\frac{\rho_y}{\mu_0}H_{zy}=\frac{1}{\mu_0}\frac{\partial E_x}{\partial y} \tag{6.136}$$

式中：σ_x、σ_y、σ_z和 ρ_x、ρ_y、ρ_z分别为匹配层材料的电导率和磁导率。

用组合基展开式(6.131)～式(6.136)中的各个电磁场分量，得

$$E_{xy}(\boldsymbol{r},t)=\sum_{p=0}^{\infty}E_{xy}^{p}(\boldsymbol{r})\phi_p(st),E_{xz}(\boldsymbol{r},t)=\sum_{p=0}^{\infty}E_{xz}^{p}(\boldsymbol{r})\phi_p(st) \quad (6.137)$$

$$E_{yz}(\boldsymbol{r},t)=\sum_{p=0}^{\infty}E_{yz}^{p}(\boldsymbol{r})\phi_p(st),E_{yx}(\boldsymbol{r},t)=\sum_{p=0}^{\infty}E_{yx}^{p}(\boldsymbol{r})\phi_p(st) \quad (6.138)$$

$$E_{zx}(\boldsymbol{r},t)=\sum_{p=0}^{\infty}E_{zx}^{p}(\boldsymbol{r})\phi_p(st),E_{zy}(\boldsymbol{r},t)=\sum_{p=0}^{\infty}E_{zy}^{p}(\boldsymbol{r})\phi_p(st) \quad (6.139)$$

$$H_{xy}(\boldsymbol{r},t)=\sum_{p=0}^{\infty}H_{xy}^{p}(\boldsymbol{r})\phi_p(st),H_{xz}(\boldsymbol{r},t)=\sum_{p=0}^{\infty}H_{xz}^{p}(\boldsymbol{r})\phi_p(st) \quad (6.140)$$

$$H_{yz}(\boldsymbol{r},t)=\sum_{p=0}^{\infty}H_{yz}^{p}(\boldsymbol{r})\phi_p(st),H_{yx}(\boldsymbol{r},t)=\sum_{p=0}^{\infty}H_{yx}^{p}(\boldsymbol{r})\phi_p(st) \quad (6.141)$$

$$H_{zx}(\boldsymbol{r},t)=\sum_{p=0}^{\infty}H_{zx}^{p}(\boldsymbol{r})\phi_p(st),H_{zy}(\boldsymbol{r},t)=\sum_{p=0}^{\infty}H_{zy}^{p}(\boldsymbol{r})\phi_p(st) \quad (6.142)$$

将式(6.137)～式(6.142)代入式(6.131)～式(6.136)，利用 6.2 节中组合基高效 FDTD 算法的推导方法得到

$$E_{xy}^{q}(\boldsymbol{r})=(1+a\sigma_y(\boldsymbol{r}))^{-1}\begin{bmatrix}aD_y(H_z^{q}(\boldsymbol{r})-2H_z^{q-1}(\boldsymbol{r})+H_z^{q-2}(\boldsymbol{r}))\\+E_{xy}^{q-2}(\boldsymbol{r})-a\sigma_y(E_{xy}^{q-2}(\boldsymbol{r})-2E_{xy}^{q-1}(\boldsymbol{r}))\end{bmatrix} \quad (6.143)$$

$$E_{xz}^{q}(\boldsymbol{r})=(1+a\sigma_z(\boldsymbol{r}))^{-1}\begin{bmatrix}-aD_z(H_y^{q}(\boldsymbol{r})-2H_y^{q-1}(\boldsymbol{r})+H_y^{q-2}(\boldsymbol{r}))\\+E_{xz}^{q-2}(\boldsymbol{r})-a\sigma_z(E_{xz}^{q-2}(\boldsymbol{r})-2E_{xz}^{q-1}(\boldsymbol{r}))\end{bmatrix} \quad (6.144)$$

$$E_{yz}^{q}(\boldsymbol{r})=(1+a\sigma_z(\boldsymbol{r}))^{-1}\begin{bmatrix}aD_z(H_x^{q}(\boldsymbol{r})-2H_x^{q-1}(\boldsymbol{r})+H_x^{q-2}(\boldsymbol{r}))\\+E_{yz}^{q-2}(\boldsymbol{r})-a\sigma_z(E_{yz}^{q-2}(\boldsymbol{r})-2E_{yz}^{q-1}(\boldsymbol{r}))\end{bmatrix} \quad (6.145)$$

$$E_{yx}^{q}(\boldsymbol{r})=(1+a\sigma_x(\boldsymbol{r}))^{-1}\begin{bmatrix}-aD_x(H_z^{q}(\boldsymbol{r})-2H_z^{q-1}(\boldsymbol{r})+H_z^{q-2}(\boldsymbol{r}))\\+E_{yx}^{q-2}(\boldsymbol{r})-a\sigma_x(E_{yx}^{q-2}(\boldsymbol{r})-2E_{yx}^{q-1}(\boldsymbol{r}))\end{bmatrix} \quad (6.146)$$

$$E_{zx}^{q}(\boldsymbol{r})=(1+a\sigma_{x}(\boldsymbol{r}))^{-1}\left[\begin{array}{l}aD_{x}(H_{y}^{q}(\boldsymbol{r})-2H_{y}^{q-1}(\boldsymbol{r})+H_{y}^{q-2}(\boldsymbol{r}))\\+E_{zx}^{q-2}(\boldsymbol{r})-a\sigma_{x}(E_{zx}^{q-2}(\boldsymbol{r})-2E_{zx}^{q-1}(\boldsymbol{r}))\end{array}\right]\tag{4.147}$$

$$E_{zy}^{q}(\boldsymbol{r})=(1+a\sigma_{y}(\boldsymbol{r}))^{-1}\left[\begin{array}{l}-aD_{y}(H_{x}^{q}(\boldsymbol{r})-2H_{x}^{q-1}(\boldsymbol{r})+H_{x}^{q-2}(\boldsymbol{r}))\\+E_{zy}^{q-2}(\boldsymbol{r})-a\sigma_{y}(E_{zy}^{q-2}(\boldsymbol{r})-2E_{zy}^{q-1}(\boldsymbol{r}))\end{array}\right]\tag{6.148}$$

$$H_{xy}^{q}(\boldsymbol{r})=(1+b\rho_{y}(\boldsymbol{r}))^{-1}\left[\begin{array}{l}-bD_{y}(E_{z}^{q}(\boldsymbol{r})-2E_{z}^{q-1}(\boldsymbol{r})+E_{z}^{q-2}(\boldsymbol{r}))\\+H_{xy}^{q-2}(\boldsymbol{r})-b\rho_{y}(H_{xy}^{q-2}(\boldsymbol{r})-2H_{xy}^{q-1}(\boldsymbol{r}))\end{array}\right]\tag{6.149}$$

$$H_{xz}^{q}(\boldsymbol{r})=(1+b\rho_{z}(\boldsymbol{r}))^{-1}\left[\begin{array}{l}bD_{z}(E_{y}^{q}(\boldsymbol{r})-2E_{y}^{q-1}(\boldsymbol{r})+E_{y}^{q-2}(\boldsymbol{r}))\\+H_{xz}^{q-2}(\boldsymbol{r})-b\rho_{z}(H_{xz}^{q-2}(\boldsymbol{r})-2H_{xz}^{q-1}(\boldsymbol{r}))\end{array}\right]\tag{6.150}$$

$$H_{yz}^{q}(\boldsymbol{r})=(1+b\rho_{z}(\boldsymbol{r}))^{-1}\left[\begin{array}{l}-bD_{z}(E_{x}^{q}(\boldsymbol{r})-2E_{x}^{q-1}(\boldsymbol{r})+E_{x}^{q-2}(\boldsymbol{r}))\\+H_{yz}^{q-2}(\boldsymbol{r})-b\rho_{z}(H_{yz}^{q-2}(\boldsymbol{r})-2H_{yz}^{q-1}(\boldsymbol{r}))\end{array}\right]\tag{6.151}$$

$$H_{yx}^{q}(\boldsymbol{r})=(1+b\rho_{x}(\boldsymbol{r}))^{-1}\left[\begin{array}{l}bD_{x}(E_{z}^{q}(\boldsymbol{r})-2E_{z}^{q-1}(\boldsymbol{r})+E_{z}^{q-2}(\boldsymbol{r}))\\+H_{yx}^{q-2}(\boldsymbol{r})-b\rho_{x}(H_{yx}^{q-2}(\boldsymbol{r})-2H_{yx}^{q-1}(\boldsymbol{r}))\end{array}\right]\tag{6.152}$$

$$H_{zx}^{q}(\boldsymbol{r})=(1+b\rho_{x}(\boldsymbol{r}))^{-1}\left[\begin{array}{l}-bD_{x}(E_{y}^{q}(\boldsymbol{r})-2E_{y}^{q-1}(\boldsymbol{r})+E_{y}^{q-2}(\boldsymbol{r}))\\+H_{zx}^{q-2}(\boldsymbol{r})-b\rho_{x}(H_{zx}^{q-2}(\boldsymbol{r})-2H_{zx}^{q-1}(\boldsymbol{r}))\end{array}\right]\tag{6.153}$$

$$H_{zy}^{q}(\boldsymbol{r})=(1+b\rho_{y}(\boldsymbol{r}))^{-1}\left[\begin{array}{l}bD_{y}(E_{x}^{q}(\boldsymbol{r})-2E_{x}^{q-1}(\boldsymbol{r})+E_{x}^{q-2}(\boldsymbol{r}))\\+H_{zy}^{q-2}(\boldsymbol{r})-b\rho_{y}(H_{zy}^{q-2}(\boldsymbol{r})-2H_{zy}^{q-1}(\boldsymbol{r}))\end{array}\right]\tag{6.154}$$

式中:$a=2/(s\varepsilon_0)$,$a=2/(s\mu_0)$。

令

$$\sigma_x^E(r)=(1+a\sigma_x(r))^{-1},\sigma_x^H(r)=(1+b\rho_x(r))^{-1}\tag{6.155}$$

$$\sigma_y^E(r)=(1+a\sigma_y(r))^{-1},\sigma_y^H(r)=(1+b\rho_y(r))^{-1} \tag{6.156}$$

$$\sigma_z^E(r)=(1+a\sigma_z(r))^{-1},\sigma_z^H(r)=(1+b\rho_z(r))^{-1} \tag{6.157}$$

$$V_{Exy}^{q-1}(\boldsymbol{r})=\sigma_y^E(\boldsymbol{r})\begin{bmatrix}aD_y(-2H_z^{q-1}(\boldsymbol{r})+H_z^{q-2}(\boldsymbol{r}))+E_{xy}^{q-2}(\boldsymbol{r})\\-a\sigma_y(E_{xy}^{q-2}(\boldsymbol{r})-2E_{xy}^{q-1}(\boldsymbol{r}))\end{bmatrix} \tag{6.158}$$

$$V_{Exz}^{q-1}(\boldsymbol{r})=\sigma_z^E(\boldsymbol{r})\begin{bmatrix}-aD_z(-2H_y^{q-1}(\boldsymbol{r})+H_y^{q-2}(\boldsymbol{r}))+E_{xz}^{q-2}(\boldsymbol{r})\\-a\sigma_z(E_{xz}^{q-2}(\boldsymbol{r})-2E_{xz}^{q-1}(\boldsymbol{r}))\end{bmatrix} \tag{6.159}$$

$$V_{Eyz}^{q-1}(\boldsymbol{r})=\sigma_z^E(\boldsymbol{r})\begin{bmatrix}aD_z(-2H_x^{q-1}(\boldsymbol{r})+H_x^{q-2}(\boldsymbol{r}))+E_{yz}^{q-2}(\boldsymbol{r})\\-a\sigma_z(E_{yz}^{q-2}(\boldsymbol{r})-2E_{yz}^{q-1}(\boldsymbol{r}))\end{bmatrix} \tag{6.160}$$

$$V_{Eyx}^{q-1}(\boldsymbol{r})=\sigma_x^E(\boldsymbol{r})\begin{bmatrix}-aD_x(-2H_z^{q-1}(\boldsymbol{r})+H_z^{q-2}(\boldsymbol{r}))+E_{yx}^{q-2}(\boldsymbol{r})\\-a\sigma_x(E_{yx}^{q-2}(\boldsymbol{r})-2E_{yx}^{q-1}(\boldsymbol{r}))\end{bmatrix} \tag{6.161}$$

$$V_{Ezx}^{q-1}(\boldsymbol{r})=\sigma_x^E(\boldsymbol{r})\begin{bmatrix}aD_x(-2H_y^{q-1}(\boldsymbol{r})+H_y^{q-2}(\boldsymbol{r}))+E_{zx}^{q-2}(\boldsymbol{r})\\-a\sigma_x(E_{zx}^{q-2}(\boldsymbol{r})-2E_{zx}^{q-1}(\boldsymbol{r}))\end{bmatrix} \tag{6.162}$$

$$V_{Ezy}^{q-1}(\boldsymbol{r})=\sigma_y^E(\boldsymbol{r})\begin{bmatrix}-aD_y(-2H_x^{q-1}(\boldsymbol{r})+H_x^{q-2}(\boldsymbol{r}))+E_{zy}^{q-2}(\boldsymbol{r})\\-a\sigma_y(E_{zy}^{q-2}(\boldsymbol{r})-2E_{zy}^{q-1}(\boldsymbol{r}))\end{bmatrix} \tag{6.163}$$

$$V_{Hxy}^{q-1}(\boldsymbol{r})=\sigma_y^H(\boldsymbol{r})\begin{bmatrix}-bD_y(-2E_z^{q-1}(\boldsymbol{r})+E_z^{q-2}(\boldsymbol{r}))+H_{xy}^{q-2}(\boldsymbol{r})\\-b\rho_y(H_{xy}^{q-2}(\boldsymbol{r})-2H_{xy}^{q-1}(\boldsymbol{r}))\end{bmatrix} \tag{6.164}$$

$$V_{Hxz}^{q-1}(\boldsymbol{r})=\sigma_z^H(\boldsymbol{r})\begin{bmatrix}bD_z(-2E_y^{q-1}(\boldsymbol{r})+E_y^{q-2}(\boldsymbol{r}))+H_{xz}^{q-2}(\boldsymbol{r})\\-b\rho_z(H_{xz}^{q-2}(\boldsymbol{r})-2H_{xz}^{q-1}(\boldsymbol{r}))\end{bmatrix} \tag{6.165}$$

$$V_{Hyz}^{q-1}(\boldsymbol{r})=\sigma_z^H(\boldsymbol{r})\begin{bmatrix}-bD_z(-2E_x^{q-1}(\boldsymbol{r})+E_x^{q-2}(\boldsymbol{r}))+H_{yz}^{q-2}(\boldsymbol{r})\\-b\rho_z(H_{yz}^{q-2}(\boldsymbol{r})-2H_{yz}^{q-1}(\boldsymbol{r}))\end{bmatrix} \tag{6.166}$$

$$V_{Hyx}^{q-1}(\boldsymbol{r})=\sigma_x^H(\boldsymbol{r})\begin{bmatrix}bD_x(-2E_z^{q-1}(\boldsymbol{r})+E_z^{q-2}(\boldsymbol{r}))+H_{yx}^{q-2}(\boldsymbol{r})\\-b\rho_x(H_{yx}^{q-2}(\boldsymbol{r})-2H_{yx}^{q-1}(\boldsymbol{r}))\end{bmatrix} \tag{6.167}$$

$$V_{Hzx}^{q-1}(\boldsymbol{r})=\sigma_x^H(\boldsymbol{r})\begin{bmatrix}-bD_x(-2E_y^{q-1}(\boldsymbol{r})+E_y^{q-2}(\boldsymbol{r}))+H_{zx}^{q-2}(\boldsymbol{r})\\-b\rho_x(H_{zx}^{q-2}(\boldsymbol{r})-2H_{zx}^{q-1}(\boldsymbol{r}))\end{bmatrix} \tag{6.168}$$

$$V_{Hzy}^{q-1}(\boldsymbol{r})=\sigma_y^H(\boldsymbol{r})\begin{bmatrix}bD_y(-2E_x^{q-1}(\boldsymbol{r})+E_x^{q-2}(\boldsymbol{r}))+H_{zy}^{q-2}(\boldsymbol{r})\\-b\rho_y(H_{zy}^{q-2}(\boldsymbol{r})-2H_{zy}^{q-1}(\boldsymbol{r}))\end{bmatrix} \tag{6.169}$$

则式(6.143)～式(6.154)的分裂场可以合并为场分量形式：

$$E_x^q(\boldsymbol{r})=a\sigma_y^E(\boldsymbol{r})D_yH_z^q(\boldsymbol{r})-a\sigma_z^E(\boldsymbol{r})D_zH_y^q(\boldsymbol{r})+V_{Exy}^{q-1}(\boldsymbol{r})+V_{Exz}^{q-1}(\boldsymbol{r}) \tag{6.170}$$

$$E_y^q(\boldsymbol{r})=a\sigma_z^E(\boldsymbol{r})D_zH_x^q(\boldsymbol{r})-a\sigma_x^E(\boldsymbol{r})D_xH_z^q(\boldsymbol{r})+V_{Eyz}^{q-1}(\boldsymbol{r})+V_{Eyx}^{q-1}(\boldsymbol{r}) \tag{6.171}$$

$$E_z^q(\boldsymbol{r})=a\sigma_x^E(\boldsymbol{r})D_xH_y^q(\boldsymbol{r})-a\sigma_y^E(\boldsymbol{r})D_yH_x^q(\boldsymbol{r})+V_{Ezx}^{q-1}(\boldsymbol{r})+V_{Ezy}^{q-1}(\boldsymbol{r}) \tag{6.172}$$

$$H_x^q(\boldsymbol{r})=-b\sigma_y^H(\boldsymbol{r})D_yE_z^q(\boldsymbol{r})+b\sigma_z^H(\boldsymbol{r})D_zE_y^q(\boldsymbol{r})+V_{Hxy}^{q-1}(\boldsymbol{r})+V_{Hxz}^{q-1}(\boldsymbol{r}) \tag{6.173}$$

$$H_y^q(\boldsymbol{r})=-b\sigma_z^H(\boldsymbol{r})D_zE_x^q(\boldsymbol{r})+b\sigma_x^H(\boldsymbol{r})D_xE_z^q(\boldsymbol{r})+V_{Hyz}^{q-1}(\boldsymbol{r})+V_{Hyx}^{q-1}(\boldsymbol{r}) \tag{6.174}$$

$$H_z^q(\boldsymbol{r})=-b\sigma_x^H(\boldsymbol{r})D_xE_y^q(\boldsymbol{r})+b\sigma_y^H(\boldsymbol{r})D_yE_x^q(\boldsymbol{r})+V_{Hzx}^{q-1}(\boldsymbol{r})+V_{Hzy}^{q-1}(\boldsymbol{r}) \tag{6.175}$$

令

$$\boldsymbol{W}_E^q=(E_x^q(\boldsymbol{r})\quad E_y^q(\boldsymbol{r})\quad E_z^q(\boldsymbol{r})^{\mathrm{T}}) \tag{6.176}$$

$$\boldsymbol{W}_H^q=(H_x^q(\boldsymbol{r})\quad H_y^q(\boldsymbol{r})\quad H_z^q(\boldsymbol{r})^{\mathrm{T}}) \tag{6.177}$$

$$\boldsymbol{D}_H=\begin{bmatrix}0 & -a\sigma_z^E(\boldsymbol{r})D_z & a\sigma_y^E(\boldsymbol{r})D_y\\ a\sigma_z^E(\boldsymbol{r})D_z & 0 & -a\sigma_x^E(\boldsymbol{r})D_x\\ -a\sigma_y^E(\boldsymbol{r})D_y & a\sigma_x^E(\boldsymbol{r})D_x & 0\end{bmatrix} \tag{6.178}$$

$$\boldsymbol{D}_E=\begin{bmatrix}0 & b\sigma_z^H(\boldsymbol{r})D_z & -b\sigma_y^H(\boldsymbol{r})D_y\\ -b\sigma_z^H(\boldsymbol{r})D_z & 0 & b\sigma_x^H(\boldsymbol{r})D_x\\ b\sigma_y^H(\boldsymbol{r})D_y & -b\sigma_x^H(\boldsymbol{r})D_x & 0\end{bmatrix} \tag{6.179}$$

$$\boldsymbol{V}_{E}^{q-1}=\begin{pmatrix} V_{Exy}^{q-1}(\boldsymbol{r})+V_{Exz}^{q-1}(\boldsymbol{r}) \\ V_{Eyz}^{q-1}(\boldsymbol{r})+V_{Eyx}^{q-1}(\boldsymbol{r}) \\ V_{Ezx}^{q-1}(\boldsymbol{r})+V_{Ezy}^{q-1}(\boldsymbol{r}) \end{pmatrix},\boldsymbol{V}_{H}^{q-1}=\begin{pmatrix} V_{Hxy}^{q-1}(\boldsymbol{r})+V_{Hxz}^{q-1}(\boldsymbol{r}) \\ V_{Hyz}^{q-1}(\boldsymbol{r})+V_{Hyx}^{q-1}(\boldsymbol{r}) \\ V_{Hzx}^{q-1}(\boldsymbol{r})+V_{Hzy}^{q-1}(\boldsymbol{r}) \end{pmatrix} \quad (6.180)$$

则式(6.170)～式(6.175)可以写成如下矩阵方程：

$$\boldsymbol{W}_{E}^{q}=\boldsymbol{D}_{H}\boldsymbol{W}_{H}^{q}+\boldsymbol{V}_{E}^{q-1} \quad (6.181)$$

$$\boldsymbol{W}_{H}^{q}=\boldsymbol{D}_{E}\boldsymbol{W}_{E}^{q}+\boldsymbol{V}_{H}^{q-1} \quad (6.182)$$

再令

$$\boldsymbol{W}^{q}=\begin{pmatrix} \boldsymbol{W}_{E}^{q} \\ \boldsymbol{W}_{H}^{q} \end{pmatrix},\boldsymbol{V}^{q-1}=\begin{pmatrix} \boldsymbol{V}_{E}^{q-1} \\ \boldsymbol{V}_{H}^{q-1} \end{pmatrix},\boldsymbol{A}+\boldsymbol{B}=\begin{pmatrix} 0 & \boldsymbol{D}_{H} \\ \boldsymbol{D}_{E} & 0 \end{pmatrix} \quad (6.183)$$

则式(6.181)和式(6.182)可以合并为

$$(\boldsymbol{I}-\boldsymbol{A}-\boldsymbol{B})\boldsymbol{W}^{q}=\boldsymbol{V}^{q-1} \quad (6.184)$$

在式(6.184)中引入高阶项 $\boldsymbol{AB}(\boldsymbol{W}^{q}-\boldsymbol{W}^{q-2})$，并运用 Factorization-Splitting 方法分解为两步算法得

$$(\boldsymbol{I}-\boldsymbol{A})\boldsymbol{W}^{*q}=\boldsymbol{B}\boldsymbol{W}^{q-2}+\boldsymbol{V}^{q-1} \quad (6.185)$$

$$(\boldsymbol{I}-\boldsymbol{B})\boldsymbol{W}^{q}=\boldsymbol{W}^{*q}-\boldsymbol{B}\boldsymbol{W}^{q-2} \quad (6.186)$$

式中：$\boldsymbol{W}^{*q}=(\boldsymbol{W}_{E}^{*q}\quad \boldsymbol{W}_{H}^{*q})^{\mathrm{T}}=(E_{x}^{*q}\quad E_{y}^{*q}\quad E_{z}^{*q}\quad H_{x}^{*q}\quad H_{y}^{*q}\quad H_{z}^{*q})^{\mathrm{T}}$ 是非物理中间变量。

令

$$\boldsymbol{A}=\begin{pmatrix} & \boldsymbol{D}_{Ha} \\ \boldsymbol{D}_{Ea} & \end{pmatrix} \quad (6.187)$$

$$\boldsymbol{B}=\begin{pmatrix} & \boldsymbol{D}_{Hb} \\ \boldsymbol{D}_{Eb} & \end{pmatrix} \quad (6.188)$$

其中

$$\boldsymbol{D}_{Ea}=\begin{pmatrix} 0 & 0 & -b\sigma_{y}^{H}(\boldsymbol{r})D_{y} \\ -b\sigma_{z}^{H}(\boldsymbol{r})D_{z} & 0 & 0 \\ 0 & -b\sigma_{x}^{H}(\boldsymbol{r})D_{x} & 0 \end{pmatrix} \quad (6.189)$$

$$\boldsymbol{D}_{Eb}=\begin{bmatrix}0 & b\sigma_z^H(\boldsymbol{r})D_z & 0\\ 0 & 0 & b\sigma_x^H(\boldsymbol{r})D_x\\ b\sigma_y^H(\boldsymbol{r})D_y & 0 & 0\end{bmatrix} \tag{6.190}$$

$$\boldsymbol{D}_{Ha}=\begin{bmatrix}0 & -a\sigma_z^E(\boldsymbol{r})D_z & 0\\ 0 & 0 & -a\sigma_x^E(\boldsymbol{r})D_x\\ -a\sigma_y^E(\boldsymbol{r})D_y & 0 & 0\end{bmatrix} \tag{6.191}$$

$$\boldsymbol{D}_{Hb}=\begin{bmatrix}0 & 0 & a\sigma_y^E(\boldsymbol{r})D_y\\ a\sigma_z^E(\boldsymbol{r})D_z & 0 & 0\\ 0 & a\sigma_x^E(\boldsymbol{r})D_x & 0\end{bmatrix} \tag{6.192}$$

利用矩阵 **A**、**B** 的定义展开式(6.185)和式(6.186)得

$$(\boldsymbol{I}-\boldsymbol{D}_{Ha}\boldsymbol{D}_{Ea})\boldsymbol{W}_E^{*q}=\boldsymbol{D}_{Ha}\boldsymbol{D}_{Eb}\boldsymbol{W}_E^{q-2}+\boldsymbol{V}_E^{q-1}+\boldsymbol{D}_{Hb}\boldsymbol{W}_H^{q-2}+\boldsymbol{D}_{Ha}\boldsymbol{V}_H^{q-1} \tag{6.193}$$

$$(\boldsymbol{I}-\boldsymbol{D}_{Hb}\boldsymbol{D}_{Eb})\boldsymbol{W}_E^{q}=(1+\boldsymbol{D}_{Hb}\boldsymbol{D}_{Ea})\boldsymbol{W}_E^{*q}+\boldsymbol{D}_{Hb}(\boldsymbol{V}_H^{q-1}-\boldsymbol{W}_H^{q-2}) \tag{6.194}$$

再利用式(6.189)～式(6.192)展开式(6.193)和式(6.194)，可以得到以下方程组

$$\begin{aligned}&(1-ab\sigma_z^E(r)D_z\,\sigma_z^H(r)D_z)E_x^{*q}(r)\\&=-ab\sigma_z^E(r)D_z\,\sigma_x^H(r)D_xE_z^{q-2}(r)+a\sigma_y^E(r)D_yH_z^{q-2}(r)+\\&V_{Exy}^{q-1}(r)+V_{Exz}^{q-1}(r)-a\sigma_z^E(r)D_z(V_{Hyz}^{q-1}(r)+V_{Hyx}^{q-1}(r))\end{aligned} \tag{6.195}$$

$$\begin{aligned}&(1-ab\sigma_x^E(r)D_x\,\sigma_x^H(r)D_x)E_y^{*q}(r)\\&=-ab\sigma_x^E(r)D_x\,\sigma_y^H(r)D_yE_x^{q-2}(r)+a\sigma_z^E(r)D_zH_x^{q-2}(r)+\\&V_{Eyz}^{q-1}(r)+V_{Eyx}^{q-1}(r)-a\sigma_x^E(r)D_x(V_{Hzx}^{q-1}(r)+V_{Hzy}^{q-1}(r))\end{aligned} \tag{6.196}$$

$$\begin{aligned}&(1-ab\sigma_y^E(r)D_y\,\sigma_y^H(r)D_y)E_z^{*q}(r)\\&=-ab\sigma_y^E(r)D_y\,\sigma_z^H(r)D_zE_y^{q-2}(r)+a\sigma_x^E(r)D_xH_y^{q-2}(r)+\\&V_{Ezx}^{q-1}(r)+V_{Ezy}^{q-1}(r)-a\sigma_y^E(r)D_y(V_{Hxy}^{q-1}+V_{Hxz}^{q-1})(r)\end{aligned} \tag{6.197}$$

$$\begin{aligned}&(1-ab\sigma_y^E(r)D_y\,\sigma_y^H(r)D_y)E_x^{q}(r)\\&=E_x^{*q}(r)-ab\sigma_y^E(r)D_y\,\sigma_x^H(r)D_xE_y^{*q}(r)-a\sigma_y^E(r)D_yH_z^{q-2}(r)+\\&a\sigma_y^E(r)D_y(V_{Hzx}^{q-1}(r)+V_{Hzy}^{q-1}(r))\end{aligned} \tag{6.198}$$

$$(1-ab\sigma_z^E(r)D_z\sigma_z^H(r)D_z)E_y^q(r)$$

$$=E_y^{*q}(r)-ab\sigma_z^E(r)D_z\sigma_y^H(r)D_yE_z^{*q}(r)-a\sigma_z^E(r)D_zH_x^{q-2}(r)+$$

$$a\sigma_z^E(r)D_z(V_{Hxy}^{q-1}(r)+V_{Hxz}^{q-1}(r)) \tag{6.199}$$

$$(1-ab\sigma_x^E(r)D_x\sigma_x^H(r)D_x)E_z^q(r)$$

$$=E_z^{*q}(r)-ab\sigma_x^E(r)D_x\sigma_z^H(r)D_zE_x^{*q}(r)-a\sigma_x^E(r)D_xH_y^{q-2}(r)+$$

$$a\sigma_x^E(r)D_x(V_{Hyz}^{q-1}(r)+V_{Hyx}^{q-1}(r)) \tag{6.200}$$

为了便于空间差分，将有关参数定义为

$$\sigma_x^E\big|_{i,j,k}=\left(1+\frac{2\sigma_x\big|_{i,j,k}}{s\varepsilon_0}\right)^{-1},\overline{D}_x^E\big|_{i,j,k}=\sigma_x^E\big|_{i,j,k}\frac{2}{s\varepsilon_0\Delta x} \tag{6.201}$$

$$\sigma_y^E\big|_{i,j,k}=\left(1+\frac{2\sigma_y\big|_{i,j,k}}{s\varepsilon_0}\right)^{-1},\overline{D}_y^E\big|_{i,j,k}=\sigma_y^E\big|_{i,j,k}\frac{2}{s\varepsilon_0\Delta y} \tag{6.202}$$

$$\sigma_z^E\big|_{i,j,k}=\left(1+\frac{2\sigma_z\big|_{i,j,k}}{s\varepsilon_0}\right)^{-1},\overline{D}_z^E\big|_{i,j,k}=\sigma_z^E\big|_{i,j,k}\frac{2}{s\varepsilon_0\Delta z} \tag{6.203}$$

$$\sigma_x^H\big|_{i,j,k}=\left(1+\frac{2\rho_x\big|_{i,j,k}}{s\mu_0}\right)^{-1},\overline{D}_x^H\big|_{i,j,k}=\sigma_x^H\big|_{i,j,k}\frac{2}{s\mu_0\Delta x} \tag{6.204}$$

$$\sigma_y^H\big|_{i,j,k}=\left(1+\frac{2\rho_y\big|_{i,j,k}}{s\mu_0}\right)^{-1},\overline{D}_y^H\big|_{i,j,k}=\sigma_y^H\big|_{i,j,k}\frac{2}{s\mu_0\Delta y} \tag{6.205}$$

$$\sigma_z^H\big|_{i,j,k}=\left(1+\frac{2\rho_z\big|_{i,j,k}}{s\mu_0}\right)^{-1},\overline{D}_z^H\big|_{i,j,k}=\sigma_z^H\big|_{i,j,k}\frac{2}{s\mu_0\Delta z} \tag{6.206}$$

用中心差分法近似式(6.195)～式(6.200)，并利用式(6.201)～式(6.206)，可以得到三维组合基高效 PML 吸收边界条件的差分方程：

$$-\overline{D}_z^E\big|_{i,j,k}\overline{D}_z^H\big|_{i,j,k-1}E_x^{*q}\big|_{i,j,k-1}-\overline{D}_z^E\big|_{i,j,k}\overline{D}_z^H\big|_{i,j,k}E_x^{*q}\big|_{i,j,k+1}+$$

$$(1+\overline{D}_z^E\big|_{i,j,k}\overline{D}_z^H\big|_{i,j,k-1}+\overline{D}_z^E\big|_{i,j,k}\overline{D}_z^H\big|_{i,j,k})E_x^{*q}\big|_{i,j,k}$$

$$=-\overline{D}_z^E\big|_{i,j,k}\overline{D}_x^H\big|_{i,j,k}(E_z^{q-2}\big|_{i+1,j,k}-E_z^{q-2}\big|_{i,j,k})-$$

$$\overline{D}_z^E\big|_{i,j,k}\overline{D}_x^H\big|_{i,j,k-1}(E_z^{q-2}\big|_{i,j,k-1}-E_z^{q-2}\big|_{i+1,j,k-1})+$$

$$\overline{D}_y^E\big|_{i,j,k}(H_z^{q-2}\big|_{i,j,k}-H_z^{q-2}\big|_{i,j-1,k})-\overline{D}_z^E\big|_{i,j,k}(V_{Hyz}^{q-1}\big|_{i,j,k}-V_{Hyz}^{q-1}\big|_{i,j,k-1})-$$

$$\overline{D}_z^E\big|_{i,j,k}\left(V_{Hyx}^{q-1}\big|_{i,j,k}-V_{Hyx}^{q-1}\big|_{i,j,k-1}\right)+V_{Exy}{}^{q-1}\big|_{i,j,k}+V_{Exz}{}^{q-1}\big|_{i,j,k} \tag{6.207}$$

$$\begin{aligned}
&-\overline{D}_x^E\big|_{i,j,k}\overline{D}_x^H\big|_{i-1,j,k}E_y^{*q}\big|_{i-1,j,k}-\overline{D}_x^E\big|_{i,j,k}\overline{D}_x^H\big|_{i,j,k}E_y^{*q}\big|_{i+1,j,k}+\\
&\left(1+\overline{D}_x^E\big|_{i,j,k}\overline{D}_x^H\big|_{i-1,j,k}+\overline{D}_x^E\big|_{i,j,k}\overline{D}_x^H\big|_{i,j,k}\right)E_y^{*q}\big|_{i,j,k}\\
=&-\overline{D}_x^E\big|_{i,j,k}\overline{D}_y^H\big|_{i,j,k}\left(E_x^{q-2}\big|_{i,j+1,k}-E_x^{q-2}\big|_{i,j,k}\right)-\\
&\overline{D}_x^E\big|_{i,j,k}\overline{D}_y^H\big|_{i-1,j,k}\left(E_x^{q-2}\big|_{i-1,j,k}-E_x^{q-2}\big|_{i-1,j+1,k}\right)-\\
&\overline{D}_z^E\big|_{i,j,k}\left(H_x^{q-2}\big|_{i,j,k}-H_x^{q-2}\big|_{i,j,k-1}\right)-\overline{D}_x^E\big|_{i,j,k}\left(V_{Hzx}^{q-1}\big|_{i,j,k}-V_{Hzx}^{q-1}\big|_{i-1,j,k}\right)-\\
&\overline{D}_x^E\big|_{i,j,k}\left(V_{Hzy}^{q-1}\big|_{i,j,k}-V_{Hzy}^{q-1}\big|_{i-1,j,k}\right)+V_{Eyz}^{q-1}\big|_{i,j,k}+V_{Eyx}^{q-1}\big|_{i,j,k}
\end{aligned} \tag{6.208}$$

$$\begin{aligned}
&-\overline{D}_y^E\big|_{i,j,k}\overline{D}_y^H\big|_{i,j-1,k}E_z^{*q}\big|_{i,j-1,k}-\overline{D}_y^E\big|_{i,j,k}\overline{D}_y^H\big|_{i,j,k}E_z^{*q}\big|_{i,j+1,k}+\\
&\left(1+\overline{D}_y^E\big|_{i,j,k}\overline{D}_y^H\big|_{i,j-1,k}+\overline{D}_y^E\big|_{i,j,k}\overline{D}_y^H\big|_{i,j,k}\right)E_z^{*q}\big|_{i,j,k}\\
=&-\overline{D}_y^E\big|_{i,j,k}\overline{D}_z^H\big|_{i,j,k}\left(E_y^{q-2}\big|_{i,j,k+1}-E_y^{q-2}\big|_{i,j,k}\right)-\\
&\overline{D}_y^E\big|_{i,j,k}\overline{D}_z^H\big|_{i,j-1,k}\left(E_y^{q-2}\big|_{i,j-1,k}-E_y^{q-2}\big|_{i,j-1,k+1}\right)-\\
&2\overline{D}_x^E\big|_{i,j,k}\left(H_y^{q-2}\big|_{i,j,k}-H_y^{q-2}\big|_{i-1,j,k}\right)-\overline{D}_y^E\big|_{i,j,k}\left(V_{Hxy}^{q-1}\big|_{i,j,k}-V_{Hxy}^{q-1}\big|_{i,j-1,k}\right)-\\
&\overline{D}_y^E\big|_{i,j,k}\left(V_{Hxz}^{q-1}\big|_{i,j,k}-V_{Hxz}^{q-1}\big|_{i,j-1,k}\right)+V_{Ezx}^{q-1}\big|_{i,j,k}+V_{Ezy}^{q-1}\big|_{i,j,k}
\end{aligned} \tag{6.209}$$

$$\begin{aligned}
&-\overline{D}_y^E\big|_{i,j,k}\overline{D}_y^H\big|_{i,j-1,k}E_x^{q}\big|_{i,j-1,k}-\overline{D}_y^E\big|_{i,j,k}\overline{D}_y^H\big|_{i,j,k}E_x^{q}\big|_{i,j+1,k}+\\
&\left(1+\overline{D}_y^E\big|_{i,j,k}\overline{D}_y^H\big|_{i,j-1,k}+\overline{D}_y^E\big|_{i,j,k}\overline{D}_y^H\big|_{i,j,k}\right)E_x^{q}\big|_{i,j,k}\\
=&E_x^{*q}\big|_{i,j,k}-\overline{D}_y^E\big|_{i,j,k}\left(\overline{D}_x^H\big|_{i,j,k}E_y^{*q}\big|_{i+1,j,k}-\overline{D}_x^H\big|_{i,j-1,k}E_y^{*q}\big|_{i+1,j-1,k}\right)-\\
&\overline{D}_y^E\big|_{i,j,k}\left(\overline{D}_x^H\big|_{i,j-1,k}E_y^{*q}\big|_{i,j-1,k}-\overline{D}_x^H\big|_{i,j,k}E_y^{*q}\big|_{i,j,k}\right)-\\
&\overline{D}_y^E\big|_{i,j,k}\left(H_z^{q-2}\big|_{i,j,k}-H_z^{q-2}\big|_{i,j-1,k}\right)+\overline{D}_y^E\big|_{i,j,k}\left(V_{Hzx}^{q-1}\big|_{i,j,k}-V_{Hzx}^{q-1}\big|_{i,j-1,k}\right)+\\
&\overline{D}_y^E\big|_{i,j,k}\left(V_{Hzy}^{q-1}\big|_{i,j,k}-V_{Hzy}^{q-1}\big|_{i,j-1,k}\right)
\end{aligned} \tag{6.210}$$

$$\begin{aligned}
&-\overline{D}_z^E\big|_{i,j,k}\overline{D}_z^H\big|_{i,j,k-1}E_y^{q}\big|_{i,j,k-1}-\overline{D}_z^E\big|_{i,j,k}\overline{D}_z^H\big|_{i,j,k}E_y^{q}\big|_{i,j,k+1}+\\
&\left(1+\overline{D}_z^E\big|_{i,j,k}\overline{D}_z^H\big|_{i,j,k-1}+\overline{D}_z^E\big|_{i,j,k}\overline{D}_z^H\big|_{i,j,k}\right)E_y^{q}\big|_{i,j,k}\\
=&E_y^{*q}\big|_{i,j,k}-\overline{D}_z^E\big|_{i,j,k}\left(\overline{D}_y^H\big|_{i,j,k}E_z^{*q}\big|_{i,j+1,k}-\overline{D}_y^H\big|_{i,j,k-1}E_z^{*q}\big|_{i,j+1,k-1}\right)-
\end{aligned}$$

$$\overline{D}_z^E\big|_{i,j,k}(\overline{D}_y^H\big|_{i,j,k-1}E_z^{*q}\big|_{i,j,k-1}-\overline{D}_x^H\big|_{i,j,k}E_z^{*q}\big|_{i,j,k})-$$
$$\overline{D}_z^E\big|_{i,j,k}(H_x^{q-2}\big|_{i,j,k}-H_x^{q-2}\big|_{i,j,k-1})+\overline{D}_z^E\big|_{i,j,k}(V_{Hxy}^{q-1}\big|_{i,j,k}-V_{Hxy}^{q-1}\big|_{i,j,k-1})+$$
$$\overline{D}_z^E\big|_{i,j,k}(V_{Hxz}^{q-1}\big|_{i,j,k}-V_{Hxz}^{q-1}\big|_{i,j,k-1}) \quad (6.211)$$

$$-\overline{D}_x^E\big|_{i,j,k}\overline{D}_x^H\big|_{i-1,j,k}E_z^q\big|_{i-1,j,k}-\overline{D}_x^E\big|_{i,j,k}\overline{D}_x^H\big|_{i,j,k}E_z^q\big|_{i+1,j,k}+$$
$$(1+\overline{D}_x^E\big|_{i,j,k}\overline{D}_x^H\big|_{i-1,j,k}+\overline{D}_x^E\big|_{i,j,k}\overline{D}_x^H\big|_{i,j,k})E_z^q\big|_{i,j,k}$$
$$=E_z^{*q}\big|_{i,j,k}-\overline{D}_x^E\big|_{i,j,k}(\overline{D}_z^H\big|_{i,j,k}E_x^{*q}\big|_{i,j,k+1}-\overline{D}_z^H\big|_{i-1,j,k}E_x^{*q}\big|_{i-1,j,k+1})-$$
$$\overline{D}_x^E\big|_{i,j,k}(\overline{D}_z^H\big|_{i-1,j,k}E_x^{*q}\big|_{i-1,j,k}-\overline{D}_z^H\big|_{i,j,k}E_x^{*q}\big|_{i,j,k})-$$
$$\overline{D}_x^E\big|_{i,j,k}(H_y^{q-2}\big|_{i,j,k}-H_y^{q-2}\big|_{i-1,j,k})+\overline{D}_x^E\big|_{i,j,k}(V_{Hyz}^{q-1}\big|_{i,j,k}-V_{Hyz}^{q-1}\big|_{i-1,j,k})+$$
$$\overline{D}_x^E\big|_{i,j,k}(V_{Hyx}^{q-1}\big|_{i,j,k}-V_{Hyx}^{q-1}\big|_{i-1,j,k}) \quad (6.212)$$

式中：

$$V_{Exy}^{q-1}\big|_{i,j,k}=-2\overline{D}_y^E\big|_{i,j,k}(H_z^{q-1}\big|_{i,j,k}-H_z^{q-1}\big|_{i,j-1,k})+\sigma_y^E\big|_{i,j,k}E_{xy}^{q-2}\big|_{i,j,k}+$$
$$\overline{D}_y^E\big|_{i,j,k}(H_z^{q-2}\big|_{i,j,k}-H_z^{q-2}\big|_{i,j-1,k})-$$
$$a\,\sigma_y^E\big|_{i,j,k}\sigma_y\big|_{i,j,k}(E_{xy}^{q-2}\big|_{i,j,k}-2E_{xy}^{q-1}\big|_{i,j,k}) \quad (6.213)$$

$$V_{Exy}^{q-1}\big|_{i,j,k}=2\overline{D}_z^E\big|_{i,j,k}(H_y^{q-1}\big|_{i,j,k}-H_y^{q-1}\big|_{i,j,k-1})+\sigma_z^E\big|_{i,j,k}E_{xz}^{q-2}\big|_{i,j,k}-$$
$$\overline{D}_z^E\big|_{i,j,k}(H_y^{q-2}\big|_{i,j,k}-H_y^{q-2}\big|_{i,j,k-1})-$$
$$a\,\sigma_z^E\big|_{i,j,k}\sigma_z\big|_{i,j,k}(E_{xz}^{q-2}\big|_{i,j,k}-2E_{xz}^{q-1}\big|_{i,j,k}) \quad (6.214)$$

$$V_{Eyz}^{q-1}\big|_{i,j,k}=-2\overline{D}_z^E\big|_{i,j,k}(H_x^{q-1}\big|_{i,j,k}-H_x^{q-1}\big|_{i,j,k-1})+\sigma_z^E\big|_{i,j,k}E_{yz}^{q-2}\big|_{i,j,k}+$$
$$\overline{D}_z^E\big|_{i,j,k}(H_x^{q-2}\big|_{i,j,k}-H_x^{q-2}\big|_{i,j,k-1})-$$
$$a\,\sigma_z^E\big|_{i,j,k}\sigma_z\big|_{i,j,k}(E_{yz}^{q-2}\big|_{i,j,k}-2E_{yz}^{q-1}\big|_{i,j,k}) \quad (6.215)$$

$$V_{Eyx}^{q-1}\big|_{i,j,k}=2\overline{D}_x^E\big|_{i,j,k}(H_z^{q-1}\big|_{i,j,k}-H_z^{q-1}\big|_{i-1,j,k})+\sigma_x^E\big|_{i,j,k}E_{yx}^{q-2}\big|_{i,j,k}-$$
$$\overline{D}_x^E\big|_{i,j,k}(H_z^{q-2}\big|_{i,j,k}-H_z^{q-2}\big|_{i-1,j,k})-$$
$$a\,\sigma_x^E\big|_{i,j,k}\sigma_x\big|_{i,j,k}(E_{yx}^{q-2}\big|_{i,j,k}-2E_{yx}^{q-1}\big|_{i,j,k}) \quad (6.216)$$

$$V_{Ezx}^{q-1}\big|_{i,j,k}=-2\overline{D}_x^E\big|_{i,j,k}\left(H_y^{q-1}\big|_{i,j,k}-H_y^{q-1}\big|_{i-1,j,k}\right)+\sigma_x^E\big|_{i,j,k}E_{zx}^{q-2}\big|_{i,j,k}+$$
$$\overline{D}_x^E\big|_{i,j,k}\left(H_y^{q-2}\big|_{i,j,k}-H_y^{q-2}\big|_{i-1,j,k}\right)-$$
$$a\,\sigma_x^E\big|_{i,j,k}\sigma_x\big|_{i,j,k}\left(E_{zx}^{q-2}\big|_{i,j,k}-2E_{zx}^{q-1}\big|_{i,j,k}\right)\tag{6.217}$$

$$V_{Ezy}^{q-1}\big|_{i,j,k}=2\overline{D}_y^E\big|_{i,j,k}\left(H_x^{q-1}\big|_{i,j,k}-H_x^{q-1}\big|_{i,j-1,k}\right)+\sigma_y^E\big|_{i,j,k}E_{zy}^{q-2}\big|_{i,j,k}-$$
$$\overline{D}_y^E\big|_{i,j,k}\left(H_x^{q-2}\big|_{i,j,k}-H_x^{q-2}\big|_{i,j-1,k}\right)-$$
$$a\,\sigma_y^E\big|_{i,j,k}\sigma_y\big|_{i,j,k}\left(E_{zy}{}^{q-2}\big|_{i,j,k}-2E_{zy}^{q-1}\big|_{i,j,k}\right)\tag{6.218}$$

$$V_{Hxy}^{q-1}\big|_{i,j,k}=2\overline{D}_y^H\big|_{i,j,k}\left(E_z^{q-1}\big|_{i,j+1,k}-E_z^{q-1}\big|_{i,j,k}\right)+\sigma_y^H\big|_{i,j,k}H_{xy}{}^{q-2}\big|_{i,j,k}-$$
$$\overline{D}_y^H\big|_{i,j,k}\left(E_z^{q-2}\big|_{i,j+1,k}-E_z^{q-2}\big|_{i,j,k}\right)-$$
$$b\,\sigma_y^H\big|_{i,j,k}\rho_y\big|_{i,j,k}\left(H_{xy}{}^{q-2}\big|_{i,j,k}-2H_{xy}^{q-1}\big|_{i,j,k}\right)\tag{6.219}$$

$$V_{Hxz}^{q-1}\big|_{i,j,k}=-2\overline{D}_z^H\big|_{i,j,k}\left(E_y^{q-1}\big|_{i,j,k+1}-E_y^{q-1}\big|_{i,j,k}\right)+\sigma_z^H\big|_{i,j,k}H_{xz}^{q-2}\big|_{i,j,k}+$$
$$\overline{D}_z^H\big|_{i,j,k}\left(E_y^{q-2}\big|_{i,j,k+1}-E_y^{q-2}\big|_{i,j,k}\right)-$$
$$b\,\sigma_z^H\big|_{i,j,k}\rho_z\big|_{i,j,k}\left(H_{xz}^{q-2}\big|_{i,j,k}-2H_{xz}^{q-1}\big|_{i,j,k}\right)\tag{6.220}$$

$$V_{Hyz}^{q-1}\big|_{i,j,k}=2\overline{D}_z^H\big|_{i,j,k}\left(E_x^{q-1}\big|_{i,j,k+1}-E_x^{q-1}\big|_{i,j,k}\right)+\sigma_z^H\big|_{i,j,k}H_{yz}^{q-2}\big|_{i,j,k}-$$
$$\overline{D}_z^H\big|_{i,j,k}\left(E_x^{q-2}\big|_{i,j,k+1}-E_x^{q-2}\big|_{i,j,k}\right)-$$
$$b\,\sigma_z^H\big|_{i,j,k}\rho_z\big|_{i,j,k}\left(H_{yz}^{q-2}\big|_{i,j,k}-2H_{yz}^{q-1}\big|_{i,j,k}\right)\tag{6.221}$$

$$V_{Hyx}^{q-1}\big|_{i,j,k}=-2\overline{D}_x^H\big|_{i,j,k}\left(E_z^{q-1}\big|_{i+1,j,k}-E_z^{q-1}\big|_{i,j,k}\right)+\sigma_x^H\big|_{i,j,k}H_{yx}^{q-2}\big|_{i,j,k}+$$
$$\overline{D}_x^H\big|_{i,j,k}\left(E_z^{q-2}\big|_{i+1,j,k}-E_z^{q-2}\big|_{i,j,k}\right)-$$
$$b\,\sigma_x^H\big|_{i,j,k}\rho_x\big|_{i,j,k}\left(H_{yx}^{q-2}\big|_{i,j,k}-2H_{yx}^{q-1}\big|_{i,j,k}\right)\tag{6.222}$$

$$V_{Hzx}^{q-1}\big|_{i,j,k}=2\overline{D}_x^H\big|_{i,j,k}\left(E_y^{q-1}\big|_{i+1,j,k}-E_y^{q-1}\big|_{i,j,k}\right)+\sigma_x^H\big|_{i,j,k}H_{zx}^{q-2}\big|_{i,j,k}-$$
$$\overline{D}_x^H\big|_{i,j,k}\left(E_y^{q-2}\big|_{i+1,j,k}-E_y^{q-2}\big|_{i,j,k}\right)-$$
$$b\,\sigma_x^H\big|_{i,j,k}\rho_x\big|_{i,j,k}\left(H_{zx}^{q-2}\big|_{i,j,k}-2H_{zx}^{q-1}\big|_{i,j,k}\right)\tag{6.223}$$

$$V_{Hzy}^{q-1}\Big|_{i,j,k}=-2\overline{D}_y^H\Big|_{i,j,k}\left(E_x^{q-1}\Big|_{i,j+1,k}-E_x^{q-1}\Big|_{i,j,k}\right)+\sigma_y^H\Big|_{i,j,k}H_{zy}^{q-2}\Big|_{i,j,k}+$$
$$\overline{D}_y^H\Big|_{i,j,k}\left(E_x^{q-2}\Big|_{i,j+1,k}-E_x^{q-2}\Big|_{i,j,k}\right)-$$
$$b\,\sigma_y^H\Big|_{i,j,k}\rho_y\Big|_{i,j,k}\left(H_{zy}^{q-2}\Big|_{i,j,k}-2H_{zy}^{q-1}\Big|_{i,j,k}\right)\tag{6.224}$$

式(6.207)～式(6.212)是三对角型矩阵方程，对比三维组合基高效 FDTD 算法的空间差分方程式(6.84)～式(6.89)，可以发现方程的左边具有相同的形式。这表明本节所提出的 PML 吸收边界条件可以用于截断三维组合基高效 FDTD 算法的计算区域。

6.5　三维组合基高效 PML 吸收边界条件数值验证

为了验证 6.5 节提出的三维组合基高效 PML 吸收边界条件的性能，本节给出了一个数值算例。

整个计算区域是一个 $30\Delta x\times30\Delta y\times30\Delta z$ 的自由空间，采用均匀网格，网格尺寸为 $\Delta x=\Delta y=\Delta z=1$ cm。激励源设置在计算区域中心位置，采用如下正弦调制高斯脉冲作为激励源：

$$J_x(t)=\exp\left(-\left(\frac{t-T_c}{T_d}\right)^2\right)\sin(2\pi f_c t)\tag{6.225}$$

式中：$T_d=1/(2f_c)$、$T_c=3T_d$、$f_c=2$ GHz。

计算区域边界分别用组合基高效 PML 吸收边界条件和 Mur 一阶吸收边界条件截断。观测点设置在距离计算区域边界两个网格的点($15\Delta x$, $2\Delta y$, $15\Delta z$)处。采用三维组合基高效 FDTD 算法进行计算，选择时间标度因子 $s=2\times10^{11}$，展开最高阶数 $q=120$，计算时间长度 $T_f=2.5$ ns。

定义相对反射误差为

$$R_{dB}=20\log_{10}\left(\frac{\left|E_y^{test}(t)-E_y^{ref}(t)\right|}{\max\left|E_y^{ref}(t)\right|}\right)\tag{6.226}$$

式中：$E_y^{test}(t)$是在截断空间中计算的场，$E_y^{ref}(t)$是在大空间中计算的场。

图 6.7 给出了采用不同吸收边界条件时，观测点处电场分量 E_y 的相对反射误差。

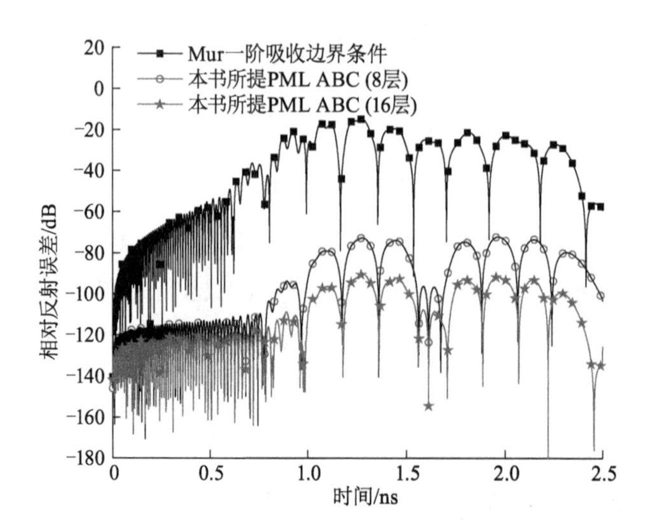

图 6.7 观测点处的相对反射误差

可以看出，组合基高效 PML 吸收边界条件的相对反射误差远小于 Mur 一阶吸收边界条件，并且随着 PML 材料层数的增加而进一步减小。这里需要指出的是，由于组合基高效 FDTD 算法的特殊性，目前已经提出的其余高效 PML 吸收边界条件无法用于截断该算法的计算区域。

6.6 基于新高阶项的组合基高效 FDTD 算法

第 4 章提出了拉盖尔基高效 FDTD 算法的新高阶项以及 Gauss-Seidel 迭代法。本节将该新算法推广到组合基形式，提出了基于新高阶项的组合基高效 FDTD 算法。新的算法在保证同样精度的情况下，提高了计算效率。

6.6.1 新高阶项的推导

以电场分量 $E_x(t)$ 为例，根据组合基的定义，可以按如下形式展开：

$$E_x(t) = \sum_{q=0}^{\infty} E_x^q \phi_q(st) = \sum_{k=0}^{\infty} E_x^q (\varphi_q(st) - 2\varphi_{q+1}(st) + \varphi_{q+2}(st)) \tag{6.227}$$

将式(6.227)右边按 $\varphi_q(st)$ 的阶数重新组合得

$$E_x(t)=\sum_{q=0}^{\infty}(E_x^q-2E_x^{q-1}+E_x^{q-2})\varphi_q(st) \tag{6.228}$$

式中：$E_x^{-1}=E_x^{-2}=0$。

电场分量 $E_x(t)$ 还可以用拉盖尔基展开为 $E_x(t)=\sum_{q=0}^{\infty}\hat{E}_x^q\varphi_q(st)$，这里 $\hat{E}_x^q$ 是第 q 阶拉盖尔基展开系数。

由于拉盖尔基是标准正交基，电磁场分量的展开具有唯一性，故

$$\hat{E}_x^q=E_x^q-2E_x^{q-1}+E_x^{q-2} \tag{6.229}$$

其他的电磁场分量也有类似的关系。

定义

$$\hat{\boldsymbol{W}}^q=(\hat{E}_x^q \quad \hat{E}_y^q \quad \hat{E}_z^q \quad \hat{H}_x^q \quad \hat{H}_y^q \quad \hat{H}_z^q)^{\mathrm{T}} \tag{6.230}$$

则第 4 章中拉盖尔基高效 FDTD 算法中的新高阶项可以写为 $\boldsymbol{AB}(\hat{\boldsymbol{W}}^q+\hat{\boldsymbol{W}}^{q-1})$，由式(6.230)的关系得

$$\hat{\boldsymbol{W}}^q=\boldsymbol{W}^q-2\boldsymbol{W}^{q-1}+\boldsymbol{W}^{q-2} \tag{6.231}$$

将式(6.233)代入式(6.232)，可以推导出组合基高效算法的新高阶项

$$\boldsymbol{AB}(\boldsymbol{W}^q-\boldsymbol{W}^{q-1}-\boldsymbol{W}^{q-2}+\boldsymbol{W}^{q-3}) \tag{6.232}$$

令

$$\overline{\boldsymbol{W}}_0^q=\boldsymbol{W}^{q-1}+\boldsymbol{W}^{q-2}-\boldsymbol{W}^{q-3} \tag{6.233}$$

则新高阶项可以写成 $\boldsymbol{AB}(\boldsymbol{W}^q-\overline{\boldsymbol{W}}_0^q)$。

6.6.2　基于新高阶项的组合基高效 FDTD 算法

将 6.2 节中三维组合基 FDTD 算法的矩阵方程(6.52)重写如下：

$$(\boldsymbol{I}-\boldsymbol{A}-\boldsymbol{B})\boldsymbol{W}^q=(\boldsymbol{I}+\boldsymbol{A}+\boldsymbol{B})\boldsymbol{W}^{q-2}-2(\boldsymbol{A}+\boldsymbol{B})\boldsymbol{W}^{q-1}-a\boldsymbol{J}^q \tag{6.234}$$

在式(6.237)中引入新的高阶项 $\boldsymbol{AB}(\boldsymbol{W}^q-\overline{\boldsymbol{W}}_0^q)$ 得

$$(\boldsymbol{I}-\boldsymbol{A})(\boldsymbol{I}-\boldsymbol{B})\boldsymbol{W}^q=\boldsymbol{AB}\overline{\boldsymbol{W}}_0^q+(\boldsymbol{I}+\boldsymbol{A}+\boldsymbol{B})\boldsymbol{W}^{q-2}-2(\boldsymbol{A}+\boldsymbol{B})\boldsymbol{W}^{q-1}-\boldsymbol{J}^q \tag{6.235}$$

式(6.238)可以分解为两步算法

$$(\boldsymbol{I}-\boldsymbol{A})\boldsymbol{W}^{*q}=\boldsymbol{B}\overline{\boldsymbol{W}}_0^q+(\boldsymbol{I}+\boldsymbol{A}+\boldsymbol{B})\boldsymbol{W}^{q-2}-2(\boldsymbol{A}+\boldsymbol{B})\boldsymbol{W}^{q-1}-\boldsymbol{J}^q \tag{6.236}$$

$$(\boldsymbol{I}-\boldsymbol{B})\boldsymbol{W}^q=\boldsymbol{W}^{*q}-\boldsymbol{B}\overline{\boldsymbol{W}}_0^q \tag{6.237}$$

定义 $\overline{\boldsymbol{W}}_0^q=(E_{x0}^q \quad E_{y0}^q \quad E_{z0}^q \quad H_{x0}^q \quad H_{y0}^q \quad H_{z0}^q)^{\mathrm{T}}$，根据 6.2 节中组合基高效 FDTD 算法的推导过程，可以推导出基于新高阶项的组合基高效算法的基本方程：

$$(1-abD_z^2)E_x^{*q}=-abD_zD_xE_{z0}^q+aD_yH_{z0}^q+V_{Ex}^{*q} \tag{6.238}$$

$$(1-abD_x^2)E_y^{*q}=-abD_xD_yE_{x0}^q+aD_zH_{x0}^q+V_{Ey}^{*q} \tag{6.239}$$

$$(1-abD_y^2)E_z^{*q}=-abD_yD_zE_{y0}^q+aD_xH_{y0}^q+V_{Ez}^{*q} \tag{6.240}$$

$$(1-abD_y^2)E_x^q=E_x^{*q}-aD_yH_{z0}^q-abD_yD_xE_y^{*q}+V_{Ex}^q \tag{6.241}$$

$$(1-abD_z^2)E_y^q=E_y^{*q}-aD_zH_{x0}^q-abD_zD_yE_z^{*q}+V_{Ey}^q \tag{6.242}$$

$$(1-abD_x^2)E_z^q=E_z^{*q}-aD_xH_{y0}^q-abD_xD_zE_x^{*q}+V_{Ez}^q \tag{6.243}$$

式中所有 V^q 分量的定义与式(6.72)～式(6.80)相同。磁场方程与式(6.69)～式(6.71)相同，这里不再赘述。对式(6.238)～式(6.243)运用中心差分法，可以得到基于新高阶项的三维组合基高效 FDTD 算法的差分方程

$$\begin{aligned}&-\overline{C}_z^E\big|_k\overline{C}_z^H\big|_{k-1}E_x^{*q}\big|_{i,j,k-1}+(1+\overline{C}_z^E\big|_k\overline{C}_z^H\big|_k+\overline{C}_z^E\big|_k\overline{C}_z^H\big|_{k-1})E_x^{*q}\big|_{i,j,k}-\\&\overline{C}_z^E\big|_k\overline{C}_z^H\big|_kE_x^{*q}\big|_{i,j,k+1}\\=&-\overline{C}_z^E\big|_k\overline{C}_x^H\big|_i(E_{z0}^q\big|_{i+1,j,k}-E_{z0}^q\big|_{i,j,k}-E_{z0}^q\big|_{i+1,j,k-1}+E_{z0}^q\big|_{i,j,k-1})+\\&\overline{C}_y^E\big|_j(H_{z0}^q\big|_{i,j,k}-H_{z0}^q\big|_{i,j-1,k})+V_{Ex}^{*q}\big|_{i,j,k}\end{aligned} \tag{6.244}$$

$$\begin{aligned}&-\overline{C}_x^E\big|_i\overline{C}_x^H\big|_{i-1}E_y^{*q}\big|_{i-1,j,k}+(1+\overline{C}_x^E\big|_i\overline{C}_x^H\big|_i+\overline{C}_x^E\big|_i\overline{C}_x^H\big|_{i-1})E_y^{*q}\big|_{i,j,k}-\\&\overline{C}_x^E\big|_i\overline{C}_x^H\big|_iE_y^{*q}\big|_{i+1,j,k}\\=&-\overline{C}_x^E\big|_i\overline{C}_y^H\big|_j(E_{x0}^q\big|_{i,j+1,k}-E_{x0}^q\big|_{i,j,k}-E_{x0}^q\big|_{i-1,j+1,k}+E_{x0}^q\big|_{i-1,j,k})+\\&\overline{C}_z^E\big|_k(H_{x0}^q\big|_{i,j,k}-H_{x0}^q\big|_{i,j,k-1})+V_{Ey}^{*q}\big|_{i,j,k}\end{aligned} \tag{6.245}$$

$$\begin{aligned}&-\overline{C}_y^E\big|_j\overline{C}_y^H\big|_{j-1}E_z^{*q}\big|_{i,j-1,k}+(1+\overline{C}_y^E\big|_j\overline{C}_y^H\big|_j+\overline{C}_y^E\big|_j\overline{C}_y^H\big|_{j-1})E_z^{*q}\big|_{i,j,k}-\\&\overline{C}_y^E\big|_j\overline{C}_y^H\big|_jE_z^{*q}\big|_{i,j+1,k}\\=&-\overline{C}_y^E\big|_j\overline{C}_z^H\big|_k(E_{y0}^q\big|_{i,j,k+1}-E_{y0}^q\big|_{i,j,k}-E_{y0}^q\big|_{i,j-1,k+1}+E_{y0}^q\big|_{i,j-1,k})+\\&\overline{C}_x^E\big|_i(H_{y0}^q\big|_{i,j,k}-H_{y0}^q\big|_{i-1,j,k})+V_{Ez}^{*q}\big|_{i,j,k}\end{aligned} \tag{6.246}$$

$$-\overline{C}_y^E\big|_j\overline{C}_y^H\big|_{j-1}E_x^q\big|_{i,j-1,k}+(1+\overline{C}_y^E\big|_j\overline{C}_y^H\big|_j+\overline{C}_y^E\big|_j\overline{C}_y^H\big|_{j-1})E_x^q\big|_{i,j,k}-\overline{C}_y^E\big|_j\overline{C}_y^H\big|_jE_x^q\big|_{i,j+1,k}$$
$$=E_x^{*q}\big|_{i,j,k}-\overline{C}_y^E\big|_j(H_{z0}^q\big|_{i,j,k}-H_{z0}^q\big|_{i,j-1,k})+V_{Ex}^q\big|_{i,j,k}-\overline{C}_y^E\big|_j\overline{C}_x^H\big|_i(E_y^{*q}\big|_{i+1,j,k}-E_y^{*q}\big|_{i+1,j-1,k}-E_y^{*q}\big|_{i,j,k}+E_y^{*q}\big|_{i,j-1,k})\tag{6.247}$$

$$-\overline{C}_z^E\big|_k\overline{C}_z^H\big|_{k-1}E_y^q\big|_{i,j,k-1}+(1+\overline{C}_z^E\big|_k\overline{C}_z^H\big|_k+\overline{C}_z^E\big|_k\overline{C}_z^H\big|_{k-1})E_y^q\big|_{i,j,k}-\overline{C}_z^E\big|_k\overline{C}_z^H\big|_kE_y^q\big|_{i,j,k+1}$$
$$=E_y^{*q}\big|_{i,j,k}-\overline{C}_z^E\big|_k(H_{x0}^q\big|_{i,j,k}-H_{x0}^q\big|_{i,j,k-1})+V_{Ey}^q\big|_{i,j,k}-\overline{C}_z^E\big|_k\overline{C}_y^H\big|_j(E_z^{*q}\big|_{i,j+1,k}-E_z^{*q}\big|_{i,j+1,k-1}-E_z^{*q}\big|_{i,j,k}+E_z^{*q}\big|_{i,j,k-1})\tag{6.248}$$

$$-\overline{C}_x^E\big|_i\overline{C}_x^H\big|_{i-1}E_z^q\big|_{i-1,j,k}+(1+\overline{C}_x^E\big|_i\overline{C}_x^H\big|_i+\overline{C}_x^E\big|_i\overline{C}_x^H\big|_{i-1})E_z^q\big|_{i,j,k}-\overline{C}_x^E\big|_i\overline{C}_x^H\big|_iE_z^q\big|_{i+1,j,k}$$
$$=E_z^{*q}\big|_{i,j,k}-\overline{C}_x^E\big|_i(H_{y0}^q\big|_{i,j,k}-H_{y0}^q\big|_{i-1,j,k})+V_{Ez}^q\big|_{i,j,k}-\overline{C}_x^E\big|_i\overline{C}_z^H\big|_k(E_x^{*q}\big|_{i,j,k+1}-E_x^{*q}\big|_{i-1,j,k+1}-E_x^{*q}\big|_{i,j,k}+E_x^{*q}\big|_{i-1,j,k})\tag{6.249}$$

式(6.247)～式(6.252)是6个三对角矩阵方程，可以利用追赶法高效求解。

6.6.3　组合基高效FDTD算法的Gauss-Seidel迭代法

三维组合基高效FDTD算法的迭代算法在6.3节已经给出，其基本方程为

$$(1-abD_z^2)E_{x,m+1}^{*q}=-abD_zD_xE_{z,m}^q+aD_yH_{z,m}^q+V_{Ex}^{*q}\tag{6.250}$$
$$(1-abD_x^2)E_{y,m+1}^{*q}=-abD_xD_yE_{x,m}^q+aD_zH_{x,m}^q+V_{Ey}^{*q}\tag{6.251}$$
$$(1-abD_y^2)E_{z,m+1}^{*q}=-abD_yD_zE_{y,m}^q+aD_xH_{y,m}^q+V_{Ez}^{*q}\tag{6.252}$$
$$(1-abD_y^2)E_{x,m+1}^q=E_{x,m+1}^{*q}-aD_yH_{z,m}^q-abD_yD_xE_{y,m+1}^{*q}+V_{Ex}^q\tag{6.253}$$
$$(1-abD_z^2)E_{y,m+1}^q=E_{y,m+1}^{*q}-aD_zH_{x,m}^q-abD_zD_yE_{z,m+1}^{*q}+V_{Ey}^q\tag{6.254}$$
$$(1-abD_x^2)E_{z,m+1}^q=E_{z,m+1}^{*q}-aD_xH_{y,m}^q-abD_xD_zE_{x,m+1}^{*q}+V_{Ez}^q\tag{6.255}$$
$$H_{x,m+1}^q=bD_zE_{y,m+1}^q-bD_yE_{z,m+1}^{*q}+V_{Hx}^q\tag{6.256}$$

$$H_{y,m+1}^{q}=bD_xE_{z,m+1}^{q}-bD_zE_{x,m+1}^{*q}+V_{Hy}^{q} \tag{6.257}$$

$$H_{z,m+1}^{q}=bD_yE_{x,m+1}^{q}-bD_xE_{y,m+1}^{*q}+V_{Hz}^{q} \tag{6.258}$$

在式(6.250)～式(6.258)中引入 Gauss-Seidel 迭代法，即将式(6.254)右边的 $E_{x,m}^{q}$ 用式(6.250)求出的 $E_{x,m+1}^{*q}$ 代替，将式(6.252)右边的 $E_{y,m}^{q}$ 用式(6.253)求出的 $E_{y,m+1}^{*q}$ 代替，得到

$$(1-abD_x^2)E_{y,m+1}^{*q}=-abD_xD_yE_{x,m+1}^{*q}+aD_zH_{x,m}^{q}+V_{Ey}^{*q} \tag{6.259}$$

$$(1-abD_y^2)E_{z,m+1}^{*q}=-abD_yD_zE_{y,m+1}^{*q}+aD_xH_{y,m}^{q}+V_{Ez}^{*q} \tag{6.260}$$

其他方程不变。

对式(6.259)和式(6.260)运用中心差分法，可以得到新的差分方程

$$-\overline{C}_x^E\Big|_i\overline{C}_x^H\Big|_{i-1}E_{y,m+1}^{*q}\Big|_{i-1,j,k}+(1+\overline{C}_x^E\Big|_i\overline{C}_x^H\Big|_i+\overline{C}_x^E\Big|_i\overline{C}_x^H\Big|_{i-1})E_{y,m+1}^{*q}\Big|_{i,j,k}-\overline{C}_x^E\Big|_i\overline{C}_x^H\Big|_iE_{y,m+1}^{*q}\Big|_{i+1,j,k}$$
$$=-\overline{C}_x^E\Big|_i\overline{C}_y^H\Big|_j(E_{x,m+1}^{*q}\Big|_{i,j+1,k}-E_{x,m+1}^{*q}\Big|_{i,j,k}-E_{x,m+1}^{*q}\Big|_{i-1,j+1,k}+E_{x,m+1}^{*q}\Big|_{i-1,j,k})+\overline{C}_z^E\Big|_k(H_{x,m}^{q}\Big|_{i,j,k}-H_{x,m}^{q}\Big|_{i,j,k-1})+V_{Ey}^{*q}\Big|_{i,j,k} \tag{6.261}$$

$$-\overline{C}_y^E\Big|_j\overline{C}_y^H\Big|_{j-1}E_{z,m+1}^{*q}\Big|_{i,j-1,k}+(1+\overline{C}_y^E\Big|_j\overline{C}_y^H\Big|_j+\overline{C}_y^E\Big|_j\overline{C}_y^H\Big|_{j-1})E_{z,m+1}^{*q}\Big|_{i,j,k}-\overline{C}_y^E\Big|_j\overline{C}_y^H\Big|_jE_{z,m+1}^{*q}\Big|_{i,j+1,k}$$
$$=-\overline{C}_y^E\Big|_j\overline{C}_z^H\Big|_k(E_{y,m+1}^{*q}\Big|_{i,j,k+1}-E_{y,m+1}^{*q}\Big|_{i,j,k}-E_{y,m+1}^{*q}\Big|_{i,j-1,k+1}+E_{y,m+1}^{*q}\Big|_{i,j-1,k})+\overline{C}_x^E\Big|_i(H_{y,m}^{q}\Big|_{i,j,k}-H_{y,m}^{q}\Big|_{i-1,j,k})+V_{Ez}^{*q}\Big|_{i,j,k} \tag{6.262}$$

同理，对初值也应该使用 Gauss-Seidel 迭代法，即将式(6.239)右边的 E_{x0}^{q} 用式(6.238)求出的 E_x^{*q} 代替，将式(6.240)右边的 E_{y0}^{q} 用式(6.239)求出的 E_y^{*q} 代替，得到

$$(1-abD_x^2)E_y^{*q}=-abD_xD_yE_x^{*q}+aD_zH_{x0}^{q}+V_{Ey}^{*q} \tag{6.263}$$

$$(1-abD_y^2)E_z^{*q}=-abD_yD_zE_y^{*q}+aD_xH_{y0}^{q}+V_{Ez}^{*q} \tag{6.264}$$

对式(6.266)和式(6.267)运用中心差分近似，可以得到新的差分方程

$$
\begin{aligned}
&-\overline{C}_x^E\big|_i\overline{C}_x^H\big|_{i-1}E_y^{*q}\big|_{i-1,j,k}+(1+\overline{C}_x^E\big|_i\overline{C}_x^H\big|_i+\overline{C}_x^E\big|_i\overline{C}_x^H\big|_{i-1})E_y^{*q}\big|_{i,j,k}-\\
&\overline{C}_x^E\big|_i\overline{C}_x^H\big|_iE_y^{*q}\big|_{i+1,j,k}\\
=&-\overline{C}_x^E\big|_i\overline{C}_y^H\big|_j(E_x^{*q}\big|_{i,j+1,k}-E_x^{*q}\big|_{i,j,k}-E_x^{*q}\big|_{i-1,j+1,k}+E_x^{*q}\big|_{i-1,j,k})+\\
&\overline{C}_z^E\big|_k(H_x^{q-2}\big|_{i,j,k}-H_x^{q-2}\big|_{i,j,k-1})+V_{Ey}^{*q}\big|_{i,j,k}
\end{aligned}
\tag{6.265}
$$

$$
\begin{aligned}
&-\overline{C}_y^E\big|_j\overline{C}_y^H\big|_{j-1}E_z^{*q}\big|_{i,j-1,k}+(1+\overline{C}_y^E\big|_j\overline{C}_y^H\big|_j+\overline{C}_y^E\big|_j\overline{C}_y^H\big|_{j-1})E_z^{*q}\big|_{i,j,k}-\\
&\overline{C}_y^E\big|_j\overline{C}_y^H\big|_jE_z^{*q}\big|_{i,j+1,k}\\
=&-\overline{C}_y^E\big|_j\overline{C}_z^H\big|_k(E_y^{*q}\big|_{i,j,k+1}-E_y^{*q}\big|_{i,j,k}-E_y^{*q}\big|_{i,j-1,k+1}+E_y^{*q}\big|_{i,j-1,k})+\\
&\overline{C}_x^E\big|_i(H_y^{q-2}\big|_{i,j,k}-H_y^{q-2}\big|_{i-1,j,k})+V_{Ez}^{*q}\big|_{i,j,k}
\end{aligned}
\tag{6.266}
$$

关于新高阶项和 Gauss-Seidel 迭代法的作用在第四章已经讨论，这里不再赘述。

6.7　算法实例

以下用 6.4 节中不连续微带线的例子，来验证新组合基高效 FDTD 算法的精度和效率。微带线结构尺寸如图 6.3 所示，仿真参数不变，对于传统 FDTD 算法，设置时间步长 $\Delta t_{\mathrm{FDTD}}=40$ fs（CFL 稳定性条件的要求是 $\Delta t_{\mathrm{FDTD}}\leqslant 41.6412$ fs）。对基于原高阶项和新高阶项的组合基高效 FDTD 算法，设置相同的时间标度因子 $s=7.0\times10^{11}$，最高展开系数 $q=80$[11-12]，观测点和源都不变。为统一起见，计算区域仍然采用 Mur 一阶吸收边界进行截断。

图 6.8 给出了采用不同算法得到的观测点处的电场分量 E_x 的时域波形。其中基于新高阶项的组合基高效 FDTD 算法使用了 3 次整体迭代加上 5 次局部迭代（窄缝附近 4×10×46 个网格）时，基于原高阶项的组合基高效 FDTD 算法（6.2 节）使用了 8 次整体迭代。从图中可以看出三种算法的时域波形吻合得较好。

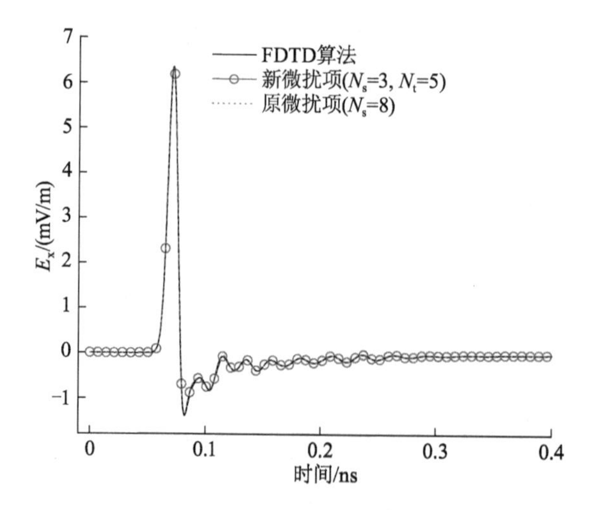

图 6.8 不同算法得到观测点处电场分量 E_x 的时域波形

为了进一步比较计算精度,定义相对误差为

$$E_{x,\text{error}}=\left|\frac{(E_{x,\text{num}}-E_{x,\text{FDTD}})}{\max(E_{x,\text{FDTD}})}\right|\times 100\% \tag{6.270}$$

式中:$E_{x,\text{FDTD}}$为传统 FDTD 算法的计算结果,$E_{x,\text{num}}$为被测试算法的计算结果。

图 6.9 给出了采用不同算法时观测点处电场分量 E_x 的相对误差。可以看出使用 3 次整体迭代加上 5 次局部迭代时,基于新高阶项的高效算法的最大相对误差为 1.21%。

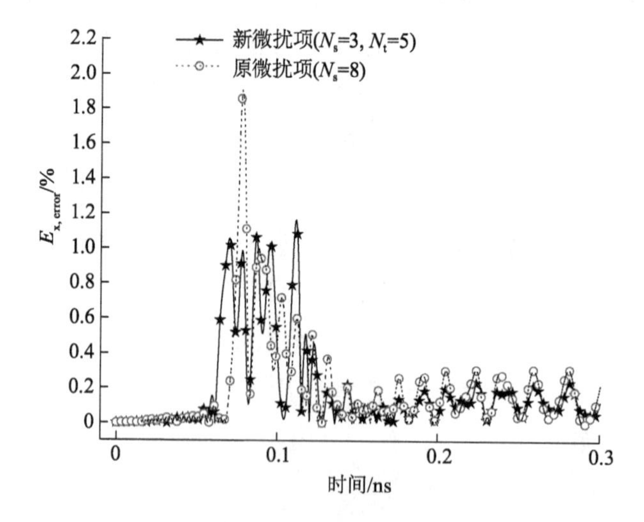

图 6.9 采用不同算法时观测点处电场分量 E_x 的相对误差

而使用 8 次整体迭代的基于原高阶项的高效算法最大相对误差为 1.98%。基于新高阶项的高效算法不仅效率更高，而且精度更好。

表 6.2 给出了采用不同算法所需要的计算机内存和 CPU 时间。可以看出基于新高阶项的组合基高效 FDTD 算法比基于原高阶项的算法节约了 50%以上的时间，而使用的计算机内存不变。

表 6.2 不同算法消耗的计算资源

算法	Δt	步数/阶数	计算时间/s	内存消耗/MB
FDTD	40 fs	20 000	78.25	1.98
基于原微扰项算法	40 ps	81	12.47	3.98
基于新微扰项算法	40 ps	81	6.13	3.98

6.8 本章小结

本章将组合基高效 FDTD 算法推广到了三维情形，主要工作有以下几点：

(1) 基于原高阶项，提出了三维组合基高效 FDTD 算法及其迭代算法，并给出了空间差分方程。为了验证算法的准确性，给出了平行板电容器和不连续微带线两个三维算例。数值结果表明组合基高效 FDTD 算法与传统 FDTD 算法的计算结果吻合得很好，同时还消除了拉盖尔基高效 FDTD 算法中无法消除的零点误差，提高了计算精度和效率。

(2) 提出了三维组合基高效 PML 吸收边界条件。由于组合基高效 FDTD 算法的特殊性，现有的高效 PML 吸收边界条件都不能直接应用于该算法。为了减小边界反射误差，本章将三维 Berenger 分裂场 PML 吸收边界条件推导到组合基高效形式。数值结果表明，组合基高效 PML 吸收边界条件具有良好的吸收性能。

(3) 推导了新的组合基高阶项，并基于新高阶项和 Gauss-Seidel 迭代法，提出了新的组合基高效 FDTD 算法。数值结果表明，相比于原组合基高效算法，新的高效算法不仅计算效率更高，而且精度更好。

总体而言，相较于拉盖尔基高效 FDTD 算法，组合基高效 FDTD 算法在计算效率和精度上都有所提高，为解决带有精细结构的电磁场问题提供了一种新的选择。

参考文献

[1] Sun Guilin, Trueman C W. Unconditionally stable Crank-Nicolson scheme for solving the two-dimensional Maxwell's equations[J]. Electronics Letters, 2003, 39(7): 595-597.

[2] Sun Guilin, Trueman C W. Approximate Crank-Nicolson schemes for the 2-D finite-difference time-domain method for waves[J]. IEEE Transactions on Antennas and Propagation, 2004, 52(11): 2963-2972.

[3] Mur G. Absorbing boundary conditions for the finite-difference approximation of the time-domain electromagnetic field equations[J]. IEEE Transactions on Electromagnetic Compatibility, 1981, EMC-23(4): 377-382.

[4] 段艳涛. 基于加权拉盖尔多项式的时域有限差分法算法研究[D]. 解放军理工大学工程兵工程学院博士论文,2010.

[5] Mei Zicong, Zhang Yu, Zhao Xunwang, et al. Choice of the Scaling Factor in a Marching-on-in-Degree Time Domain Technique Based on the Associated Laguerre Functions [J]. IEEE Transactions on Antennas and Propagation, 2012, 60(9): 4463-4467.

[6] Chung Y S, Sarkar T K, Jung B H, et al. An unconditionally stable scheme for the finite-difference time-domain method [J]. IEEE Transactions on Microwave Theory and Techniques, 2003, 51(3): 697-704.

[7] Garcia S G, Lee T W, Hagness S C. On the accuracy of the ADI-FDTD method[J]. IEEE Antennas Wireless Propagation Letters, 2002,1:31-34.

[8] Duan Yantao, Chen Bin, Fang Dagang, et al. Efficient implementation for 3-D Laguerre-based finite-difference time-domain method [J]. IEEE Transactions on Microwave Theory and Techniques, 2011, 59(1): 56—64.

[9] Chen Zheng, Duan Yantao, Zhang Yerong, et al. A new efficient algorithm for 3-D Laguerre-based FDTD method[J]. IEEE Transactions on Antennas and Propagation, 2014, 62(4): 2158—2164.

[10] Mur G. Absorbing boundary conditions for the finite-difference approximation of the time-domain electromagnetic field equations[J]. IEEE Transactions on Electromagnetic Compatibility, 1981, EMC—23(4): 377—382.

[11] Mei Zicong, Zhang Yu, Zhao Xunwang, et al. Choice of the Scaling Factor in a Marching-on-in-Degree Time Domain Technique Based on the Associated Laguerre Functions [J]. IEEE Transactions on Antennas and Propagation, 2012, 60(9): 4463—4467.

[12] Chen Weijun, Shao Wei, Li Jialin, et al. Numerical dispersion analysis and key parameter selection in Laguerre-FDTD method[J]. IEEE Microwave and Wireless Components Letters, 2013, 23(12): 629—631.

[13] Namiki T. 3-D ADI-FDTD method-unconditionally stable time-domain algorithm for solving full vector Maxwell's equations[J]. IEEE Transactions on Microwave Theory and Techniques, 2000, 48(10): 1743—1748.

[14] Berenger J P. A perfectly matched layer for the absorption of electromagnetic waves[J]. Journal of Computational Physics, 1994, 114(2): 185—200.